Ernst Peter Fischer
Am Anfang war die Doppelhelix

Ernst Peter Fischer

Am Anfang war die Doppelhelix

James D. Watson und die
neue Wissenschaft vom Leben

Ullstein

Für Renate, den komplementären Strang
unserer Doppelhelix

Inhalt

Prolog   9

Doppelfest mit Doppelhelix   14

Annäherung an Watson und Aufwachsen in Amerika   27

Der Wissenschaftler und sein Modell   44

Der Harvard-Professor und sein Lehrbuch   97

Der Schriftsteller und sein Longseller   154

Der Direktor und sein Laboratorium   177

Der Manager und das Genomprojekt   238

Der alte Mann und noch mehr   281

Anhang   299

Anmerkungen   299

Literaturverzeichnis   304

Chronik   309

Glossar   315

Bildnachweis   320

Namenregister   321

Prolog

Von dem Protagonisten dieses Buches – dem im April 1928 in Chicago geborenen James D. Watson – habe ich zum ersten Mal als frisch verliebter Teenager gehört. Es war in der Mitte der sechziger Jahre, als die Beatles ihre größten Hits produzierten. An einem Nachmittag erzählte mir das Mädchen meiner Träume von Watsons größter wissenschaftlicher Leistung. Es ging um das Aussehen und Funktionieren von Genen. Watson habe, so erfuhr ich, zusammen mit einem Engländer namens Francis Crick eine raffiniert verschlungene und eng verwobene Doppelspirale als Struktur für die Erbanlagen vorgeschlagen, die mir bis dahin nur als Grundelemente für abstrakte und komplizierte Vererbungsregeln bekannt waren. Mit dem umherwirbelnden molekularen Paar sah man plötzlich konkret vor Augen, was sich am genetischen Grund des Lebens alles abspielen konnte – und es sah merkwürdig schön aus. Einem Gerücht zufolge soll diese Doppelhelix Salvador Dalí derart fasziniert haben, dass der spanische Maler darin einen Beweis für die Existenz Gottes erkennen wollte.

Die Doppelspirale machte den Vorgang der Vererbung auf der molekularen Ebene unmittelbar verständlich: Wie bei einem Reißverschluss öffnen sich die beiden Stränge und bieten dabei der Zelle so etwas wie Abgussformen für eine exakte Kopie des genetischen Materials an. Die Doppelhelix zeigt, wie aus einem Molekül zwei werden, sie ist darum vielleicht weniger eine wissenschaftliche Entdeckung als vielmehr so etwas wie ein kulturelles Ereignis, das vergangene und künftige Jahrhunderte zu verbinden imstande ist. Diese Sicht eröffnet sich uns, wenn wir uns der biochemischen Struktur mit künstlerischem Blick nähern und das durch sie Dargestellte nicht isoliert als Beitrag zur Geschichte der Naturwissenschaft, sondern als kreative Hervorbringung von Menschen betrachten.

James D. Watson war noch keine fünfundzwanzig Jahre alt, als ihm – in Kooperation mit dem englischen Physiker Francis Crick, mit dem er das Arbeitszimmer teilte, und im Wettlauf mit seinen Konkurrenten Rosalind Franklin und Maurice Wilkins, die am King's College der Universität von London arbeiteten, und einigen anderen Wissenschaftlern wie beispielsweise Linus Pauling in Kalifornien – diese Aufsehen erregende und bis heute zu immer neuen Schlussfolgerungen und technischen Entwicklungen führende Einsicht in den Aufbau des Lebens Ende Februar 1953 glückte. Watson lebte damals in England und arbeitete am Cavendish Laboratory der Universität Cambridge, einer international berühmten Hochburg der Physik. Er war zwar am richtigen Ort, aber zugleich auch der unwahrscheinlichste Kandidat für einen Erfolg. Denn wenn jemand vor der Vorstellung der Doppelhelix – zum Beispiel im Dezember 1952 – unter all den Wissenschaftlern, die damals im gleichen oder in nicht weit entfernt gelegenen Instituten

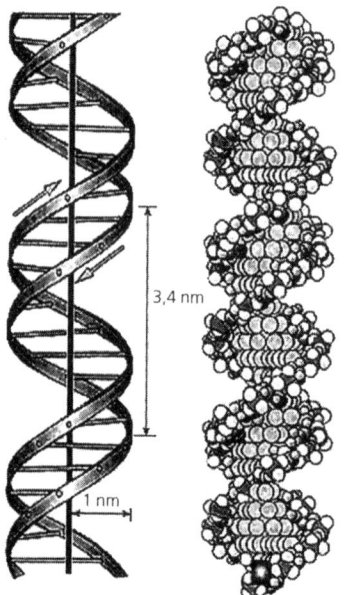

Die Doppelhelix in doppelter Darstellung

arbeiteten und ebenfalls mit der Erbsubstanz und ihrem molekularen Aufbau beschäftigt waren, eine Umfrage veranstaltet hätte, wem man zutraute, die Suche nach der Struktur der Erbsubstanz mit einer Lösung abzuschließen und die Gestalt der Gene zu erkennen, dann wäre dabei der Name Watson, wenn überhaupt, als letzter gefallen.

Watsons wirksame Wissenschaft

James D. Watson ist stets unterschätzt worden und immer erfolgreich gewesen. Mit seinem Zu- und Eingreifen gewann das bis dahin unsichtbare Gen erstmals eine anschauliche Form, und im Anschluss an diesen Erfolg bekam die biologische Erkundung des Lebendigen völlig neue Dimensionen. Die derzeitigen Biowissenschaften sind nämlich nicht nur wissenschaftlich spannend, sondern auch kommerziell interessant und längst gesellschaftlich relevant geworden.

Natürlich konnte Watson den zweiten und dritten Teil der Entwicklung weder voraussehen noch erwarten, und die aus dem Labor hinausweisenden, sich mit bloßem Erkenntnisgewinn nicht begnügenden Möglichkeiten der Wissenschaft hätte er am Anfang seiner wissenschaftlichen Laufbahn bestenfalls befürchtet. Trotzdem hat er sich nie vor den Verpflichtungen gedrückt, die mit einer solchen Öffnung der Forschung verbunden sind. Im Gegenteil. Er hat sich immer wieder der Verantwortung gestellt, die der heute fast alle Bereiche des Lebendigen – und zunehmend auch des spezifisch Menschlichen – erfassende Erfolg seines Strukturmodells der Erbsubstanz mit sich bringt. Mit großer Deutlichkeit und Schonungslosigkeit hat er immer – zum Wohl und Gelingen der Wissenschaft – die eigene Position vertreten, auch wenn seine Ansichten selbst bei Freunden und Kollegen nicht nur auf Gegenliebe gestoßen sind. Watson lebt für die Wissenschaft, er sieht in ihr die größte Leistung der Menschen, und er hält jedes Vertrauen in sie und ihre Vertreter für gerechtfertigt.

Watson ist zudem ein Meister im Umgang mit seiner Muttersprache, wobei er nicht in seiner amerikanischen Heimat, sondern in England gelernt hat, sich ihrer Feinheiten, auch in literarischem Kontext, kunstfertig zu bedienen. Dies ist wohl auch ein Grund dafür, dass er immer wieder gerne nach Europa fährt und am liebsten in London leben würde.

Dieses Lob für seine Wortfertigkeit sollte man auf den schriftlichen Umgang mit der Sprache begrenzen, denn wenn man Watson gegenübersteht, fällt es einem oft schwer, akustisch zu verstehen, was er zumeist nuschelnd sagt. Wer Watson erstmals begegnet, wird selbst bei dem jetzt 75-Jährigen, der in seinem Leben mindestens fünfmal Forschungsvorhaben triumphal zum Abschluss gebracht hat, das Gefühl nicht los, jemandem gegenüberzustehen, der abgelenkt und unsicher erscheint. Der Eindruck täuscht allerdings sehr, denn Watson hat sein Leben lang klare, feste, eigenständige Ziele vor Augen gehabt und mit ihrer Vorgabe immer entschlossen gehandelt, selbst bei scheinbar aussichtslosen Vorgaben, die genauso zu seinem Leben gehören wie der Erfolg, der sich letztlich doch einstellte.

Die Idee der »good science«

Was vielleicht eher banal klingt, unterscheidet ihn gerade von den meisten von uns. Viele möchten gerne stark sein, aber nicht unentwegt dafür trainieren müssen. Wir alle wünschen, Erfolg zu haben, ohne im Allgemeinen bereit zu sein, so gezielt und angestrengt auf den ersehnten Triumph hinzuarbeiten, wie es eigentlich nötig wäre, ohne Tricks und Vorbehalte. Watson wollte und will wirklich Erfolg haben und sich gerade da durchsetzen, wo es auf den ersten Blick schwer oder gar unmöglich erscheint. Er hat immer sein ganzes Geschick zum Erreichen des ersehnten Ziels eingesetzt und keine Energie für Nebensächlichkeiten verschwendet. Im Laufe seines Lebens hat er dabei dem bestehenden Reich der Wissenschaft ein neues Land hinzugefügt, das als Molekularbiologie abgesteckt wurde und sich heute stark genug fühlt, um sich zur Molekularmedizin zu entwickeln. Wie die frühen Pioniere ist Watson immer seinen Weg gegangen, traumwandlerisch sicher und unbeirrbar seine selbst gesetzten Ziele verfolgend. Indem er sie erreichte, öffnete er riesige Felder für alle, die sich an dem gleichen inneren Maßstab orientierten, der für ihn selbst unerlässlich ist und den er schlicht »gute Wissenschaft« nennt. Sein Standort ist dort, wo sich auf ehrliche Weise gute und schlechte Wissenschaft abgrenzen lassen. »Good science« stellt für ihn den zentralen Wert des Westens dar, und es wäre sein größter Erfolg, wenn die Gesellschaft eines Tages seinem Tun nacheifern würde.

Die fünf Stufen von Watsons Karriere

Watsons wissenschaftliche Biografie entwickelt sich zusammen mit der neuen Biologie, die nach dem Zweiten Weltkrieg entsteht (siehe Anhang, »Chronik«, S. 309). Sie bekommt eine molekulare Ausrichtung und steigt bald nach marginalen Anfängen zur zentralen Forschungsrichtung mit globalen Auswirkungen auf. Watson trägt bereits als Mittzwanziger maßgeblich zum Aufstreben der molekular ausgerichteten Biowissenschaften bei, und damit beginnt eine Erfolgsgeschichte, die ihresgleichen sucht. An seinem 75. Geburtstag im April 2003 kann Watson auf mindestens fünf erfolgreiche Karrieren zurückblicken. Selbst in ferner Zukunft wird kein Rückblick auf die wichtigsten Entwicklungen des 20. Jahrhunderts auf die Nennung seines Namens und die Aufzählung seiner Leistungen verzichten können. Als Forscher, Lehrer, Schriftsteller, wissenschaftlicher Direktor und zu guter Letzt auch als politischer Manager hat Watson einen überragenden Erfolg gehabt. Wer lernen will, wie man auf seine Zeit Einfluss ausüben kann, ohne sich selbst zu verleugnen und zum Diener fremder Herren zu werden, der möge sich ein Beispiel an Watson nehmen, und zwar indem er sich bemüht, einen eigenen Weg zu finden, der sich durchgängig an festen Werten orientiert.

Doppelfest mit Doppelhelix

Das wichtigste und folgenreichste Ereignis der jüngsten Wissenschaftsgeschichte feiert im Frühjahr 2003 seinen fünfzigsten Geburtstag. Das vorliegende Buch versteht sich als ein Beitrag zu diesem Festtag und möchte möglichst viele Menschen ermutigen, sich darauf einzulassen, weil niemand sich den Folgen dieser im 20. Jahrhundert begonnenen Entwicklung entziehen kann.

An einem Samstag Ende Februar 1953 verließen gegen Mittag zwei etwa gleich große, jedoch sehr unterschiedliche Männer in Cambridge in aufgebrachter Stimmung mit wedelnden Armen die eher düsteren Räume ihres Instituts, um so schnell wie möglich ihre Stammkneipe »Eagle« zu erreichen und dort allen in Hörweite versammelten Gästen lautstark und ungebeten zu verkünden, sie hätten soeben den Schlüssel des Lebens entdeckt. Die Reaktion der Gäste auf diese Nachricht ist der Nachwelt zwar nicht überliefert, aber der in England weit verbreitete gesunde Menschenverstand wird wohl dafür gesorgt haben, dass sie die Ankündigung eher für einen Scherz in guter Wochenendlaune hielten. Dabei hatte allerdings der ältere der beiden Männer seine Aussage über die Lösung des »Rätsels des Lebens« sehr ernst gemeint, wodurch er seinen schüchtern wirkenden schlaksigen Begleiter eher in Verlegenheit brachte. Zwar hoffte auch er, dass ihnen gerade eine mehr als ansehnliche wissenschaftliche Leistung mit weitreichenden Konsequenzen gelungen war, aber er hätte es vorgezogen, diese Nachricht so lange nicht auszuposaunen, bis die gerade erst gewonnene Erkenntnis durch eingehende kritische Prüfungen von Kollegen in allen Details als gesichert gelten konnte. Der junge Mann hatte noch gut in Erinnerung, wie das jetzt so aufgedrehte Paar ein Jahr zuvor schon einmal gemeint hatte, lässig die Lösung des »Rätsels des Lebens« prä-

sentieren zu können, aber nur um anschließend reichlich dem
Gespött der Konkurrenten ausgeliefert gewesen zu sein, weil
sie bei ihrem Entwurf selbst elementare Dinge aus dem Lehrbuch der Chemie für Anfänger übersehen hatten.

Die merkwürdig euphorisch und ängstlich zugleich agie-
renden beiden Männer an jenem Februartag des Jahres 1953
waren der noch 24-jährige Amerikaner James D. Watson und
der zwölf Jahre ältere Engländer Francis H. C. Crick, der mit
seinen leichtfertigen Worten beim Betreten der Kneipe nur
den allgemeinen Eindruck bestätigte, dass er zu viel und zu
laut redete.

Francis Crick[1]

Francis Harry Compton Crick kommt am 8. Juni 1916 und damit
mitten in den Wirren des Ersten Weltkriegs auf die Welt, und zwar
in Mittelengland als Mitglied der Mittelschicht. Seine ihm offenbar
angeborene Neugier und seine daraus resultierenden ständigen
Fragen nach dem Warum haben seine Eltern früh veranlasst, ihm
eine Kinderenzyklopädie zu kaufen, deren naturkundlichen Teil
der Knabe verschlang. So beschloss Crick schon in sehr zartem Alter, »Wissenschaftler zu werden«, wie er in seiner Autobiografie *Ein
irres Unternehmen* mitteilt. Der heranwachsende Francis gewinnt
dabei früh eine unerschütterliche Gewissheit, an der er sein Leben
lang festhält, nämlich die, »dass detailliertes wissenschaftliches
Wissen bestimmte religiöse Glaubenssätze unhaltbar macht«.
Cricks berufliche Karriere beginnt mit dem Erwerb eines Diploms
in Physik und wird dann durch den Zweiten Weltkrieg unterbro-
chen, den er auf Zivildienststellen im Dienste der britischen Marine in London und an der Südküste Englands verbringt. Nach 1945
hat Crick keine spezifischen Pläne für die Zukunft. Der bald 30-
Jährige, der verheiratet ist und ein Kind zu versorgen hat, weiß
nur, dass er wissenschaftlich arbeiten will. Er hält es deshalb für
sinnvoll, sich selbst die Frage vorzulegen, welches Gebiet bzw. welches Thema ihn so sehr interessiert, dass er sein Leben damit verbringen will. Ein schwieriges Unterfangen, für das er eines Tages
dafür einen überraschend einfachen Lösungsweg findet. Crick ent-

deckt den Plauder-Test (»gossip test«), wie er es nennt. Er erlebt eine »Offenbarung«, indem er bemerkt, wie es in seiner Autobiografie heißt: »Was einen wirklich interessiert, ist das, worüber man plaudert. Ohne zu zögern, wandte ich den Test auf die Gespräche an, die ich in letzter Zeit geführt hatte. Und binnen kurzem konnte ich meine Interessen auf zwei Hauptbereiche einengen: die Grenzlinie zwischen Belebtem und Unbelebtem sowie die Frage nach der Funktionsweise des Gehirns. Weitere Selbstbeobachtungen führten zu dem Schluss, dass diese beiden Themen etwas gemeinsam hatten: Sie rührten an Probleme, von denen man in weiten Kreisen glaubte, die Macht der Wissenschaft reiche zu ihrer Klärung nicht aus.« Damit hat Crick mit charakteristischem Selbstbewusstsein genau die beiden Themen eingekreist, die ihn bis heute gefangen halten. Dabei war nicht nur klar, dass die Antwort auf die Frage »Was ist Leben?« eher erwartet werden konnte als die Antwort auf die Frage »Was ist Bewusstsein?«, es schien sogar, als ob auf dem ersten Gebiet große Entdeckungen unmittelbar bevorstünden. Diesen Eindruck erweckte wenigstens das 1944 erschienene Buch von Erwin Schrödinger mit dem Titel *What is Life?*, das (nicht nur) von Crick ausgiebig studiert worden ist und eine besondere Rolle für Watson spielt. Crick wollte nun auf dem Gebiet tätig werden, das heute Molekularbiologie heißt, und die Frage, die vor den großen Rätseln gelöst werden musste, hieß, wie er Zugang zu dem neuen Fach und einen Job finden sollte. Nach einigen zähen Jahren erfuhr er mehr oder weniger zufällig davon, dass die mächtige britische Forschungsorganisation mit Namen Medical Research Council (MRC) am zwar schäbigen, aber ehrwürdigen Cavendish-Laboratorium in Cambridge eine neue Abteilung einrichten wollte. Hier sollte mit Hilfe von Röntgenstrahlen versucht werden, die Struktur der riesigen Zellmoleküle zu analysieren, die für den Stoffwechsel des Lebens verantwortlich sind. Crick fragte sofort (und ohne Vorkenntnisse), ob bei diesem Projekt Platz für ihn sei, und zu seiner Überraschung lud man ihn tatsächlich ein, nach Cambridge zu kommen, um von 1950 an unter der Leitung von Max Perutz und John Kendrew zu arbeiten.

Als Crick jetzt Näheres über die raffinierten und vielseitigen Proteinmoleküle lernt, kommt zum ersten Mal eine Art Begeisterung bei ihm auf, denn ihm war »sofort klar, dass eines der Schlüssel-

probleme [der Molekularbiologie] darin bestand, zu erklären, wie
sie synthetisiert werden«, wie er in seiner Autobiografie schreibt.
Zugleich konnte er sehen, welche weitere Voraussetzung notwendig war, um dieses Rätsel zu lösen. In den vierziger Jahren hatten
nämlich zwei Amerikaner – George Beadle und Edward Tatum –
herausgefunden, dass die komplizierten Proteine nur dann in einer Zelle bereitstehen und ihre katalytische Wirkung ausüben,
wenn diese Zelle über geeignete Gene für sie verfügt. Ein Gen
macht ein Protein, so zeigten ihre Experimente und so lautete ihre
Hypothese. Sie sagte vielen Zeitgenossen zwar wenig, sie wurde
aber von Crick sofort akzeptiert und weiterverfolgt, mit der Konsequenz, dass er nun seine Konzentration umlenkte und auf die
Gene und ihre Struktur richtete. Da offenbar sie es waren, die für
die Synthese der Proteine sorgten, galt es logischerweise zunächst
herauszufinden, wie die Moleküle gebaut waren, aus denen die
Gene bestanden. Den Namen des Stoffes kannte man schon, nämlich DNA.

Bald trifft mit Jim Watson ein zweiter Wissenschaftler in Cambridge ein, der die Struktur der DNA herausfinden will. Die Zusammenarbeit zwischen den beiden beginnt mit einer endlosen
Folge von Diskussionen, die andere Mitarbeiter des Laboratoriums
derart nervt, dass man beschließt, ihnen ein gemeinsames Büro zu
geben, »damit ihr diskutieren könnt, ohne die anderen zu stören«,
wie halb offiziell mitgeteilt wurde. Eine glückliche Entscheidung
der Institutsführung, wie bald die ganze Welt feststellen sollte.

Mit dem Paar Watson und Crick betritt ein neuer Forschertypus
die Bühne der Wissenschaft. Die beiden verkriechen sich nicht länger hinter methodischen Einzelheiten ihrer Disziplin, sondern geben erstens offen zu, dass sie auf die Hilfe anderer Forscher ange-
wiesen sind (Stichwort: Teamwork), und wissen zweitens, dass sie
die bewährten alten durch neue Tugenden ersetzen müssen. Während man früher alles selbst machte, sein Gebiet fehlerfrei be-
herrschte und stets höchste Sorgfalt walten ließ, bemühen sich
Watson und Crick vor allem darum, die Ergebnisse der anderen
kennen zu lernen; sie riskieren es darüber hinaus, dauernd Fehler
zu machen und sich zu blamieren; sie nehmen weiter in Kauf, mit
ihren Vorschlägen kläglich zu scheitern, aber sie versuchen trotz
allem die Vorteile ihres sowohl verschwommenen als auch ziel-

strebigen Denkens zu nutzen, um das Glück zu erwischen, von dem sie hoffen, dass es sich dem vorbereiteten Geist anbietet, wie es im Februar 1953 der Fall ist.

In den Jahren nach der Doppelhelix läuft Crick zu Hochform auf (und schließt zwischendurch auch seine Promotion ab). Er entwickelt sich zum großen spekulierenden Theoretiker der Molekularbiologie, der sich Schritt für Schritt an sein übergeordnetes Ziel heranarbeitet, die Synthese von Proteinen zu verstehen. Er erkennt zunächst, dass der Weg von der DNA aus nicht direkt möglich ist und ein Zwischenträger der Information benötigt wird, der auch bald darauf identifiziert werden kann. Das Molekül erweist sich als ähnlich zusammengesetzt wie das Erbmaterial selbst und wird heute als RNA (Ribonukleinsäure) bezeichnet. Crick formuliert nun höchst selbstbewusst das berühmte molekulare Dogma, demzufolge die genetische Information von der DNA über die RNA zu den Proteinen fließt, ohne von dort zurückzukommen oder sich überhaupt in eine andere Richtung bewegen zu können. (Es brauchte viele nobelpreiswürdige Arbeiten in den siebziger Jahren, um die begrenzte Nützlichkeit des Dogmas zu verdeutlichen, das trotzdem nach wie vor heutigen Molekularbiologen vor Augen schwebt und mehr als ein historisches Schattendasein fristet.)

Die Jahre nach 1953 – die Zeit nach der Entdeckung der goldenen Doppelhelix – erleben einen Triumph der Molekularbiologie nach dem anderen. Meistens ist Crick mit Ideen oder Vorschlägen beteiligt, wenn Fortschritte der Art erzielt werden, die Eingang in die Lehrbücher finden. Er wird eine Art Guru der neuen Genetik, der weder eine Position noch eine Funktion braucht und nur durch sich selbst spricht. Cricks Wort ist die Wahrheit. Er definiert nicht nur, was Molekularbiologie ist, er ist die Molekularbiologie, und bald verwechselt Crick seine Wissenschaft mit der Wirklichkeit bzw. wirft er einige Ebenen durcheinander. Er äußert sich über Menschen wie über Moleküle; er formuliert abenteuerliche Hypothesen über den Ursprung des Lebens. Auf dem berühmt-berüchtigten CIBA-Symposium von 1963, das sich Gedanken über die Zukunft des Menschen macht (Man and his Future), meint Crick, er begründe eine »humanistische Ethik«, wenn er das allgemeine Recht der Menschen bestreitet, Kinder zu bekommen. Der frisch gebackene Nobelpreisträger, der wissen muss, dass die Welt auf ihn hört, will dieses Recht nur einigen ausgewählten Exemplaren unserer Spezies zugestehen, »deren Fortpflanzung erwünscht ist«, wie er meint.

Nachdem die klassische Form der Molekularbiologie mit der Entschlüsselung des genetischen Codes in den sechziger Jahren ihren Abschluss erreicht, kümmert er sich zunächst um Fragen der Embryologie, das heißt, er versucht, genetische Regeln zu finden, nach denen die Entwicklung des Lebens verläuft, wenn aus einer Zelle – dem befruchteten Ei – ein ganzer Organismus wird.

1976 tritt eine Wende in Cricks Leben ein. Er wird eingeladen, ein Jahr in Kalifornien zu verbringen, und zwar am berühmten Salk-Institut für Biologische Studien, das in der Nähe von San Diego liegt und auf Klippen steht, die zum Pazifischen Ozean hin abfallen. Crick hatte mitgeholfen, die Statuten des Instituts zu entwerfen, und nun durfte er selbst dort arbeiten (in einem Büro mit Aussicht auf das Meer). Das Institut und seine Arbeitsatmosphäre gefielen ihm so sehr, dass Crick keine Einwände erhob, als die amerikanische Kieckhefer Foundation bereit war, für ihn einen Lehrstuhl einzurichten. Er verabschiedete sich kurzerhand aus der alten Welt und zog nach Südkalifornien. Die europäische Kultur scheint ihm dort nicht zu fehlen, wie er schreibt: »Ich persönlich fühle mich in Kalifornien zu Hause. Mir gefällt diese Atmosphäre des Wohlstands, und ich mag den gelassenen und lockeren Lebensstil. Auch dass man so leicht ans Meer, in die Berge, aber auch in die Wüste gelangen kann, macht das Leben hier reizvoll. Es gibt meilenweit Sandstrände, die man entlang spazieren kann«, [und die Wüste] »übt eine seltsame Faszination aus, nicht zuletzt wegen der raffinierten Farbschattierungen und der unermesslichen Weite des Himmels.«

Seit dem Wechsel an das Salk-Institut hat sich Crick überwiegend mit der Funktionsweise des Gehirns beschäftigt, und er ist direkt auf sein Zentralthema zugesteuert: das Bewusstsein. Er hat dazu eine »erstaunliche Hypothese« vorgelegt. Ihr zufolge soll das Bewusstsein wie die menschliche Seele umfassend aus molekularen Strukturen und ihren Wechselwirkungen ableitbar und verständlich sein. Es müsse zwar eine spezielle Apparatur bzw. Konstruktion – eine besonders komplexe Form des Zusammenspiels (Interagierens) von Nervenzellen – geben, die für das Bewusstsein eine

Rolle spiele, aber damit ist nichts Geheimnisvolles gemeint, sondern nur ein trickreiches Rätsel aufgegeben. Crick zweifelt nicht daran, dass in Zukunft eine Molekularpsychologie oder gar eine Molekularneurophilosophie entstehen wird, so wie ja auch einmal eine Molekularbiologie entstanden ist. Und mit dieser neuen Wissenschaft – und nur mit ihr – könnten wir zuletzt unser Gehirn verstehen. Crick würde sich freuen zu erleben, wie der Grundriss einer solchen molekularen Erklärung entsteht.

Es ist nachvollziehbar, wie in den bedrückenden Nachkriegsjahren und noch ohne handfeste Ergebnisse Cricks döhnende Stimme das Leben in engen Laboratorien mühsam machte. Doch mittlerweile sind fünfzig Jahre verstrichen, und die meisten haben ihr Urteil über Crick revidiert. Sie meinen, es lohne sich, bei allem, was Crick sagt, genau zuzuhören, denn er sei zu einer überragenden Gestalt der Wissenschaftsgeschichte geworden, deren Erfolge an dem Tag begannen, als Watson und er den molekularen Schlüssel zum Verständnis des Lebens entdeckten. Gemeint ist die Einsicht in die Struktur des Erbmaterials, das bis zu jenem Zeitpunkt eine chemische Substanz unter vielen war, deren umständlicher Name mit DNA abgekürzt wurde. Dieser Stoff – so machten Watson und Crick jetzt klar – liegt als Doppelhelix vor und legt mit dieser Form nicht nur eine ungewöhnliche Schönheit an den Tag, sondern ermöglicht durch die elegante Gestalt zugleich auch das Verständnis für den elementaren Vorgang des Lebens, nämlich die Teilung in zwei. Die Doppelhelix ist eins und doppelt zugleich und das auch noch in mehr als einer Hinsicht. Sie ist nämlich ebenso Kunstwerk wie Naturerklärung, und wer immer die längst als Ikone gefeierte molekulare Wendeltreppe zum ersten Mal sieht, kann sich ihrem Bann nicht entziehen.

Das Makromolekül DNA

Der Stoff, aus dem die Gene sind, konnte bereits im 19. Jahrhundert als eine Säure entdeckt und beschrieben werden, wobei auffiel, dass diese Molekülsorte vor allem in großen Mengen im Zellkern (»nucleus«) zu finden ist. Man taufte sie deshalb Nukleinsäure, was in der heutigen Wissenschaftssprache Englisch »nucleic acid« heißt. Es gibt in den Zellen verschiedene Sorten von Nukleinsäuren, die sich durch einen Zuckeranteil unterscheiden (siehe Tabelle und Abb.2: Die Ebenen der DNA). Er heißt bei der häufigsten Erbsubstanz »Desoxyribose«, wodurch sich die Abkürzung DNA erklärt: Desoxyribonukleinsäure auf Deutsch oder desoxyribonucleic acid auf Englisch, also DNA. Die DNA wurde als Substanz von Zellen zuerst beschrieben im Jahre 1869 von Friedrich Miescher, der allerdings noch nicht sagen konnte, welche Funktionen der eigentümliche Stoff übernehmen konnte, den er in seinen Reagenzgläsern ausfindig gemacht hatte. Mieschers ursprüngliches Ziel bestand darin, neue Substanzen zu finden und unterscheiden, die sich in Zellen befinden und zu ihrem Leben gehören. Er wollte vor allem noch einige von den Materialien identifizieren, die seine Kollegen zuvor entdeckt hatten und die sie nach dem griechischen Wort *proteion* »Proteine« nannten, weil sie »an erster Stelle« kamen, was heißt, dass man sie von größter Bedeutung für die Zelle einschätzte. Miescher stellte nun fest, dass er bei geeigneter (»alkaliner«) Behandlung von Zellen eine Substanz als Salz ausfällen konnte, die sich zwar auf keinen Fall zu den Proteinen zählen ließ, die aber offenbar in den Zellkernen konzentriert war und hier an erster Stelle zu kommen schien. Auf dieser Weise wurde die Kernsäure gefunden, die heute DNA heißt und mit James Watson berühmt wurde. Miescher hatte zwar den ersten Schritt auf dem Weg zur Doppelhelix getan, aber ahnen konnte dies natürlich damals niemand. In den Jahren nach ihm kümmerten sich um die Nukleinsäuren vor allem Wissenschaftler, die sich im Bereich der Organischen Chemie auskannten, also der Disziplin, die im ausgehenden 19. Jahrhundert große Fortschritte machen konnte und dabei nach und nach erkannte, dass es Moleküle gab, die selbst aus anderen Molekülen zusammengesetzt waren. Dazu gehörten die Nukleinsäuren. Man spricht dann von Makromolekülen, und die Aufgabe der daran arbeitenden Wissenschaftler bestand nicht mehr nur darin, die Atome zu ermitteln, aus denen Moleküle bestehen – Wasser zum Beispiel aus Wasserstoff und Sauerstoff oder Alkohol aus Wasserstoff, Sauerstoff und Kohlenstoff –, sondern vor allem darin, die Moleküle zu identifizieren, aus denen Makromoleküle bestehen. Bald wurde klar, dass die Nukleinsäuren (vor allem die DNA) besonders große Makromoleküle waren, was heißt, dass in ihnen Moleküle ausgemacht werden konnten, die ihrerseits aus Molekülen bestanden. Wenn man so will, kann sich der Aufbau der DNA über vier Ebenen vollziehen, die am besten von unten nach oben durchlaufen werden (siehe »Die Ebenen der DNA« und Abb. S. 24). Unten finden sich die Atome, von denen sich insgesamt fünf in der DNA finden, nämlich Wasserstoff, Sauerstoff, Stickstoff, Kohlenstoff und Phosphor. Phosphor und Sauerstoff bilden zusammen eine so genannte Phosphatgruppe, die sich als zweites Molekül zu dem Zucker gesellt, der aus Kohlenstoff, Wasserstoff und Sauerstoff besteht. Zucker und Phosphat verbinden sich immer mit einer dritten Molekülart, von der es vier Variationen gibt, die in zwei Klassen eingeteilt werden können, und zwar auf einfache Weise. Es gibt Moleküle mit einem Ring – sie nennt man seit 1884 Pyrimidine – und Moleküle mit zwei Ringen, wobei sie länger brauchten, um ihren kürzeren Namen Purine zu bekommen, nämlich bis 1898. Die einzelnen Pyrimidine und Purine haben selbst wieder eigenwillige Namen, die später im Haupttext erläutert werden. Wer sich diese vertrackten Bezeichnungen der zweiten Ebene nicht merken will, kann sich durch den Begriff der Basen verständigen, denn zu dieser allgemeinen chemischen Sorte gehören die eben erwähnten Bausteine der Nukleinsäuren. Wer von den Basen der DNA spricht, legt eindeutig fest, wovon die Rede ist, nämlich von zwei Pyrimidinen und zwei Purinen. Bei der Verbindung der vier Basen mit den Zucker-Phosphat-Gebilde entstehen die Moleküle der dritten Ebene, die unter Fachleuten als Nukleotide bezeichnet werden, wobei dieses Wort schon auf die Nukleinsäure hinweist, die nun auf der vierten Ebene endlich sichtbar wird und in Erscheinung tritt.

Spätestens jetzt, wenn nicht nur von Purinen und Pyrimidinen, sondern auch noch von Nukleotiden die Rede ist, wird für den Laien die Vielfalt von Namen unübersichtlich und verwirrend unangenehm. Zum Glück wird sie durch eine einheitliche Form der Bausteine gemildert. Denn so verschieden die molekularen Komponenten der DNA im Detail auch sind, so einheitlich zeigt sich ihr Aussehen. Die entscheidenden Bausteine der DNA – die vier Basen – sind nämlich flache und ebene Strukturen, die man auf einem Blatt Papier zeichnen und ausschneiden kann. Dieser Tatbestand spielt eine wichtige Rolle bei der Entdeckung der DNA-Struktur, die natürlich eine Dimension mehr und also den ganzen Raum braucht.

Übrigens – als Watson sich entschied, die Chemie der DNA genauer anzusehen, haben ihn die vielen Namen der zahlreichen Bausteine zunächst auch nur verwirrt. Für ihn kam es darauf an herauszufinden, was die dazugehörigen Formen auszeichnet, damit sie alle zusammen die Qualität eines Erbmoleküls annehmen können. Die Kunst des Forschens besteht an dieser Stelle darin, sich durch die Vielzahl der detaillierten Worte für die Einzelstrukturen nicht von dem Sinn für die gesamte Molekülfunktion ablenken zu lassen. Watson glaubte fest, dass hinter all der biochemischen Kompliziertheit eine genetische Klarheit sein müsse und dass man sie finden könne.

Bei dieser ungebrochenen Faszination liegt selbstverständlich die Frage nahe, wie es ihren Entdeckern ergangen sein muss, als sie den ersten Blick auf die Struktur warfen, und welche Gefühle in ihnen hervorgerufen wurden. Man kann die Frage auch anders stellen und wissen wollen, was Watson und Crick eigentlich mit der Präsentation der Doppelhelix gemacht haben bzw. was ihnen dabei im Detail gelungen ist. Haben sie nur die Entdeckung bzw. Aufdeckung einer Form beschrieben, die sie auf die gleiche Weise gefunden haben, wie es jemand tut, der mit einem Mikroskop ein Stück Kork untersucht und dabei bemerkt, dass das Material aus Zellen zusammengesetzt ist? Oder haben Watson und Crick etwas anderes gemacht und mit ihrem Entwerfen der DNA-Struktur weiter gesehen, als es ihnen jedes Mikroskop erlaubt hätte? Haben Watson und Crick die Doppelhelix mehr außen gefunden oder eher innen gesehen?

Die Ebenen der DNA

1. Ebene: Atome: H, N, O, C, P

2. Ebene: Kleine Moleküle

Zucker   Phosphatgruppe

Basen

Thymin (T)   Adenin (A)

3. Ebene: Größere Moleküle

Nukleotide (= Base + Zucker + Phosphat)

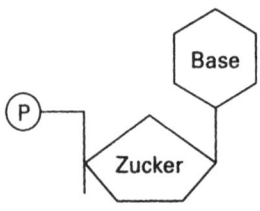

4. Ebene: Die DNA als Makromolekül (siehe Abb. S. 10)

Leben nach der Doppelhelix

Mit der Doppelhelix wird ein neuer Forschungszweig der Biologie, die Molekularbiologie, möglich, der sich mit den chemisch-physikalischen Eigenschaften organischer Verbindungen im lebendigen Organismus befasst und folglich das Leben von den Molekülen aus versteht. Die ungeheuer erfolgreiche Molekularbiologie hat zwar als Grundlagenforschung begonnen, aber zwanzig Jahre nach der Entdeckung der Doppelhelix mit der Gentechnik das Laboratorium verlassen und sich weiter zur Genomforschung entwickelt, um zumindest der Medizin weitere Dimensionen zu erschließen. Watson und Crick haben großen Anteil an vielen Zweigen der dazugehörigen Entwicklungen, wobei ihre individuellen Beiträge genauso unterschiedlich ausfallen, wie es schon die Methoden waren, die sie anwandten, um zur Entdeckung der Doppelhelix zu gelangen. Während Crick sich nahezu ausschließlich mit Fragen der Forschung beschäftigt und eher zurückgezogen im Kollegenkreis lebt und sich ausschließlich auf das Lösen wissenschaftlicher Rätsel konzentriert, stellt sich Watson unentwegt neuen Herausforderungen, die weit über sein angestammtes Gebiet der biologischen Forschung hinausgehen und die wissenschaftliche Arbeit auch für Politik und Gesellschaft relevant werden lassen. Crick lebt in der Wissenschaft, Watson lebt für die Wissenschaft, und er will der Gesellschaft sowohl ihren Wert als auch ihren Preis vor Augen führen.

Watsons Karriere nimmt immer neue, überraschende Wendungen, die er alle glänzend meistert. Nach dem unwiederholbaren wissenschaftlichen Erfolg mit dem Vorschlag der Doppelhelix zur Erklärung der Vererbung auf molekularer Ebene wird Watson zunächst zum Lehrer der molekularen Genetik. Zugleich gibt er Beweise seines Könnens als Schriftsteller, steigt auf zum Direktor eines Laboratoriums mit einer besonderen Geschichte, verwandelt es in ein weltweit anerkanntes Zentrum für Spitzenforschung, verblüfft schließlich seine Mit- und Umwelt als politisch denkender Manager der Wissenschaft – und hat in allen Bereichen den größten denkbaren Erfolg.

In diesem Buch sollen Watsons unglaublich vielseitigen Karrieren nachgezeichnet werden, weil ihr Verlauf Gelegenheit bietet, nicht nur die äußerst erfolgreiche Entwicklung einer wissenschaftlichen Denkweise zu schildern, sondern auch aufzuzeigen, welche Wirkungsmöglichkeiten Wissenschaft in der Gesellschaft haben kann. Getragen wird die Niederschrift von der festen Überzeugung, dass sich unsere Gegenwart – »die Welt, in der wir leben« – besser verstehen lässt, wenn erkennbar wird, wie das Wissen zustande kommt, das sowohl die Wirklichkeit als auch den Alltag langfristig und durchgängig stärker prägt als all die politischen Kalküle, um die in Wahlkämpfen heftig gestritten wird und die anschließend der Vergessenheit anheim fallen. Unsere Gegenwart wird von der Wissenschaft geprägt, auch wenn der Blick auf die Titelseiten der Tageszeitungen oder das Einschalten der Abendnachrichten dies trotz aller Bemühungen um ein »public understanding of science« nicht erkennen lassen.

Anlass dieser Publikation ist aber auch ein Doppelfest. Denn der fünfzigsten Wiederkehr des Tages, an dem das Geheimnis des Lebens (»the secret of life«) mit der Entdeckung der Doppelhelix zum ersten Mal sichtbar wurde, folgt nicht sehr viel später – am 6. April 2003 – der 75. Geburtstag von James D. Watson, dem wir sehr herzlich gratulieren möchten. Als 1993 zum vierzigsten Mal dieser epochalen Entdeckung gedacht wurde, hat Watson in einer Rede erwähnt, dass sein jugendlicher Erfolg ihn nicht nur einen Triumph habe erleben lassen. Er habe sogar eher in ihm das Gefühl geweckt, eine solche Entdeckung nicht verdient zu haben. Er müsse wohl erst noch sein Leben daransetzen, es irgendwann doch noch zu tun. Es sollte und könnte im Frühjahr 2003 allmählich so weit sein.

Annäherung an Watson
und Aufwachsen in Amerika

In welche Worte muss man ein Leben fassen, damit der Eindruck entsteht, so könnte es wirklich abgelaufen sein? Woher will man überhaupt wissen, wie sich das Leben eines Menschen tatsächlich abgespielt hat? Mit solchen Fragen befassen sich Historiker, wenn sie das Wirken einer Persönlichkeit beschreiben wollen, die Einfluss auf unsere Geschichte im weitesten Sinne gehabt hat. Max Frisch hat einmal bemerkt, dass alle Menschen eines Tages die Geschichte erfinden, die sie für ihr Leben halten – und sicher auch halten wollen, wie sich hier hinzufügen lässt. Entsprechend behutsam werden Historiker mit dem autobiografischen Material ihres Helden umgehen, wobei ihre Vorsicht zunimmt, wenn die Person, um die es geht, umfangreiche Erinnerungen zu Papier gebracht hat.

Dies trifft auch für eine der überragendsten Gestalten der Wissenschaftsgeschichte, den heute in Cold Spring Harbor auf Long Island lebenden James Dewey Watson, zu. Doch die Aufgabe, die sich in seinem Fall einem Biografen stellt, muss anders lauten. Watson hat sich im Laufe seines Lebens nämlich nie mit Problemen aufgehalten, die wie die eingangs formulierten Fragen endlos diskutierbar sind, weil sie letztlich ohne Lösung bleiben. Er hat vielmehr mit traumwandlerischer Sicherheit stets solche Fragen ins Auge gefasst, die in absehbarer Zeit mit überschaubarem Aufwand zu weiterführenden Lösungen beitragen. Darum sei hier dem Biografen der Versuch gestattet, es dem großen Vorbild gleichzutun, unabhängig davon, ob er tatsächlich erzählen kann, wie Watsons Leben wirklich gewesen ist. Wichtiger ist ihm, seine ungewöhnliche Lebensgeschichte so spannend zu schildern, dass sie die Leser – so wie ihn selbst – in ihren Bann zieht.

An Watsons Leben und Lebensleistung lässt sich die Entwicklung des größten und lohnendsten wissenschaftlichen Aben-

teuers darstellen, auf das sich die Menschen seit dem Ende des
Zweiten Weltkriegs eingelassen haben – Grund genug für mein
Interesse an seiner Person und Wissenschaft.

Flüchtige Skizzen im Café

Ich war achtzehn Jahre alt, als ich 1965 – wie eingangs angemerkt – zum ersten Mal von James D. Watson und der Doppelhelix hörte, die der Genetiker zusammen mit Francis Crick
zwölf Jahre zuvor als Struktur des Erbmaterials vorgeschlagen
hatte. Die beiden Wissenschaftler – ein Amerikaner und ein
Engländer – hatten ihr Modell der Erbsubstanz, deren chemische Zusammensetzung mit den inzwischen weltbekannten
drei Buchstaben DNA bezeichnet wird, im Frühjahr 1953 in
einem Brief an die britische Wissenschaftszeitschrift *Nature*
vorgestellt. Auf diese Weise schrieben sie Biologiegeschichte.
In den sechziger Jahren hatte die 1962 mit dem Nobelpreis
ausgezeichnete Entdeckung der Doppelhelix bisweilen Eingang
in den Schulstoff gefunden, allerdings nicht in meiner Klasse,
sondern in der des Mädchens, das mir in einem Café gegen-
übersaß und gerade versuchte, auf den Rand einer Zeitung die
Doppelhelix zu skizzieren. Ich betrachtete ihre gestrichelten
Bemühungen und ihr Können mit einer Mischung aus Skepsis und Unverständnis, während das Molekül auf dem Zeitungsrand mit seinen Windungen immer weiter anwuchs. Mit
der Doppelhelix wollte das Mädchen unter anderem begründen, dass es nach dem Abitur Medizin studieren würde, weil in
diesem Fach künftig alles ganz anders zugehen werde – wahrscheinlich viel wissenschaftlicher –, wie sie kühn vermutete.
Indes betrachtete ich die Zeichnungen mit der kühlen Über-
heblichkeit eines Jungen, der sich mehr für Physik interessierte
und nicht verstand, wie sich ein derart vertrackt gewundenes
Gebilde entwirren ließ, um verdoppelt werden zu können. Zudem zweifelte ich daran, dass den Biologen ausgerechnet bei
den Genen gelingen sollte, was den Physikern bei den Atomen

Das amerikanische Originalcover der Klassiker-Ausgabe
der *Doppelhelix* (W.W. Norton & Company, New York 1980)

verwehrt geblieben war, nämlich die eingängige und anschauliche Darstellung der Einheit, in der das letzte Geheimnis der Dinge stecken sollte und mit der man in einer Art Kinderspiel erklären wollte, wie sich das Leben immer wieder teilen und vermehren kann.

Natürlich habe ich als verliebter Teenager nicht genau in dieser Art gedacht, und wahrscheinlich wollte ich mit meinen Bemerkungen nur von meiner damaligen Unkenntnis ablenken. Aber das Molekül habe ich seit diesen Tagen ebenso wenig aus den Augen verloren wie das Mädchen, mit dem ich seit Anfang der siebziger Jahre verheiratet bin. Zu diesem Zeitpunkt hatte *Die Doppelhelix* nicht nur ihren kleinen privaten, sondern ihren großen öffentlichen Auftritt hinter sich, und zwar als literarisches Werk, das ein Best- und Longseller werden sollte und im angelsächsischen Sprachraum inzwischen sogar in Klassikerreihen erscheint.

Die Originalausgabe dieses ersten autobiografischen Buchs von Watson erschien unter dem Titel *The Double Helix* im Atheneum Verlag in New York im Jahre 1968, als sich die Situation nicht nur an den deutschen Universitäten dramatisch zuspitzte und die Unruhen die Studenten von der Wissenschaft ablenkten (die deutsche Ausgabe kam 1969 im Rowohlt Verlag in Reinbek heraus). *Die Doppelhelix* zeigte etwas völlig anderes, nämlich eine innere Dramatik der Forschung, die langfristig viel lohnender erschien als die politischen Unruhen, was zur Folge hatte, dass ich als Student der Physik nun anfing, neben den angestammten Lehrbüchern auch Watsons erste Darstellung der »Molekularbiologie des Gens« in englischer Sprache zu lesen – *The Molecular Biology of the Gene* –, die bereits 1965 erschienen war.

Wie in einer Art Doppelblitz wurde mir plötzlich vor Augen geführt, dass die Biologie sich anschickte, eine moderne, zeitgemäße Pionierwissenschaft zu werden, in der es völlig anders zuging als in der nun auf einmal alten Physik. Diese war zwar immer noch spannend, hatte aber schon lange nicht mehr jemanden wie Albert Einstein oder Werner Heisenberg hervorgebracht, um die Menschen aufzurütteln. Statt Einstein und Heisenberg gab es jetzt Watson und Crick. Allmählich kam ich zu der Überzeugung, dass es besser gewesen wäre, ich hätte das biologische Gekritzel auf dem Zeitungsrand im Café doch genauer und wohlwollender in Augenschein genommen, als ich es getan hatte. Aber es war noch nicht zu spät. Noch konnte ich wenigstens das Thema meiner Diplomarbeit in Physik wählen, und so bemühte ich mich in den folgenden Jahren darum, mit den in den letzten Semestern gelernten Methoden der Theoretischen Physik das zu verstehen, was ich Jahre zuvor im Café ohne diese Kenntnisse als unverständlich erklärt hatte.

»Kindlich im Benehmen, gereift in der Wissenschaft«

Diese kurzfristige inhaltliche Wendung hatte langfristig eine unvorhersehbare Konsequenz. Meine Bemühungen, Physik und Biologie theoretisch zusammenzubringen, weckten nämlich das Interesse von Max Delbrück, der 1969 mit dem Nobelpreis für Physiologie oder Medizin, so die offizielle Bezeichnung, ausgezeichnet worden war und auf seinem Weg zu den Feierlichkeiten in Stockholm in Köln Halt machte. Hier hatte er ein knappes Jahrzehnt zuvor dazu beigetragen, die neue Wissenschaft der Genetik zu etablieren, die unter anderem seinen und Watsons Bemühungen entsprungen war. Delbrück lud mich ein, bei ihm zu promovieren, wobei er als ersten konkreten Schritt mich dazu aufforderte, den Sommer 1973 mit ihm und seiner Forschungsgruppe in einem biologischen Laboratorium auf Long Island im Staat New York zu verbringen. Und das Erste, was Delbrück nach meiner Ankunft in den USA machte, bestand darin, mir den Direktor des Laboratoriums vorzustellen – und das war niemand anders als James D. Watson, den Delbrück, wie alle, mit Jim ansprach und der deshalb gelegentlich auch im Folgenden in vertraulichem Ton so genannt werden darf. Ich selbst habe ihn immer so genannt.

Das erste Treffen mit Jim Watson als Überraschung zu bezeichnen, das wäre zu schwach ausgedrückt. Ich war, gelinde gesagt, verblüfft und verwirrt, als ich – mit dem Jetlag und all den neuen Eindrücken einer neuen Wissenschaft in einer neuen Umgebung kämpfend – dem bereits legendären Mann plötzlich die Hand schütteln und ihn mit Vornamen anreden sollte. Aber alles wurde noch sehr viel merkwürdiger, als ich mühsam versuchte, mich auf ihn einzustellen und wenigstens mit ihm einige Sätze zu wechseln. Zum einen nuschelte Jim nämlich derart, dass ich nichts verstand, und zum andern blickte er scheinbar hilflos und verlegen an mir vorbei in die Luft, während sein Mund Laute von sich gab, die ich nur zum Teil als Worte erkennen konnte und zwischen die sich noch andere Geräusche mischten. Beim Reden oder Zuhören hob er oft ohne ersichtlichen Grund seine Augenbrauen, um seine Stirn erst in tiefe Falten zu legen und dann zu entspannen. Dabei schaute er sein Gegenüber mit großen Augen an, wie jemand, der nicht fassen kann, was er da zu sehen bekommt. Watsons dünne Haare standen ihm gewöhnlich zu Berge, wie man aber erst sehen konnte, als er den vergammelt wirkenden Hut abgenommen hatte, den er nahezu ständig trug (und mit dem er auf vielen Bildern zu sehen ist). Aus seinen Schuhen baumelten die Schnürriemen heraus, und als er sich plötzlich entfernte, beobachtete ich mit Spannung, ob er darüber stolpern würde. Später erfuhr ich, dass Watson sich nie um seine Schnürsenkel kümmerte und offenbar beim Gehen schon länger damit zurechtkam.

Im Sommer 1973 war Watson fünfundvierzig Jahre alt und seit fünf Jahren Direktor des Laboratoriums, das nach einem winzigen Ort in der Nähe Cold Spring Harbor heißt und nach amerikanischen Maßstäben eine sehr lange – jetzt über hundert Jahre alte – Geschichte hat. Cold Spring Harbor ist aus vielen Gründen für Jim (und für die Wissenschaft) von großer Bedeutung. Einer davon hat mit der großen Entdeckung von 1953 zu tun, denn es war in einem Seminarraum in Cold Spring Harbor, in dem der junge Jim zum ersten Mal einen Vortrag über die Doppelhelix hielt. Der nur wenig jüngere und später ebenfalls mit dem Nobelpreis ausgezeichnete Franzose François Jacob, der zugegen war, hat in seiner Autobiografie *Die innere Statue* die Eindrücke geschildert, die er von Watson und seinem Vortrag gewann:

> Jim Watson – eine umwerfende Persönlichkeit. Ein langer, schlaksiger, struppiger Kerl mit einem unnachahmlichen Stil. Unnachahmlich war seine Art, sich zu kleiden: Das Hemd flatterte frei über der viel zu kurzen Hose, die Socken kringelten sich auf den Knöcheln. Unnachahmlich auch sein bestürzter Gesichtsausdruck, seine wilde Mimik: Die Augen weit aufgesperrt, den Mund halb offen, stieß er kurze, abgehackte Sätze aus, die er jeweils mit einem »Ah! Ah!« abschloss. Unnachahmlich schließlich seine Art, wie er hereingestürmt kam und den Kopf zurückwarf wie ein Gockel, der nach der hübschesten Henne Ausschau hält. …
> Eine unvergleichliche Mischung aus Trottelhaftigkeit und List. Er wirkte kindisch im Umgang, aber äußerst gereift in wissenschaftlichen Belangen. (…)
> Mit wilderer Mine denn je, das Hemd aus der Hose hängend, die Beine nackt, die Nase in der Luft, die Augen aufgesperrt und mit kurzen Zwischenrufen die Bedeutung seiner Darlegungen unterstreichend, erklärte Jim die Struktur …

Diese Struktur sah François Jacob »eindeutig als Wendepunkt in der Erforschung der lebendigen Welt« mit der Gewissheit an, dass der Biologie nun »eine aufregende Zeit« bevorstand. Wie ist die Wissenschaft dahin gekommen? Und wie ist Watson dahin gekommen?

Aufwachsen in Chicago

Jims Eltern gaben ihrem einzigen Sohn offenbar klare Wertvorstellungen mit auf den Weg. Am deutlichsten tritt dabei die Bedeutung von Büchern zum Vorschein. Sein Vater sah in ihnen den wunderbaren Vorrat des Wissens, mit dessen Hilfe sich die Menschen von Aberglauben und Vorurteilen befreien konnten, was für ihn fast synonym mit der Religion war. Seine Erziehung, so Watson später im Rückblick auf eine erfolgreiche Karriere als Wissenschaftler, hat ihm geholfen, der katholischen Religion so definitiv zu entkommen, dass er niemals wieder Interesse an ihren Denkvorgängen entwickelt hat, um es milde auszudrücken.

Eltern[1]

Jims Mutter (Bonnie) Jean Mitchell ist die Tochter eines aus Schottland stammenden Schneiders und seiner Frau, die selbst als Tochter eines irischen Immigranten zur Welt gekommen ist. Geboren wurde Bonnie Watson 1899 in Chicago, Illinois, und gestorben ist sie bereits 1957 in Chesterson, Indiana, an einem Herzinfarkt. Jim hat immer bedauert, dass seine Mutter nie die Gelegenheit hatte, die Universität von Harvard zu besuchen, als er dort zum Lehrkörper gehörte. Seine Mutter hat eine Zeitlang als Angestellte der Universität von Chicago gearbeitet. Jim hat deshalb in seiner Alma mater die Mittel für eine Vorlesungsreihe zur Verfügung gestellt, die nach seiner Mutter benannt ist. Sein Vater James Watson ist 1897 in einem kleinen Ort in Minnesota geboren und 1968 in Huntington auf Long Island, New York, an einem Krebsleiden gestorben, dessen Ursache sich inzwischen genau angeben lässt. Es handelte sich um Lungenkrebs, und Jims Vater war ein intensiver Raucher. Er lebte bis zu seinem Tod gemeinsam mit Jim auf dem Gelände des Cold-Spring-Harbor-Laboratoriums.

Von seinem zwölften Lebensjahr an legte Jim jeden Freitagabend mit seinem Vater rund eine Meile Fußweg zurück, um die Bibliothek in Chicagos 73. Straße aufzusuchen und dort in Büchern herumzustöbern. Einige Bücher lieh er sich auch aus und arbeitete sie zu Hause zusammen mit denen durch, die in Antiquariaten gekauft oder von dem legendären Buchklub zugeschickt worden waren, der sich »Book of the Month Club«

nannte, weil er jeden Monat ein Buch bestimmte, das den Mitgliedern zugestellt wurde. So häuften sich die Bücher in Jims Elternhaus, wobei es vor allem mehr philosophische und weniger wissenschaftliche Texte waren, in denen Watsons Vater, der offenbar ein Verehrer der Aufklärung war und in den Büchern nach vorbildhaften Stimmen der Vernunft suchte, begierig las.

Jim hat damals unter anderem das 1926 erschienene Buch *Microbe Hunters* (»Mikrobenjäger«) von Paul de Kruif gelesen, das auf dem Umschlag mit dem Hinweis warb, über die edelsten Kapitel aus der Geschichte der Menschheit zu berichten. In zwölf Kapiteln werden – von Antonie Leeuwenhoek und seinen ersten Mikroskopen für die Entdeckung von Mikroben bis Paul Ehrlich und seiner Hoffnung auf eine magische Kugel (»magic bullet«) für die Vernichtung von Infektionskrankheiten – die Erfolge des wissenschaftlichen Vorgehens beim Kampf gegen Krankheiten geschildert. Am Beispiel von Walter Reed und seinen Erfolgen bei Gelbfieber bringt der Autor den Gedanken zum Ausdruck, dass derjenige, der im Interesse der Wissenschaft handelt, zugleich auch im Interesse der Menschheit handelt. Man kann sich leicht vorstellen, dass ein solches Vorbild einem jungen, empfänglichen Gemüt den Weg weist, weil am Ende nicht nur der Erfolg, sondern auch derjenige, der ihn erreicht hat, ins Blickfeld rückt.

In diesem Zusammenhang verdient der in den USA übliche zweite Vorname von Jim besondere Aufmerksamkeit, der meist nur als *middle initial* D abgekürzt erscheint und gewöhnlich als überflüssige Verzierung betrachtet wird. D steht für Dewey, und der Vater meinte damit sicher den großen Philosophen John Dewey, der um 1900 Fakultätsmitglied der Universität von Chicago war und durch eine berühmte Gründung – die Dewey School – eine weit beachtete Neuerung im Bereich der Pädagogik schuf und mit ihr weltweit bekannt wurde. Es ging Dewey um Erziehung, wobei seine Schule – die eher mit einem Institut zu vergleichen ist – keine Ausbildungsstätte für Lehrer, sondern ein philosophisches Laboratorium sein sollte, in dem eine Theorie erprobt werden sollte, die Dewey über alles stellte. Seine Theorie kann zwar als »Einheit des Wissens« charakterisiert werden, doch damit meinte Dewey gerade nicht das, was man darunter in der Alten Welt versteht, nämlich die Möglichkeit, von einem einzigen (meist ideologischen oder dogmatischen) Standpunkt aus die Vielfalt der Lebens und der Wirklichkeit überschauen und erfassen zu können. »Einheit des Wissens« versinnbildlichte bei Dewey den Gedanken, dass Wissen nicht vom Handeln zu trennen ist, ja dass Wissen aus Handeln entsteht. Erst tun die Menschen etwas, und aus dem Ergebnis dieses Tuns lernen sie etwas, und zwar für die nächste Handlung, die nun besser gelingen kann. Dewey wollte einfach nicht, dass Lehrer weiterhin Kenntnisse vermittelten, die von der Tätigkeit getrennt blieben, für die man sie brauchte. Wenn nicht alles täuscht, trifft dies auch für Watson zu, dem seine Eltern den Namen Dewey gaben, auch wenn sie ihn Jim riefen.

Jim lernte sein Leben lang, indem er etwas tat. Zunächst beobachtete er am liebsten Vögel, erst mit seinem Vater und dann, nach dem Eintritt in die South Shore High School, allein. Im nahe gelegenen Jackson Park oder in den Dünen, die der Staat Indiana in der Nähe der Stadt Tremont zu bieten hat, hielt Jim Ausschau nach seltenen Vögeln, wobei man dies auch so auslegen kann, dass der anfänglich kleine, schmächtige Junge auf diese Weise geschickt allen sportlichen Wettkämpfen mit größeren und stärkeren Klassenkameraden aus dem Weg ging. Seine Teenagerjahre hat Jim sicher nicht als Anführer einer Jungengruppe, sondern eher in Einsamkeit verbracht, wobei er bei gutem Wetter nach Vögeln Ausschau hielt und er sich bei Regen mit der Lektüre der zahlreichen Bücher im Hause die Zeit vertrieb. Beide Leidenschaften zusammen verhalfen ihm zu seiner ersten – kindlichen – Karriere: in einem Quiz-Programm eines lokalen Radiosenders aufzutreten und als Wunderkind gefeiert zu werden.

Der Teenager in der Universität

Ob er wirklich ein Wunderkind war, mag dahingestellt bleiben, denn trotz aller Kenntnisse auf dem Gebiet der Ornithologie blieben Jims Schulzensuren eher mittelmäßig, was jedoch keine Auswirkungen auf sein späteres Leben haben sollte. Im Chicago des frühen 20. Jahrhunderts gaben sich viele Pädagogen und einige Hochschullehrer sehr experimentierfreudig, darunter auch der damalige Universitätspräsident Robert Hutchins. Er hielt die amerikanischen Highschools (Gymnasien) seiner Zeit für pädagogische Katastrophen und war der Ansicht, es sei besser, die Kinder zwei Jahre früher von der Schule zu nehmen und auf ein College zu schicken, als den langwierigen und wahrscheinlich vergeblichen Versuch zu machen, eine Schulreform durchzuführen. Hutchins etablierte ein auf vier Jahre angelegtes Kurssystem – ein »Four Year College« – für ganz junge Schulabgänger, und Jim gehörte zu den ersten, die davon profitierten. Seine Mutter war entzückt über diese Möglichkeit und half tatkräftig dem 15-jährigen Sohn, die nötigen Unterlagen auszufüllen und pünktlich einzureichen. So kam Jim 1943 an die Universität von Chicago, die er vier Jahre lang besuchte, um danach sein Studium mit einem ersten akademischen Grad in Zoologie abzuschließen, den »Bachelor of Science«, den man auf Visitenkarten mit BS abkürzt. Die Wahl des Studienfachs Zoologie hatte Jim nicht nur aus Liebe zu den Vögeln getroffen, sondern weil er in den letzten Jahren vorwiegend wissenschaftliche Bücher gelesen hatte. Besonders angetan war er dabei vom Gedanken der Evolution, der dank Charles Darwin und seiner Theorie der natürlichen Selektion rational fassbar geworden war. Dieses wissenschaftliche Konzept der Evolution, so ahnte Jim, ermöglichte es, die Vielfalt der Formen, die man in der Natur beobachten konnte, nicht nur zu bestaunen, sondern auch zu verstehen und in einem Zusammenhang zu sehen, dessen Grundlage noch zu finden war. Das Studium der Zoologie konnte also seiner Ansicht nach nur aufregend werden.

Zwar wohnte der junge Jim nach wie vor zu Hause – zur
Universität fuhr er eine halbe Stunde mit der Straßenbahn –,
aber im Studium war er auf sich allein gestellt, und um sich
zurechtzufinden, setzte er sich eigene Werte, und zwar konzentrierte er sich auf drei. Zum einen kannte er den Wert der
alten Bücher, und so beschloss er, sich in erster Linie die Ori-
ginalquellen des Wissens zu erschließen und weniger den Dar-
stellungen in den Lehrbüchern zu vertrauen. Erst wollte er die
Quellen selbst einsehen, bevor er die Interpretation zur Kenntnis nahm, die den Studenten von ihren Lehrern geboten wurde.
Zum zweiten merkte Jim, dass man keine Angst davor haben
sollte, phantasievolle Theorien zu entwerfen und gedankliche
Modelle zu entwickeln. Natürlich brauchte es zunächst Tatbestände und Ergebnisse aus Messungen und Experimenten.
Aber wirklichen Wert hatten nur Entwürfe und Theorien, die
– in geeigneter rationaler Form – all die Einzelheiten bündeln
und verweben konnten, die sich sonst nur aufzählen und zu-
sammenfassen ließen. Aus diesem Grund war es – drittens –
nicht so wichtig, all die Fakten aus den zahlreichen Vorlesungen
zu behalten. Vielmehr versuchte Jim herauszufinden, was der
Referent sich bei der Auswahl der präsentierten Tatbestände
gedacht hatte. Es galt, in den Vorlesungen denken zu lernen,
und darum verzichtete er von Anfang an darauf, sich Notizen
zu machen und mitzuschreiben. Stattdessen versuchte er herauszubekommen, ob die Worte der Vortragenden nachvollziehbar Sinn machten und sich bei ihnen tatsächlich etwas
denken ließ, wobei er es offenbar riskierte, einiges überhaupt
nicht mitzubekommen.

Natürlich gehört neben einer gehörigen Portion Intelligenz
vor allem Mut zu einem solchen Vorgehen, aber mit diesem
Verhalten wird auch sofort klar, wodurch sich Jim von seinen
Kommilitonen unterschied. Ein erfolgreicher Student zu sein
hieß für ihn nämlich nicht, imstande zu sein, am Ende der Vor-
lesungszeit eine Prüfung abzulegen, sondern das verstehen und
sich mit dem zurechtfinden zu können, worum es in der Wissenschaft geht. Er wollte sich in der Wissenschaft so zu Hause

fühlen wie in den Büchern, und natürlich hielt er Ausschau nach einem Feld, auf dem es zwar so wenig Konkurrenz und so viele Möglichkeiten gab wie beim Beobachten der Vögel, auf dem sich aber dennoch viel sehen und erkennen ließ.

Wie jeder Mensch suchte Jim einen sicheren Hafen, von dem aus er seine Welt erobern konnte, aber was bei anderen ein Freundeskreis oder eine Gemeinschaft ist, konnte bei ihm nur die Wissenschaft sein. Denn seit Beginn seines öffentlichen Lebens konnte Jim seine Ansichten nicht für sich behalten, und er lebte und redete nach seinen Vorstellungen. Zu den Werten, die sein Aufwachsen in Chicago begleitet haben, gehört der Vorsatz, dass man Stuss (»crap«) auch Stuss nennen sollte und dass es besser ist, jemanden zu beleidigen als die eigenen Überzeugungen aufzugeben oder gar zu verraten und unaufrichtig zu sein. Solche Verhaltensweisen fördern bekanntlich nicht gerade die raschen Freundschaften, die zwischen den meisten Studenten geschlossen werden. So lebte der immer noch nicht volljährige Jim eher isoliert und auf sich gestellt, und vermutlich beglückte ihn in dieser Zeit vor allem eine gelungene Lektüre.

»Was ist Leben?«

Das große Los des Lesens zog er dabei im Frühjahr 1946, als ihm das Büchlein eines berühmten Mannes in die Hände fiel, der in großem Stil versuchte, was Jim im Kleinen tat, nämlich aus dem trauten Schema des Denkens auszubrechen, um als Physiker die Frage stellen zu können: »Was ist Leben?« Gemeint ist der aus Österreich stammende Erwin Schrödinger, der rund zwanzig Jahre zuvor einen höchst eleganten theoretischen Weg gefunden hatte, um die Eigenschaften von Atomen – und deren chemische Bindung – zu berechnen und für die Angabe bzw. Ableitung der nach ihm benannten »Schrödinger-Gleichung« mit dem Nobelpreis für sein Fach ausgezeichnet worden war. Schrödinger lebte in den düsteren Jahren des Zweiten Weltkriegs in Dublin, wo er der Einladung des

Trinity College gefolgt war, sich in Vorlesungen Gedanken über die Frage zu machen, ob die von ihm mitbegründete neue Physik helfen könne, das Leben mit den Mitteln der Wissenschaft zu verstehen. Das aus dieser englischsprachigen Veranstaltung hervorgegangene Buch mit dem Titel *What is Life?* wurde noch während des Kriegs publiziert und nach 1945 begierig aufgenommen, wobei zu erwähnen ist, dass Schrödinger nur einen winzigen Teil von Leben erfasst, und zwar die Vererbung. Nur dieser Aspekt schien ihm wissenschaftlich behandelbar zu sein und sich am besten an die Fragen der Physik ankoppeln zu lassen.

Schrödingers »Was ist Leben?«

So klar es ist, dass Schrödingers Überlegungen zu der Frage »Was ist Leben?« eine Rolle in der frühen Geschichte der Molekularbiologie spielen, so unklar bleibt, welche dies im Detail ist und wodurch sie zustande kommt. Will man Schrödinger als großen Visionär darstellen, so kann darauf hinweisen, dass er zum ersten Mal von einem Code spricht, der in den Genen stecken könnte, die er sich in Form aperiodischer Kristalle gebaut vorstellt. Außerdem versucht er den damals wissenschaftlich kaum erprobten, heute aber unentbehrlichen Begriff der Information in die Biologie einzuführen (wobei er einen merkwürdigen physikalischen Umweg geht und die Information als »negative Entropie« – als negatives Maß für Unordnung – einführt, um den Anschluss an die Gesetze der Physik im Allgemeinen und die der Thermodynamik im Besonderen zu gewinnen). Doch man sollte nicht verhehlen, dass Schrödingers Buch zahlreiche Unstimmigkeiten aufweist und dass die wesentliche Behauptung – die Möglichkeit einer molekularen Erklärung der Erbsubstanz – auf einen anderen Physiker zurückgeht, auf Max Delbrück, der 1935 die Gene als »Atomverband« definiert hat, die eine eigenständige Ebene unterhalb der Zelle bilden. Kurzum, Schrödingers Buch ist weder originell noch korrekt, der Titel ist eine maßlose Übertreibung, und so ist die Fachwelt gern geneigt, den Stab darüber zu brechen.

Doch könnte es nicht sein, dass gerade das, was den Wissenschaftlern missfällt, die besondere Qualität von *Was ist Leben?* ausmacht? Immerhin hat das Buch den Vorzug, gelesen und rezipiert zu werden. Vielleicht steckt eines seiner Geheimnisse darin, dass es weniger zur Wissenschaft und mehr zur Literatur gehört und in dieser Form seine Wirkung ausübt. Der Autor riskiert es, die großen (unlösbaren) Fragen – »Was ist Leben?« – zu stellen, weil sie die Menschen mehr ansprechen als die kleinen (lösbaren) Fragen, die im Bereich der Wissenschaft liegen. Und er tut dies, obwohl er genau weiß, dass er in der Fachwelt damit keine Lorbeeren ernten kann. So groß Schrödinger als Wissenschaftler war, seine größte direkte Wirkung erzielte er als Schriftsteller. Es ist sein Stil, der Jim begeistert und die Wissenschaft vom Leben ihm und anderen zugänglich macht, die nun beginnen, das Gen zu erkunden, das Schrödinger am Schluss als »das feinste Meisterstück« bezeichnet, »das jemals nach den Prinzipien von Gottes Quantenmechanik vollendet wurde«. Wer bekäme bei diesen Worten nicht auch Lust, sich daran zu versuchen, das Ergebnis dieses Schaffens zu erkunden?

Schrödingers zeitgenössische Leser sind ihm dankbar für die Einengung seines Themas auf die Vererbung, denn genau darauf kommt es vor allem Jim an, der ganz sicher auch noch durch die wunderbare Wendung beeindruckt wird, mit der Schrödinger sein Buch eröffnet. Der berühmte Nobelpreisträger ahnt offenbar, mit welchen Einwänden der Kritik er (bis heute) rechnen muss, und so beginnt sein Vorwort mit dem Hinweis, von »einem Mann der Wissenschaft« erwarte man gewöhnlich, »dass er von einem Thema, das er nicht beherrscht, die Finger lässt«. Aber – so fragt Schrödinger weiter, und es ist leicht vorstellbar, dass der Autor dieser Zeilen damit endgültig Jims uneingeschränkte Sympathie gewinnen kann – verraten wir dann nicht das eigentliche Ziel der Wissenschaft, die doch eine universale Betrachtungsweise anstrebt? Und sollte man nicht gerade an einer Universität versuchen, an diesem Vorhaben festzuhalten? »Wenn wir unser wahres Ziel nicht für immer aufgeben wollen« – so Schrödingers mutiges Credo am Ende des Vorworts, bevor er zur Sache der Wissenschaft vom Leben selbst kommt –, dann müssen sich »einige von uns an die Zusammenschau von Tatsachen und Theorien wagen, auch wenn ihr Wissen teilweise aus zweiter Hand stammt und unvollständig ist – und sie Gefahr laufen, sich lächerlich zu machen.«

Später, im Rückblick, hat Jim gerne und wiederholt die Bedeutung der Lektüre von Schrödingers Buch erwähnt, weil es ihm – so die persönliche Auskunft – zum ersten Mal sein Lebensthema vorgestellt hat. In der Tat schlägt Schrödinger in seinem Buch vor, dass die große Frage »Was ist Leben?« erst verstanden werden kann, wenn die kleine Frage »Was ist ein Gen?« geklärt ist, und eine Antwort hierauf läge mit den verfügbaren Kenntnissen und Methoden von Physik und Chemie durchaus im Rahmen des Denkbaren. Man kann sich vorstellen, dass Jim mit dem plötzlich in seinem Bewusstsein auftauchenden Wort »Gen« den Eindruck gewinnen konnte, mit diesem Namen schon Zugang zum Geheimnis des Lebens oder zumindest zu seiner Essenz gefunden zu haben – da ist er wieder, der Wert der Bücher – und dass es von nun an nicht mehr so wichtig war, wie die Migration der Vögel im Verlauf der Jahreszeiten vonstatten ging, sondern dass es in Zukunft vermehrt darauf ankam, die Wanderung der Gene im Verlauf der Evolution zu verfolgen. Doch der tiefe, langfristige Eindruck, den Schrödingers Buch auf Jim gemacht hat, scheint mehr in den oben zitierten Worten zu liegen, denn wenn man ganz allgemein beschreiben wollte, wie es zu der ersten großen Karriere Jims gekommen ist, braucht man nur Schrödingers Schlussworte zu wiederholen: Wer das wahre Ziel der Wissenschaft nicht für immer aufgeben will, muss sich an die Zusammenschau von Tatsachen und Theorien wagen, auch wenn sein Wissen teilweise aus zweiter Hand stammt und unvollständig ist – und er Gefahr läuft, sich lächerlich zu machen. Dieser Gefahr hat sich Jim dauernd ausgesetzt, aber es gab und gibt keinen anderen Weg, Deweys »Einheit des Wissens« zu erreichen, bei der man im handelnden Tun lernt, was man verstehen will.

Nach der Durchsicht von Schrödingers Buch, der vor allem die seltsame Eigenschaft der Gene betonte, in der Lage zu sein, die hohe Ordnung zu bewahren und weiterzugeben, die sich in einem Organismus zeigt, musste Jim übrigens annehmen, dass Gene von der Wissenschaft am besten als Kristalle verstanden werden konnten. Dabei war es natürlich klar, dass es etwas geben musste, das sie von den regelmäßigen Kristallen unterschied, die als leblose Gebilde von der Physik erkundet wurden. Schrödinger hatte zwar vage, aber sehr bestimmt von »aperiodischen Kristallen« gesprochen, und dies bedeutete für Jim, dass man am besten herausfinden konnte, was ein Gen ist, wo man mit Kristallen umzugehen verstand. So weit war er allerdings mit achtzehn Jahren noch nicht. Sein letztes Jahr vor dem Abschluss als Bachelor brachte er vor allem mit dem Besuch der Genetik-Vorlesungen zu, die Sewall Wright an der Universität von Chicago hielt. Es waren die Jahre 1946/1947, und der Zufall wollte es, dass genau in diesen Jahren eine entscheidende Wende in der Geschichte der Genetik eintrat. Wright hatte ein Gespür dafür und übertrug seine fieberhafte Erregung auf die Studenten. Jim wünschte sich, dass seine Vorlesungen kein Ende hätten, und ahnte, dass er eine aufregende Zeit vor sich haben würde.

Der Wissenschaftler und sein Modell

Wer in der Wissenschaft Erfolg haben
will, muss Dummköpfen aus dem Weg gehen.[1]

Watson war gerade neunzehn Jahre alt, als er nach dem Abschluss als Bachelor die zweite Stufe der akademischen Leiter hinaufzusteigen begann: Er bemühte sich um ein Thema für eine Doktorarbeit, mit der sich ihm das Feld der Genetik erschließen sollte. Genetik war bislang Vorlesungsstoff ohne praktische Erfahrung für ihn gewesen. In welchem Laboratorium sollte er sich bei welchem Lehrer mit welchem Organismus beschäftigen, um sich welches Problem vornehmen und es hoffentlich gar lösen zu können?

Er achtete mit größter Sorgfalt darauf, keinen Fehler zu machen, das heißt, keine Sackgasse zu wählen, an deren Ende er sich mit einem belanglosen Ergebnis zufrieden geben müsste. Natürlich standen einem mehr oder weniger mittellosen Teenager nicht alle Türen offen, und er musste zunächst die Zuteilung eines Stipendiums sicherstellen, bevor er überhaupt mit einer Doktorarbeit anfangen konnte. Er wurde in viele Richtungen aktiv und hatte schließlich bei der Indiana University in Bloomington Erfolg. Für das akademische Jahr 1947/48 wurden ihm 900 Dollar zur Verfügung gestellt unter der Bedingung, dass er aufhören sollte, sich mit Vögeln zu beschäftigen, da Ornithologie nicht zu großen Hoffnungen für seine wissenschaftliche Laufbahn berechtige. Seine wissenschaftlichen Zukunftschancen lägen wohl auf einem anderen Gebiet.

Das war auch nicht mehr Jims Absicht, der zwar statt in die Provinz nach Indiana lieber der Verlockung der großen Namen gefolgt wäre und gerne an die Harvard University in Cambridge/Massachusetts in der Nähe von Boston oder an die damals legendäre Abteilung für Biologie am California Institute of Technology im fernen Pasadena, nordöstlich von Los Angeles, gegangen wäre. Gerade das Caltech, wie die private Universität abgekürzt heißt, steckte voller Genetiker, mit denen Jim gerne zusammengetroffen wäre. Aber die Biologische Fakultät der Universität Bloomington war keineswegs zu verachten, denn dort arbeitete ein genetisch orientiertes Trio, das damals erstes Aufsehen erregte und heute längst in die Geschichte der Genetik eingegangen ist. Es handelte sich um Herman Muller, Tracy Sonneborn und Salvador Luria, wobei zwar in der Theorie alle drei die Vorgänge der Vererbung verstehen wollten, aber in der Praxis völlig unterschiedliche Ansätze und entsprechend unterschiedliche Organismen gewählt hatten. Folglich wandten sie auch unterschiedliche Methoden an, um auf höchst eigenen Wegen zu versuchen, zum Erfolg zu kommen. Bloomington bot also Jim eine große Auswahl, der sich und über seine wissenschaftliche Zukunft zu entscheiden hatte. Spannend ist es, den Gründen nachzuspüren, die ihn – wie man im Rückblick sagen kann – mit traumwandlerischer Sicherheit die richtige Wahl treffen ließen.

Für wen entschied sich Watson? Wie bot sich die Genetik dar, als er die Universität von Chicago, seine Heimatstadt und seine Familie verließ, um in der Genetik eine neue Heimat zu finden, in der er sich bis heute wohl fühlt?

Exkurs: Eine kurze Geschichte der Genetik

Eine Geschichte der Genetik fängt gewöhnlich mit dem Hinweis auf die Experimente an, die ein Mönch mit Namen Gregor Mendel in der zweiten Hälfte des 19. Jahrhunderts in einem Klostergarten im mährischen Brünn durchgeführt hat und in denen er – den Schul- und Lehrbüchern zufolge – die Gesetze entdeckt hat, die der Vererbung zugrunde liegen. Mendel hat seinen Ruhm sicher verdient, und es ist schön, dass sein Name in allen Lexika und sein Bild auf dem Schreibtisch von Jim Watson steht. Und doch gilt es, ein wenig Vorsicht walten zu lassen, wenn man die Bedeutung von Mendel ergründen will.

Es sind seltsamerweise nicht die Erbgesetze, die in der Schule im Biologieunterricht mit seinem Namen versehen werden, denn in Mendels Schrift aus dem Jahre 1866 ist weder von Vererbung noch von Gesetzen die Rede. Seine Schrift mit dem bescheidenen Titel *Versuche mit Pflanzen-Hybriden* handelt bestenfalls von den Dingen, die von einer Generation an die nachfolgende weitergegeben werden. Im Verständnis zumindest der meisten amerikanischen Genetiker besteht die eigentliche Leistung von Mendel darin, klar zu machen, dass es tatsächlich in den Zellen der Organismen etwas gibt, das vererbt und an die nächste Generation weitergegeben wird. Mendel sprach von »Elementen«, die in »lebendiger Wechselwirkung« stehen und die Eigenschaften ihrer Träger hervorbringen; heute reden wird von »Genen«, die als Erbanlagen aktiv sind, in unseren Zellen versorgt werden und zur Entfaltung kommen können.

Das Wort »Gen« wurde im frühen 20. Jahrhundert anstelle von »Element« vorgeschlagen, nachdem sich Mendels Hypothese von konkreten Elementen mehrfach bestätigt hatte und die Vererbungsforscher dazu übergehen konnten, statt vage von der Vererbung sichtbarer Eigenschaften (wie Farben oder Formen) präziser von der Vererbung von unsichtbaren Genen zu sprechen. Zwar mag es paradox klingen, dass die Wissenschaft einen Fortschritt meldet, wenn sie vom Sichtbaren zum Unsichtbaren gelangt. Doch in der Wissenschaft geht es vor allem darum, etwas, das man sieht – zum Beispiel das Fallen eines Apfels oder das Blattgrün –, durch etwas zu erklären, das man nicht sieht – zum Beispiel das Schwerefeld der Erde bzw. die molekularen Bestandteile der Pflanzen (Chlorophyll), die das Licht der Sonne selektiv festhalten können und nur die Wellenlängen zurückwerfen, die wir als Grün erkennen.

In der Wissenschaft geht es also um Objekte, die sie (noch) nicht kennt, wobei allerdings vorausgesetzt wird, dass es solche Gegenstände konkret gibt, mit denen sich anschließend das erklären lässt, was man kennt. Die innen vorhandenen Objekte stellt man sich dann gerne als Ursachen der außen zu be-

Mendels Gesetze – aus Watsons Sicht

In seinem Lehrbuch *Die Molekularbiologie des Gens,* das erstmals 1965 erschien, eröffnet Watson die Darstellung seiner Wissenschaft mit einer Beschreibung der Welt mit den Augen Mendels. *A Mendelian View of the World* sollte vielleicht besser »Mendels Welt, wie Watson sie sieht« heißen, aber das ändert ja nichts an der Tatsache, dass sich Erbgesetze angeben lassen und die experimentellen Kreuzungen und die dazugehörigen Daten bei Mendel zu finden sind.

Watson fasst das Wesentliche der Erbgesetze in zwei kurzen Sätzen knapp zusammen, die aus der Sicht des Autors besser geeignet sind, Vorgänge der Vererbung verstehbar zu machen als die Zahlenverhältnisse, die oft in Schulbüchern an dieser Stelle zu finden sind. Was wissenschaftlich mit Mendels Namen zu verbinden ist, heißt bei Watson kurz und bündig »principle of independent segregation« und »phenomenon of independent assortment«, wobei man das erste Gesetz auf Deutsch mit »Prinzip der unabhängigen Aufteilung von Erbelementen« und das zweite Gesetz mit »Auftreten der unabhängigen Vermischung von Erbelementen« übersetzen könnte. Beiden Formulierungen gemeinsam ist der Begriff »unabhängig«, der sich auf die Elemente bezieht, auf die Mendel in seiner Schrift hinweist und die wir heute »Gene« nennen.

Für Mendel entstanden die Eigenschaften von Organismen bzw. von ihren Zellen durch »lebendige Wechselwirkung« ihrer Erbelemente (Gene). Watsons Darstellung macht deutlich, dass diese zugleich elementaren und genetischen Bestandteile des Lebens unabhängig agieren und damit einzeln auszumachen sind – zumindest in der ersten Näherung, die Mendels Regeln erfassen. Und was einzeln auszumachen ist, sollte man sich vornehmen, um es genauer zu verstehen. Dies kann und will die Molekularbiologie machen, wie sie in Jim Watsons Lehrbuch beschrieben wird.

obachtenden Eigenschaften vor, und an diesem Denken ist nichts auszusetzen, solange es seinen Dienst tut und funktioniert. Leider wird an dieser Stelle oft allzu gerne der Hinweis übersehen, dass diese Konzeption keine Garantie auf die

Wahrheit enthält und auf keine besonders lange Tradition zurückblicken kann. Eigentlich denken Wissenschaftler erst seit zwei Jahrhunderten in diesen Kategorien, woraus sich übrigens erklärt, weshalb es amerikanischen Wissenschaftlern besonders leicht fällt, nach inneren Teilchen zu suchen und dann mit ihnen zu argumentieren. Sie kennen keine andere Tradition und auch keinen anderen Weg zum wissenschaftlichen Erfolg.

Unter dieser Voraussetzung lässt sich erklären, warum Mendels Gedanken es relativ leicht hatten, sich im angelsächsischen Raum auszubreiten, nachdem sie ins Englische übersetzt worden waren. Mit ihm kam der Nachweis, dass Vererbung an Partikel gebunden ist, und mit diesen Objekten konnte man den forschenden Blick auf sehr konkrete Ziele richten, denen man nun mit wissenschaftlichem Jagdeifer nachspüren konnte.

Die Übersetzung von Mendels Arbeit ins Englische erfolgte übrigens rund vierzig Jahre nach dem Abfassen des Originaltextes durch einen berühmten Genetiker, William Bateson. Er hatte einen besonderen Vorteil, denn die gedanklichen Probleme, mit denen der Vater der Vererbungsforschung wie fast jeder Wissenschaftler zu kämpfen hatte, der sich als Erster an ein völlig neues Thema herantastet, bestanden für Bateson nicht mehr, als er sich mit Mendels Schrift befasste. Er verstand, was Mendel Jahrzehnte vor ihm nur tastend und vorsichtig formulieren konnte, und so übersetzte Bateson nicht nur, sondern ersetzte auch, wo es nötig war, was bedeutet, dass jemand, der Mendel nur auf Englisch kennt, anders (und besser) über den Augustinermönch und seine Genetiklehre Bescheid weiß als jemand, der sich durch das deutschsprachige Original gequält hat. Außerdem ist Mendels Name im Angelsächsischen schneller in den allgemeinen Sprachgebrauch gelangt, indem die Erbkrankheiten von vornherein als »Mendelian diseases« bezeichnet wurden.

Die genetische Methode

Watson kann kein (oder kaum) Deutsch, und so muss ihm
Mendel – in den Worten Batesons – als ein großes Genie des
19. Jahrhunderts erschienen sein, das von seinen Zeitgenossen
zu lange verkannt wurde. Seine besondere Aufmerksamkeit
für Mendels Ansichten hat noch eine weitere Quelle, von der
aus sich auch der Weg nach Bloomington finden lässt. Nachdem zu Beginn des 20. Jahrhunderts an mehreren Stellen und
im Umgang mit mehreren Organismen Mendels Grundregeln
bei der Weitergabe von Erbanlagen allgemein Beachtung fanden und die Existenz seiner als individuelle Teilchen vorzustel-
lenden Elemente – unserer Gene – als gesichert galt, wurde ein
maßgeblicher Widerspruch aus dem Bereich der Embryologie
laut. In dieser Sektion der Biologie bemühten sich die Forscher,
Ordnung in die Vielfalt der Formen zu bringen, die von den lebendigen Wesen durchlaufen werden, wenn sich eine noch
formlose Eizelle aufmacht, nach der Befruchtung erst ein Em-
bryo, dann ein Fötus und zuletzt ein neugeborenes Wesen mit
all seinen wahrnehmbaren Gliedern und Organen zu werden.
Die Entwicklung der lebendigen Gestalt hat bereits Goethe
ungeheuer fasziniert, der für deren Untersuchung eine eigene
Wissenschaft forderte, für die er 1795 den Ausdruck Morphogenese einführte. Darin steckt schon das Wort »Gen«, das
Watson seit der Lektüre von Schrödingers *Was ist Leben?* an-
gezogen hat und uns bis heute beschäftigt.

Goethe ging es mehr um den Vorgang, also die Genese, und
in diesem Zusammenhang verlangte er von jeder Wissenschaft, nach »der genetischen Methode« vorzugehen, womit er
meinte, den systematischen Versuch zu unternehmen, die Bildung aller Gestalten und Formen der Natur aus einem Grundplan heraus zu verstehen.

Offenkundig gehörte das, was im Wort »Gen« und somit im
genetischen Denken steckt, schon zum Bestand menschlichen
Wissens, als es von Mendels Partikeln bzw. Faktoren noch
keine Kunde gab, und die Morphologen des 20. Jahrhunderts,

die Embryologen, wussten das. Für sie reichte das Gen weiter
und tiefer, als die Kreuzungsexperimente von Mendel und anderen kamen. Von 1910 an setzten sie alles daran, Mendels
»Physikalismus« den Garaus zu machen bzw. nachzuweisen,
dass die simplen Vorstellungen von physikalischen Erbfakto-
ren nie in der Lage sein würden, die phantastischen Vorgänge
zu erklären, die sich beim Herausbilden eines Embryos und bei
seinem weiteren Werden zeigen. Niemals – so die damalige
Überzeugung – würde das »Mendelsche Ritual«, wie der amerikanische Genetiker Thomas Hunt Morgan es nannte, bei der
Erklärung des Lebens ausreichen, womit die Rückführung von
biologischen Formen auf physikalische Elemente gemeint war,
die als deren Ursachen in Frage kommen sollten.

So das Vorhaben von Morgan, der ab 1910 zuerst an der Columbia University in New York und später am California Institute for Technology in Pasadena sich um die Widerlegung
des »Mendelismus« bemühte, indem er zeigen wollte, dass
Vererbung mehr braucht als ein paar Partikel. Als Objekt für
seine Untersuchungen wählte Morgan eine kleine Fliege, die
leicht im Laboratorium zu halten war, deren rasche Genera-
tionsfolgen viele Kreuzungsexperimente erlaubte und bei der
man eine Menge erblicher Veränderungen beobachten konnte,
die spontan auftraten und als Mutationen bezeichnet wurden.
Die Fliege ist heute so berühmt, dass ihr ein eigenes Buch gewidmet worden ist, und vermutlich wäre die Geschichte der
Genetik anders verlaufen, wenn es nicht die Taufliege, die *Drosophila melanogaster* (auch Fruchtfliege genannt), gegeben
und den Genetikern so viele Varianten angeboten hätte. Zwar
bleibt das Geheimnis, das in der Entwicklung der winzigen
Fruchtfliege steckt, den Genetikern auch nach fast hundert
Jahren intensivster Forschung noch verschlossen, aber an einer
Stelle gaben die Experimente in dem längst legendären Flie-
genraum, den Morgan und sein Team etablierten, eine so klare
Auskunft, dass man auch im Rückblick nur staunen kann.
Nach Jahrzehnten fleißigster und ideenreichster Forschung er-
klärte Morgan nämlich feierlich, dass Mendel Recht hat. Es

gibt tatsächlich Gene von greifbarer (physikalischer) Natur,
und man kann genau feststellen, wo sie sich in einer Zelle befinden, nämlich auf den Chromosomen, die in einem Licht-
mikroskop sichtbar werden. Man kann darüber hinaus noch
etwas über ihre Anordnung sagen, denn – und dies war die eigentliche Sensation – die Gene liegen nicht verstreut in der
Zelle bzw. auf den Chromosomen herum. Sie bilden vielmehr
eine ordentliche Reihe, wie es Perlen auf einer Kette tun.

Die Entscheidung für die Viren

Mit zu dem Team, das Morgan um sich geschart und das die
nun gültige Theorie der Gene ausgearbeitet hatte, gehörte
Herman Muller, der inzwischen in Indiana war und als einer
von Jims möglichen Doktorvätern in Frage kam. Muller hatte
über die oben erwähnten Tatsachen hinaus entdeckt, dass sich
die Zahl der vererbbaren Veränderungen in der Fruchtfliege
– ihre Mutationsrate – erhöhen ließ, wenn man Drosophila eine
Zeitlang unter Röntgenstrahlen umherfliegen und -krabbeln
ließ. Diese Beobachtung bestätigte zum einen Mendels alte
Vorstellung und Morgans neue Theorie, dass Gene physikalische Gegenstände sein mussten, denn immerhin konnten sie
von (unsichtbaren) Röntgenstrahlen so getroffen werden, wie
es Atomen mit (sichtbaren) Lichtstrahlen widerfuhr. Mullers
Nachweis der genetischen Wirksamkeit von Röntgenstrahlen
tat aber mehr als das. Er zeigte nämlich, dass Genetik und Physik etwas miteinander zu tun hatten und sich die Natur der
Gene folglich mit physikalischen Methoden erschließen ließ.
Genau das hatte Jim bei Schrödinger gelesen, und damit sah er,
was er im Rahmen einer Doktorarbeit tun wollte, nämlich
Röntgenstrahlen einsetzen, um über deren messbaren Einfluss
auf Erbeigenschaften mehr über die Gene selbst herauszube-
kommen.
   Dabei griff die Genetik auf ein Rezept der Physik zurück. Die
Physik hatte sich erneuert, als es ihr um 1900 zu ergründen

gelang, wie Licht und Materie miteinander in Wechselwirkung treten und wie Atome Licht hervorbringen. Und die Biologie wollte sich jetzt erneuern, indem sie untersuchte, wie Licht und Leben miteinander verbunden bzw. voneinander abhängig sind und wie Gene Licht aufnehmen.

In der Tat befassen sich die ersten wissenschaftlichen Arbeiten von Jim (aus den Jahren 1950 und 1952) mit den Auswirkungen von Röntgenstrahlen. Er richtete sie allerdings nicht auf Fliegen, sondern auf noch kleinere Lebensformen, die damals die Aufmerksamkeit einiger Genetiker erweckt hatten, und zwar auf Viren, die in der Lage sind, Bakterien erst anzugreifen und in diese einzudringen, um sie dann von innen aufzufressen. Dieser Eigenschaft wegen nennen die Biologen solche Viren auch Bakterienfresser bzw. Bakteriophagen oder kurz Phagen.

Das Wort Virus bedeutet ursprünglich »giftiger Saft« mit der Betonung auf der Flüssigkeit, die als Gegenstück zur Vorstellung von Teilchen gesehen wurde und eigentlich frei davon sein sollte. Dass es Viren bzw. Phagen als einzelne Gegenstände gibt, die sich zählen, vermessen und individuell verändern lassen, war eine ganz neue Idee der biologischen Wissenschaften. Damit angefangen hatten einzelne Unentwegte erst zu Beginn des Zweiten Weltkriegs. Dazu gehörte Salvador Luria, der mit bakteriellen Viren in Bloomington experimentierte und der Ansicht war, dass diese Phagenpartikel so etwas wie frei vagabundierende Gene waren. Lurias Ansichten waren stark beeinflusst von dem Physiker Max Delbrück, mit dem er 1943–1944 zusammengearbeitet hatte. Jim wusste davon, und er wusste auch, dass Delbrücks Name einen besonderen Klang in Schrödingers Buch *Was ist Leben?* bekommen hatte, denn dort hieß es immerhin, dass die Wissenschaft es aufgeben könne, zum Geheimnis der Gene vorzudringen, wenn das scheiterte, was Schrödinger »Delbrücks Modell« nannte und worunter vor allem zu verstehen war, dass Gene als Verband aus Atomen – als »Atomverband« – zugänglich und verständlich wurden.

Zwar verstand Watson nicht genau, was unter diesem mathematisch aufbereiteten Modell im Detail zu verstehen und mit ihm zu lernen war, aber wenn er Luria als Doktorvater wählen würde, passten viele Dinge plötzlich zusammen – die richtige Frage nach der Natur der Gene und das Vertrauen in deren Existenz als zugängliche Partikel –, und so kam er gar nicht mehr auf die Idee, den Dritten im Bunde, Tracy Sonneborn, zu besuchen, obwohl dessen Arbeiten über das Pantoffeltierchen *(Paramecium)* bei den Studenten in Bloomington sehr beliebt waren. Besorgt war Jim nur über das Gerücht, dass Luria sehr ungeduldig und grob werden könne, wenn sich jemand zu dumm anstellte, aber er fasste sich ein Herz, riskierte die Frage und bekam sofort sein Dissertationsthema.

Luria schlug vor, Jim solle prüfen, was mit Phagen passiert, die durch Röntgenstrahlen ihre Aktivität verloren haben, also unfähig geworden sind, Bakterien zu infizieren. Luria selbst hatte Phagen nicht mit den energiereichen Röntgenstrahlen, sondern mit energieärmerem ultraviolettem Licht behandelt und im Gefolge der dabei ebenfalls eintretenden Inaktivierung ein seltsames Phänomen bemerkt: Wenn er den vermehrungsunfähigen Viren eine einzelne Bakteriensorte anbot, passierte nichts. Wenn er ihnen aber zwei verschiedene Bakterienarten zugesellte und mit ihnen mischte, erlangten die Phagen die Fähigkeit zur Vermehrung zurück. Luria bezeichnete diese »Auferstehung der Viren von den Toten« als »multiplicity reactivation«. Watsons Aufgabe bestand darin zu überprüfen, ob sich diese merkwürdige »Vielfach-Reaktivierung« auch dann beobachten ließ, wenn die Phagen nicht mit dem eher als harmlos geltenden UV-Licht, sondern mit den gefährlichen und durchdringenden Röntgenstrahlen manipuliert worden waren.

Damit beschäftigte sich Watson in den nächsten Monaten, und dabei entstanden seine ersten wissenschaftlichen Arbeiten, in denen er systematisch »Die Eigenschaften von Bakteriophagen, die durch Röntgenstrahlen inaktiviert worden sind« aufzählte *(The Properties of X-Ray-Inactivated Bacteriophage)*, zu denen auch die von Luria entdeckte »Auferstehung« gehörte.

Ein Blick auf die Chemie

So erfreulich es auch war, dass die ersten Experimente tatsächlich positive Ergebnisse zeitigten, aus der Tatsache, dass die multiplikative Reaktivierung kein Spezialfall für UV-Licht war, folgte so gut wie nichts über die Gene selbst, und darauf kam es Watson doch vor allem an. Er wollte nicht irgendetwas herausbekommen, nur um es in einer Zeitschrift veröffentlichen zu können, die vielleicht von einigen wenigen Menschen gelesen würde. Er wollte letztlich etwas über die Natur der Gene wissen, und noch während er mit den Phagen und den Röntgenstrahlen beschäftigt war, wanderten seine Gedanken bereits über die Genetik und die Physik hinaus, aus deren Arsenal er sich bediente, und er fragte sich, ob die Chemie nicht auch eine Rolle spielte, wenn man wissen wollte, wie Gene beschaffen sind und ihrer Funktion nachkommen.

Wer sowohl in unmittelbarer Nähe von Luria arbeitet als auch für Delbrück nur die Bewunderung empfindet, die Schrödingers Büchlein vermittelt, hat es schwer, solche ketzerischen Gedanken zu entwickeln, denn die beiden europäischen Gelehrten – ein Italiener und ein Deutscher – hatten sich vorgenommen, Gene allein aus den Experimenten der Genetik und den Theorien der Physik zu erklären. Zwar wussten sie – wie alle damals mit Fragen der Vererbung beschäftigten Wissenschaftler –, dass 1943 eine Gruppe von Medizinern an der New Yorker Rockefeller University unter der Leitung von Oswald Avery zum ersten Mal behaupten konnte, einen chemischen Stoff mit Namen zu kennen, aus dem die Gene gefertigt sind. Aber dies regte die Genetiker weder auf noch an. Die Substanz, die Avery und seine Kollegen beschrieben hatten, hieß Desoxyribonukleinsäure, engl. *desoxyribonucleic acid,* wurde DNA abgekürzt und war sonst »terra incognita«. Was wusste man schon davon? Delbrück und Luria meinten sogar, die DNA sei ein eher langweiliges Molekül, denn schließlich bestünde es aus nur wenigen (vier) Untereinheiten, wie der Literatur zu entnehmen war, und was sollte man damit anfangen?

Es ist heute leicht, sich über diese abfälligen Äußerungen lustig zu machen, wo wir in einer Zeit leben, in der die drei Buchstaben DNA bei uns fast so bekannt sind wie SPD oder CDU und sicher mehr Leuten etwas sagen als BDI oder IHK. Aber damals war die DNA ein Kandidat unter mehreren, die als genetische Grundlage infrage kamen, und hätte es ein Wettbüro gegeben, in dem man auf die Substanz hätte setzen können, aus der die Natur ihr genetisches Material drechselt, dann hätten die meisten Biochemiker ihr Geld auf eine andere Stoffklasse – die so genannten Proteine – verwettet. Das Wort Protein drückt – mit der griechischen Vorsilbe *pro* – aus, dass dies der Stoff ist, der einem Biochemiker zuerst in die Hände fällt, wenn er sich daran macht, die Moleküle in einer Zelle zu untersuchen. Proteine waren damals ebenso geheimnisvoll wie DNA, aber sie wirkten weitaus interessanter und abwechslungsreicher. So stellte man sich auch die Gene vor.

Zur Präzisierung sei noch hinzugefügt: Das Wort Protein bezeichnet, ebenso wie die Abkürzung DNA, eine chemische Substanz, ohne dabei eine Funktion anzugeben. Der Ausdruck Gen hingegen erfasst zunächst nur eine Funktion, ohne eine Substanz zu meinen. Wenn man heute sagt, dass Gene aus DNA bestehen, stellt man fest, welche Aufgabe die genannte Molekülsorte in einer Zelle übernimmt. Trotzdem bleibt Gen die Bezeichnung für eine Funktion und DNA die Benennung einer Sache. Das Gleiche gilt für Proteine, die zum Beispiel als Enzyme oder als Hormone funktionieren können – aber nicht als Erbanlage, wie man heute weiß, damals aber nicht sagen konnte.

Ob Proteine oder DNA – weder Luria noch Delbrück kümmerten sich besonders um die Fortschritte der Biochemie, und sie versuchten lieber mit zum Teil trickreichen mathematischen Gedankenspielen, den Genen näher zu kommen und etwas von ihrem Wirken zu verstehen. Jim befürchtete, auf diesem sehr intellektuellen, theoretischen Weg das Tempo nicht mithalten zu können, weshalb es ihm nur recht war, dass es auch alternative Formen des Denkens und andere erfolgreiche

Wissenschaftler gab, die es vor allem der Biochemie zutrauten, zu erklären, wie Gene beschaffen sind und wie sie ihre Wirkung entfalten.

Ein kleines Dorf auf Long Island

Das Interesse an der biochemischen Fährte zum Gen nahm im Sommer 1948 zu, als Watson Richtung New York aufbrach, um im kleinen Laboratorium Cold Spring Harbor auf Long Island an einem Kurs teilzunehmen, bei dem man mit Phagen umzugehen lernte. Der heute legendäre Phagenkurs war nach dem Zweiten Weltkrieg vor allem von Delbrück eingerichtet worden, um für die Forschung mit den bakteriellen Viren für den Nachwuchs zu sorgen, den sie nach den in den Kriegsjahren erzielten Fortschritten dringend benötigte. Das Hantieren und Experimentieren mit Phagen sollte außerhalb der Universitäten – und damit natürlich auch außerhalb der regulären Studienzeiten – unterrichtet werden, weil es viel zu lange gedauert hätte, bis diese Art der Genetik sich an den akademischen Institutionen etabliert hätte. Es galt, den aufgenommenen Schwung beizubehalten und möglichst weit und vernehmlich bekannt zu machen, dass man Genetik nicht nur mit Mendels Erbsen und Morgans Fruchtfliegen, sondern viel besser mit Bakterien und ihren Viren treiben konnte.

Der Name Cold Spring Harbor stand also für die helle Aufbruchstimmung der Genetik nach den dunklen und zerstörerischen Kriegsjahren, aber er stand auch für eine Lebenseinstellung. In Cold Spring Harbor gab es keine Trennung zwischen Berufs- und Familienleben, zwischen der Sphäre des Privaten und dem Bereich des Wissenschaftlichen. Cold Spring Harbor stand für die Idee, dass Wissenschaft in einer angenehmen, offenen Umgebung stattfinden muss, weil sie das Leben eines Wissenschaftlers ist. Jim muss sich da sofort zu Hause gefühlt haben, was verständlich macht, dass er zwanzig Jahre später nahezu alles daran setzte, um dorthin zurückzukehren und das

Paradies seiner Jugend in den Traum seines Lebens zu verwandeln.

Obwohl Delbrück und Luria die dominierenden Figuren in Cold Spring Harbor sind, hört Watson im Sommer 1948 die Unsicherheiten heraus, die beide nicht verhehlen, wenn sie im Hinblick auf die Gene biochemisch gefordert werden. Es gibt Kursteilnehmer und Dozenten wie Seymour Cohen, die offen mit Delbrück und Luria streiten und dringend empfehlen, sich endlich mehr um die DNA zu kümmern. Und während Jim diesen spannenden Auseinandersetzungen lauscht, nimmt er sich vor, wenigstens einiges für den technischen Umgang mit dieser auch für ihn bis dahin nicht vertrauten Molekülsorte zu lernen. Er hat erfahren, dass zu den Atomen, die sich in der DNA finden lassen, Phosphor gehört. Ein Phosphoratom wird dabei von vier Sauerstoffatomen umgeben, und alle zusammen bilden eine Phosphatgruppe (vgl. »Das Makromolekül DNA«, S. 21 ff.). Wenn man nun Bakterien oder ihre Viren mit Nahrungsstoffen versorgt, in denen Phosphor nicht nur in seiner normalen, sondern auch in einer radioaktiven Variante (als Isotop) vorhanden ist, nehmen diese Lebensformen beide Atome auf. Ihre DNA wird auf diese Weise radioaktiv markiert, was bedeutet, dass das Molekül Experimenten zugänglich gemacht wird. Man kann jetzt zum Beispiel untersuchen, wie genau und wie umfangreich der radioaktive Phosphor von einer Phagengeneration an die nächste weitergegeben (transferiert) wird. Und in der Tat stellt die Analyse des DNA-Übertrags mit Hilfe solcher Markierung das zweite Problem dar, mit dem der junge Watson versucht, sich in der wissenschaftlichen Welt einen Namen zu machen.

In Europa

Die entsprechende Arbeit erscheint 1951; entstanden ist sie in Kopenhagen in Zusammenarbeit mit dem dänischen Genetiker Ole Maaløe. Es ist natürlich ein weiter Sprung von Indiana bzw. New York nach Europa, und in der Nachkriegszeit ist es alles andere als bequem, solche Strecken zurückzulegen. Aber nachdem seine Experimente mit den Röntgenstrahlen rasch zu Ergebnissen führten, die zwar niemanden aufregten, doch für eine Doktorarbeit ausreichten, musste Jim sich der Frage stellen, was er nun tun und wohin er gehen würde. Der nahe liegende Gedanke, mit dem Thema der Inaktivierung bzw. der Reaktivierung weiterzumachen, kam für ihn nicht infrage, weil es zum einen zu nahe liegend war und weil er zum andern bemerkte, wie die zunächst so übersichtliche Aufgabenstellung außer Kontrolle geriet, ohne dass dabei etwas über die Natur der Gene herauszubekommen war. Die neue Unübersichtlichkeit hatte mit der merkwürdigen Beobachtung zu tun, die ein italienischer Genetiker in Lurias Gruppe gemacht hatte: der später mit dem Nobelpreis ausgezeichnete Renato Dulbecco. Er war es, der 1986 – also fast vierzig Jahre später – den konkreten Anstoß zu dem Humanen Genomprojekt gab, dessen erster Direktor Watson wurde.

Dulbeccos Beobachtung von 1950, die Jim an der Fortsetzung seiner Inaktivierungsexperimente hinderte, bestand darin, dass es Phagen gab, die wieder ganz normal vermehrungsfähig werden konnten, nachdem sie mit Hilfe von UV-Licht lahm gelegt worden waren. Das Einzige, was man brauchte, um sie zu reaktivieren, war das Tageslicht – und die erforderliche Geduld. »Photoreaktivierung« nannte man dieses Phänomen, das sicher vielfach schon beobachtet, dann aber übersehen und nicht beachtet worden war und nun große Verwirrung auslöste. Alles Mögliche hatten die Phagenforscher beachtet und in ihren Protokollen festgehalten, nur nicht, bei welchem Licht sie im Laboratorium gearbeitet hatten – Neonlicht? Tageslicht? Normale Deckenbeleuchtung? Welche Helligkeit? Auf jeden Fall gab es einen unbekannten Faktor mehr in den experimentellen Protokollen, und das war einer zu viel für Jim, der nun endgültig der Meinung war, dass es besser wäre, sich direkt mit den Molekülen zu befassen, die man bislang nur indirekt ins Auge fasste, indem man sie veranlasste, erst das

Licht einzufangen, um ihm anschließend zu seiner prüfbaren Wirkung auf die Gene zu verhelfen.

Als Antwort auf die Frage, wo dies am besten gelingen könnte, erhält Watson die Antwort »in Europa«, was ihn nicht überrascht, weil er in den genetischen Laboratorien seiner amerikanischen Heimat von Europäern umringt ist. Überraschender ist eher, dass Jim auf diesen Vorschlag eingeht und den Schritt ins Unbekannte wagt, und zur Begründung reicht es nicht, auf die irische Abstammung seiner Mutter hinzuweisen. Vielleicht wollte er einfach nur sehen und erleben, wie die Welt aussah, aus der Luria, Delbrück und Dulbecco kamen und die Darwin und Mendel hervorgebracht hatte. Wie sahen die Originale der Universitäten aus, an denen sich die Eliten der amerikanischen Hochschulen orientierten? Jim hat immer wieder die besonderen Qualitäten Europas und Amerikas zusammenführen wollen, und vielleicht sogar einen Ort gesucht, an dem sich die Vorteile beider Welten genießen lassen, ohne ihre Nachteile mit in Kauf nehmen zu müssen.

Luria empfahl also Watson, nach Kopenhagen zu gehen, wo der Biochemiker Herman Kalckar sich allem Anschein nach an der Vermehrung der bakteriellen Viren versuchte, seit er 1946 den Phagenkurs besucht hatte. Er verschaffte ihm ein (sehr gut dotiertes) Stipendium, und im Herbst 1950 machte sich Jim auf nach Europa, nachdem er noch einmal einen unbeschwerten Sommer in Cold Spring Harbor verbracht hatte. Kaum ein Tag verging, an dem er nicht – im Verbund unter anderen mit Delbrücks Frau Manny – Albernheiten in dem Stil organisierte, den man von Jugendlagern kennt, wenn die Luft aus Autoreifen rausgelassen oder nächtlich Wassereimer durch die Gegend geschleppt werden. »Having fun« wurde zum Motto, unter dem nicht nur das Partyleben zwischen den Experimenten, sondern auch die wissenschaftliche Arbeit selbst stand, die man ja nicht *zum* Leben, sondern *als* Leben betrieb.

Man kann sich gut vorstellen, dass Jim mit hohen Erwartungen nach Dänemark aufbrach. Dazu gehören auch die Gedanken an Mädchen, denn noch ist kein »girlfriend« in seiner

Nähe aufgetaucht, obwohl er sicher ein Faible hatte für die außerordentlich attraktive zwölf Jahre ältere Manny. Dadurch, dass sie in Montana geboren, auf Zypern aufgewachsen und im Libanon zur Schule gegangen war, war sie für ihn besonders interessant. Wie sollte es auch anders sein bei jemandem, der im Alter von zweiundzwanzig Jahren bereits promoviert war, der bislang nur positive Ergebnisse bei seinen Experimenten erzielt und ein großes Ziel vor Augen hatte, nämlich sich mit den Molekülen vertraut zu machen, die Biochemiker in den Reagenzgläsern fanden, wenn sie in ihnen genetisches Material vermuteten?

Der Stoff, aus dem die Gene sind

DNA war die Substanz, die Watsons Interesse geweckt hatte. Nur wenige Wissenschaftler kümmerten sich mit ihm um diese Molekülsorte, die zwar bereits im 19. Jahrhundert ihren Namen bekommen hatte, mit der sich aber bislang nur wenige konkrete Vorstellungen verbanden.

Sowohl die Entwicklung der Idee »Molekül« als auch die Erweiterung zum Konzept »Makromolekül« – das heißt ein besonders großes Molekül – haben Jahrzehnte, wenn nicht gar Jahrhunderte gebraucht, um sich durchzusetzen. »Molekül« ist die französisch verfeinerte Variante des lateinischen Wortes *moles*, das mit »Masse« oder »Steindamm« übersetzt werden kann, wobei sich die zweite Bedeutung in der Hafenmole wiederfindet.

Wissenschaftlich gewinnt das Molekül seine Bedeutung im 19. Jahrhundert, als man wissen will, wodurch die Masse (das Gewicht) etwa von Gasen oder Flüssigkeiten zustande kommt, und man sich vorstellt, dass die Stoffe genauso aus Molekülen bestehen wie der Damm aus Steinen. Heute weiß man – was man damals vermutete –, dass Moleküle aus Atomen bestehen, die durch chemische Bindungen als Verbund zusammengehalten werden. Erst im 20. Jahrhundert konnte nachgewiesen werden, dass die Natur Moleküle kennt und bauen kann, die sehr viel größer sind als etwa Wasser mit drei Atomen (H_2O) oder als ein Benzolring (C_6H_6) mit zwölf Atomen. Es gibt Makromoleküle mit Zehntausenden von Atomen, wie man in den Jahrzehnten vor dem Zweiten Weltkrieg herausgefunden hatte, und nach und nach entwickelten die Wissenschaftler Methoden, um mehr über diese Strukturen zu erfahren.

Die DNA gehört zu den Makromolekülen und ist als eine Säure nachgewiesen worden, die im wässrigen Milieu eines Zellkerns vorliegt. Chemiker nennen eine Verbindung dann eine Säure, wenn sie leicht und locker auf einige positive Ladungen (Protonen) verzichtet und sie an das sie umgebende Wasser abgibt. DNA ist also – unter den Bedingungen, die normalerweise in einer Zelle herrschen – ein negativ geladenes Gebilde, woraus folgt, dass es positiv geladene Objekte anzieht. Davon gab es in den Zellen genug, in denen es zum Beispiel Salze wie Natriumchlorid (NaCl) gab – besser bekannt als Kochsalz –, die in wässriger Lösung so in ihre Bestandteile zerfallen, dass sie als positiv geladenes Natrium und als negativ geladenes Chlor durch die Zelle schwimmen.

Die negative Ladung der DNA sitzt auf einer der Gruppen, aus denen das Molekül bestand und die vornehmlich durch ein Phosphoratom in seiner Mitte gekennzeichnet ist und deshalb Phosphatgruppe oder Phosphatrest heißt (siehe Abb. S. 24). Sie ist in der DNA mit einem Zuckermolekül verbunden, das einen merkwürdigen Namen hat, der mit dem Hinweis auf ein fehlendes Sauerstoffatom beginnt. Die Chemiker, die im 19. Jahrhundert die meist süß schmeckenden Moleküle untersuchen und unterscheiden wollten, die wir als Zucker schätzen oder fürchten, wussten nichts von deren Rolle in den Nukleinsäuren, und sie haben die Namen so zugeteilt, dass die Zucker, mit denen sie am häufigsten zu tun hatten, die kürzesten Namen bekommen haben (siehe »Die Ebenen der DNA«, S. 24). Da gab es ein Molekül, das sie Ribose nannten, und dem konnte man einen Sauerstoff abnehmen, ohne dass es die Eigenschaft verlor, ein Zucker zu sein. Dabei entsteht – jetzt

ganz logisch – die Desoxyribose, und dieser Name erklärt das
D in der DNA. Tatsächlich kannte man auch Säuren im Kern –
Nukleinsäuren bzw. engl. *nucleic acids* (NA) –, die mit der
Ribose selbst gebaut waren und daher RNA genannt wurden.

Die Phosphatgruppe und der Zucker wurden nie alleine zusammenhängend angetroffen, sondern ihnen gesellte sich stets
eine weitere Substanz hinzu, wodurch eine Kombination aus
drei chemischen Gruppen, Nukleotid genannt, entstand. Es
handelt sich um den Bestandteil einer Nukleinsäure. Nun lässt
sich ganz einfach sagen, Nukleinsäuren wie DNA bestehen aus
Nukleotiden. Aber woraus bestehen die Nukleotide – abgesehen von der Phosphatgruppe und dem Zucker?

Jahrzehntelange Analysen vieler Biochemiker, die im 19. Jahrhundert in Deutschland begonnen und im 20. Jahrhundert in
den USA fortgeführt wurden, konnten darauf die Antwort geben. Die dritte chemische Gruppe war merkwürdigerweise das
Gegenteil einer Säure, nämlich eine Base. Basen sind Substanzen, die in wässriger Lösung die Tendenz zeigen, das aufzunehmen, was Säuren abgeben, nämlich positive Ladungen.
Allerdings agieren die Basenteile der DNA wesentlich schwä-
cher als die Gesamtsäure, sodass mit dem A in der DNA alles
seine Ordnung hat und die Erbsubstanz dem Chemikern als
schwache Säure entgegentritt.

Die Entdeckung von vier Basen bedeutet auch, dass es vier
Nukleotide gibt, und so musste die DNA gebaut sein – als so
genanntes Tetranukleotid (Abb. S. 63). Diese Hypothese wurde
zum ersten Mal 1935 aufgestellt, und zwar im Umfeld des New
Yorker Biochemikers Phoebus Levene. Doch so stolz die Chemiker auf diesen Vorschlag waren, so langweilig fanden ihn die
Genetiker. Was sollte man damit anfangen? Was sollte dieses
geradlinige Ding erklären, bei dem sich vier Bausteine wahrscheinlich höchst unregelmäßig abwechselten? Selbst diese vier
Basen gaben nicht viel her, und die meisten machen sich weder
Mühe, ihre Namen zu lernen, noch ihre Bauweise zu verstehen.

Wer die moderne Genetik verstehen und mit Genomforschern reden will, kann sich das aber nicht mehr erlauben. Die

Namen der vier Basen, die in der DNA vorkommen, müssen wie das Alphabet gelernt werden, und zum Glück haben sie Namen, die sich wie ein ABC anordnen lassen. Sie heißen Adenin (A), Thymin (T), Guanin (G) und Cytosin (C) (Abb. S. 64). Diese unsystematischen Bezeichnungen haben sich historisch

Frühe Vorstellung vom Aufbau der DNA als Tetranukleotid mit einer zufälligen Folge von Purinen (pu) und Pyrimidinen (py)

Guanin
(G)

Cytosin
(C)

Die beiden Basen G und C (die Basen A und T findet man auf S. 24)

mit jeweils guten Gründen ergeben – das Cytosin wurde in dem Zellsaft entdeckt, der früher Cytosol hieß, das Guanin wurde in den Ausscheidungen gefunden, die als Guano bekannt waren, das Thymin wurde in der Thymusdrüse bemerkt, und das Adenin wurde in so vielen Drüsen gefunden, dass man sich entschloss, diese Base nach dem griechischen Wort für diese Körperteile – *adenos* – zu benennen.

Zwischenstation Kopenhagen

Das Wort Nukleotide legt die Vermutung nahe, dass die vier Bausteine aus drei Teilen – dem Phosphat, dem Zucker und einer Base – nur in der DNA zu finden sind und sich ihre Aufgabe in der Bereitstellung dieses Moleküls erschöpft. Das trifft aber nicht zu. Nukleotide haben sehr viele andere Aufgaben, wie man zu Beginn der fünfziger Jahre des vergangenen Jahrhunderts vermutete und wie man heute sicher weiß. Sie dienen zum Beispiel als Botenstoffe, um Signale zwischen Zellen zu vermitteln, und sind in der Lage, sich so mit anderen Molekülen zu verbinden, dass sie Energie speichern und geeignet verfügbar machen können.

Wer sich mit Nukleotiden beschäftigt, muss nicht notwendig an DNA interessiert sein, und genau diese Erfahrung machte Jim, als er in Kopenhagen bei Kalckar ankam. Er hatte zwar Luria gegenüber sein Interesse an der Vermehrung von Bakteriophagen bekundet – und das hieß, Versuche zu unternehmen, um zu sehen, was mit der DNA der Viren passiert, wenn sie sich vermehren –, aber mit Jim sprach Luria lieber nur über die Nukleotide. Zwar gab es zum Glück den schon erwähnten Ole Maaløe, der sich auf Experimente zum Wachstum von Phagen einließ, und außerdem traf Jim in Kopenhagen einen weiteren Absolventen der Cold-Spring-Harbor-Phagenkurse, den aus Berlin stammenden und während der Nazizeit emigrierten Gunther Stent.

Aber nach und nach wurde es Jim bewusst, dass er in der dänischen Hauptstadt nicht das wissenschaftliche Glück finden konnte, das er suchte. Zwar konnte er seine Arbeit über die Weitergabe von Phosphor von einer Phagengeneration an die nächste abschließen und – mit Delbrücks Hilfe – in der berühmtesten amerikanischen Fachzeitschrift veröffentlichen, aber Watson wollte nicht nur nachweisen, dass er wissenschaftlich arbeiten und Daten für die Fußnoten der Wissenschaftsgeschichte produzieren konnte. Er wollte etwas herausfinden, und zwar über die DNA, die in den Phagen ebenso war wie in den Bakterien, wo sie Avery und sein Team 1943 identifiziert hatten.

Dass Bakteriophagen voller DNA steckten, hatte Seymour Cohen bereits 1947 nachgewiesen und in Cold Spring Harbor allen erzählt, die es hören wollten (wozu Luria und Delbrück nicht zählten). Das gleiche Ergebnis tauchte 1950 in verbesserter Form erneut auf, als zwei Engländer aus Cambridge – F. C. Bawden und N. W. Pirie – sogar meinten, die DNA der Phagen habe etwas mit ihrer Fähigkeit zu tun, sich in Bakterien zu vermehren.

Ausdrücklich in dieser Form steht es nicht in ihrer Arbeit, aber so hat es Jim wahrscheinlich verstanden, der zwar die beiden Autoren nicht kannte, aber trotzdem in einem Brief an Luria darum bat, Kopenhagen verlassen und sich den beiden Biochemikern in Cambridge anschließen zu dürfen, um mehr über die DNA zu erfahren. Luria zögerte, überlegte – und dann merkte er, dass es keinen Sinn machte, Jim etwas vorzuschlagen. Er tat letztlich doch das, was er wollte. Und Jim wollte sich an die DNA heranmachen, und dafür war tatsächlich Cambridge der richtige Ort. Allerdings – so Luria – sei es besser, sich der Arbeitsgruppe von Max Perutz anzuschließen, was er vermitteln könne. Darauf ließ sich Watson bereitwillig ein. Er brach nach England auf, wo er nun auch einen Sprachvorteil hatte.

Max Perutz und die Röntgenstreuung

Der 1914 in Wien geborene und 2002 im britischen Cambridge verstorbene Max Perutz gehört zu den Pionieren der Forschung, in deren Rahmen versucht wird, mit Hilfe von Röntgenstrahlen die Struktur von biologischen Makromolekülen zu erkunden. Perutz hat sich dabei zunächst vor allem um ein Protein, den roten Blutfarbstoff namens Hämoglobin, gekümmert, und ausgerechnet 1953 – im Jahr der Entdeckung der Doppelhelix – ist er auf den technischen Trick gestoßen, mit dem er alle Informationen sammeln konnte, die er für die Lösung der Hämoglobinstruktur brauchte. Dafür hat er 1962 den Nobelpreis für Chemie erhalten, sodass er gemeinsam mit Watson nach Stockholm reisen konnte. Was ist das Besondere an den Röntgenstrahlen, das es erlaubt, mit ihrer Hilfe Molekülstrukturen zu erforschen? Gewöhnlich kennt man von der 1895 entdeckten Strahlung nur die Anwendung in der medizinischen Praxis, wenn es um Diagnosen etwa von Knochenverletzungen geht. Rund zwei Jahrzehnte nach Röntgens Entdeckung, für die 1901 der erste Nobelpreis für Physik verliehen wurde, bemerkte der deutsche Physiker Max von Laue, dass Röntgenstrahlen an Kristallen so gebeugt werden wie Lichtstrahlen an Gittern. Wer sichtbares Licht auf ein geordnetes System (ein Gitter) fallen lässt und seine Ablenkung (Beugung) beobachtet, wird erkennen, dass dabei Muster entstehen, die zwar nicht identisch mit dem angestrahlten Objekt sind, die aber seinen Aufbau widerspiegeln. Nun sind Röntgenstrahlen energiereicher als sichtbares Licht, da ihre Wellenlängen wesentlich kürzer sind. Um denselben Beugungseffekt mit ihnen zu erzielen, muss man sie auf regelmäßige Gitter mit sehr kleinen Abständen lenken, und dazu eignen sich Kristalle, wie von Laue bis 1914 feststellte (was ihm den Nobelpreis für Physik einbrachte).

Hexamethylbenzol (a) und sein Beugungsbild (b)

Die zuerst benutzten Kristalle waren sehr einfach – sie bestanden zum Beispiel aus Kupfersulfat –, und lange Zeit blieb man bei kristallinen Gebilden, von denen man annehmen konnte, dass sie aus vielen geradlinigen und geschichteten Ebenen bestanden. Für solche Fälle ließ sich ein Gesetz aufstellen, das einen Zusammenhang zwischen den Eigenschaften der benutzten Röntgenstrahlen und den Abständen der Kristallschichten herstellte. Dieses Gesetz wird nach seinem Entdecker Lawrence Bragg benannt, den Direktor des Laboratoriums in Cambridge, das Watson ansteuerte, um seinem größten wissenschaftlichen Triumph entgegenzugehen.

Das Bragg-Gesetz zeigt, dass es möglich ist, aus der mess- und nachweisbaren Strahlung etwas über die untersuchte Materie zu erfahren, und nach und nach entwickelte sich die Wissenschaft von der Kristallographie bzw. von der Röntgenstrukturanalyse, die

sich immer komplizierteren Kristallen zuwandte. Wenn man eine
Substanz kristallisierte, konnte man von ihr Beugungsmuster mit
Röntgenstrahlen bekommen, und wenn man solche Muster analy-
sierte, ließ sich auch etwas über die Substanz sagen (vgl. Abb. S. 67).
Die Sache wurde allerdings bald sehr kompliziert, vor allem nachdem 1934 nachgewiesen werden konnte, dass sich auch Röntgenbilder von Proteinen bzw. von Proteinkristallen anfertigen lassen.
Denn während es beim Kupersulfat nur auf die zwei Positionen
des Kupfers und des Sulfats ankommt, gehören zu einem Protein
viele Hunderte, wenn nicht Tausende von Bausteinen. Sie alle
hinterlassen ihre Spur in den Beugungsbildern, die bald beliebig
kompliziert werden.
Um hier Ergebnisse zu erzielen, benötigte man neben hoher ma-
thematischer Intelligenz und großem technischen Geschick einen
langen Atem und viel Geduld. Perutz brauchte viele Jahrzehnte,
um sich dem Hämoglobin zu nähern, und eigentlich rechnete jeder damit, dass auch die Analyse von Nukleinsäuren so lange dauern würde. Doch dann entdeckte man das Wunderbare von Sym-
metrien und vor allem die Vorzüge von gewundenen (helikalen)
Gebilden. Wenn eine Substanz kristallisiert wird, in der eine
Schraube enthalten ist, und wenn an diesen Kristallen Röntgenstrahlen gebeugt werden, dann zeigt das Beugungsbild zum einen

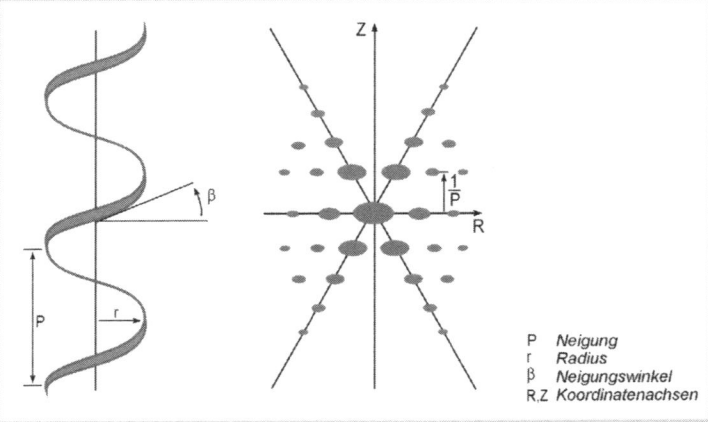

P   Neigung
r   Radius
β   Neigungswinkel
R.Z Koordinatenachsen

Röntgenbeugung bei einer Helix

ein symmetrisches Muster (ein Kreuz), und es lässt sich zum andern bestimmen, wie groß die Strecke für eine Windung der Schraube ist (Abb. S. 68).

Als die Aufnahmen der DNA-Kristalle nach und nach ein solches »helical cross« erkennen ließen, wie es in Cambridge hieß, trat die Schraubenstruktur der Erbsubstanz zum ersten Mal ans Licht. Aber noch war nicht klar, wie die einfachen Bestandteile der DNA zusammenzusetzen waren, um eine Schraube zu bekommen. Wie gewann man aus den ebenen Basen eine räumliche Form?

Vor fünfzig Jahren in Cambridge

Was sich vom Herbst 1951 bis zum Frühjahr 1953 zugetragen hat, gehört gewiss zu den vielen lohnenswerten und ereignisreichen Abläufen, die sich in der Geschichte der Wissenschaften abgespielt haben. Watson selbst hat darüber in seinem Buch *Die Doppelhelix* berichtet.

Der Schauplatz der Veranstaltung liegt klar vor Augen: die ehrwürdige englische Universitätsstadt Cambridge mit ihren Laboratorien, die in sehr enger Nachbarschaft zu Kirchen und Kapellen errichtet sind und so deutlich machen, dass der Aufstieg des wissenschaftlichen Denkens und christliche Überzeugungen im Abendland zusammengehören. Der äußeren Pracht und Schönheit der Gebäude entspricht – besonders in den Nachkriegsjahren – eine düstere Trostlosigkeit der Laboratorien und ihrer Ausstattung. Die Wissenschaftler, die sich damals im Cavendish Laboratory und in ähnlichen Forschungsstätten – reich an Tradition und arm an Zuwendung – der Grundlagenforschung widmeten, konnten nicht ahnen, dass sich dort die gigantische biomedizinisch-biotechnologische Maschinerie entwickeln würde, zu der längst zahlreiche börsennotierte Unternehmen mit Umsätzen in Milliardenhöhe gehören.

Eng war es tatsächlich in Cambridge, was bedeutete, dass alle alles mitbekamen, vor allem, wenn jemand laut redete. Am lautesten redete der heute weltberühmte Francis Crick, der damals aber vielen ein Dorn im Auge war. Mit Ausnahme von Jim Watson. Zwar hatte er auch seine Mühe mit dem unentwegten Redestrom, den Crick durch die Flure der wissenschaftlichen Institution strömen ließ, aber immerhin gefiel ihm, dass Crick so direkt wie er war und »Stuss« sagte, wenn er »Stuss« meinte, ohne sich die Mühe einer höflichen Umschreibung zu geben. Außerdem konnte Jim von dem zwölf Jahre älteren Kollegen etwas lernen, nämlich wie man die dramatisch besser werdenden Daten deutete, die gerade in Cambridge (und London) produziert wurden, und das waren Aufnahmen, die mit Hilfe von Röntgenstrahlen gemacht wurden, die auf Kristalle gelenkt und von diesen gebeugt wurden. Die Gruppe um Perutz, zu dem Watson von Luria geschickt worden war, hatte sich die Aufgabe gestellt, die genaue Struktur von Proteinen zu bestimmen, was aufgrund gut funktionierender Methoden möglich war, die Schritt für Schritt einzusetzen waren. Erst überführte man das untersuchte Protein in eine Kristallform – was nicht ganz einfach war und oft schief ging –, dann platzierte man diese Kristalle in einen Röntgenstrahl. Dabei entstand ein zwar kompliziertes, aber Regelmäßigkeiten erkennen lassendes Bild – das so genannte Beugungsmuster –, aus dessen Punkten, Linien und Formen man zu berechnen oder zu schließen versuchte, wie die Struktur des gewählten Proteins aussah, das heißt, welche Atome wo in welchem Abstand voneinander welche Gebilde ergeben.

Mindestens zwei von Jims damaligen Lieblingsthemen spielten dabei eine Rolle: die Kristalle, von denen er seit der Lektüre von *Was ist Leben?* träumte, und die Röntgenstrahlen, mit denen er seine Doktorarbeit gemeistert hatte. Dass sich Röntgenstrahlen nutzen lassen, um Kristalle zu untersuchen, hatten zwar zuerst früh im 20. Jahrhundert Physiker wie Max von Laue in Deutschland bemerkt, aber es waren zwei Engländer, William Lawrence Bragg und sein Vater William Henry Bragg, die eine praktisch gut verwendbare Methode daraus entwickelten und dafür 1915 mit dem Nobelpreis für Physik ausgezeichnet wurden. Als William Lawrence Bragg seine Entdeckung machte, war er so jung wie Jim, als dieser 1950 im Cavendish-Laboratorium ankam, dessen Direktor Bragg inzwischen geworden war.

So stolz Sir William Lawrence Bragg, wie er seit 1941 hieß, auf seine Leistung auch sein konnte, mit seiner Stimmung war es Ende 1951 nicht zum Besten bestellt, denn eine Entdeckung, die aus Kalifornien gemeldet wurde, hätte er lieber in seinem Institut in Cambridge angesiedelt. Gemeint ist seine Hypothese, die im Wesentlichen auf den Amerikaner Linus Pauling

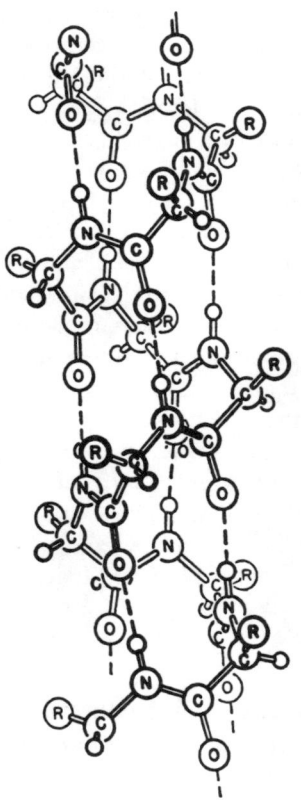

Die Alpha-Helix nach dem Vorschlag von Pauling

Linus Pauling

Linus Pauling (1901–1994) hat zwei Nobelpreise bekommen, und beide alleine. 1954 wurde er mit dem Nobelpreis für Chemie ausgezeichnet, und 1963 erhielt er den Friedensnobelpreis wegen seines Engagements im Protest gegen das Testen von Atomwaffen. Diese äußeren Ehrungen können nur ungefähr begreiflich machen, wie sehr Pauling von den Kollegen bewundert wurde. Die Breite seiner Tätigkeit ist ebenso eindrucksvoll wie die Fülle seiner Einsichten. Pauling hat zum Beispiel »Die Natur der chemischen Bindung« besser als jeder andere verstanden (und bereits 1939 das maßgebliche Lehrbuch dazu verfasst, das nicht nur Watson für die »Bibel der Chemie« hielt). Pauling prägte zudem den Begriff der »molekularen Krankheit«, als er nachwies, dass eine Blutkrankheit (die Sichelzellenanämie) durch die Veränderung eines Proteins (des Hämoglobins) zustande kommt. Im Alter wurde Pauling für seine Bemühungen bekannt, die Rolle von Vitamin C als Schutz vor Krebserkrankungen zu erklären. Hierbei muss ihm wohl die kühne intuitive Kraft verlassen haben, die seine sonstigen Beiträge zur Chemie und den Biowissenschaften ausgezeichnet hat.

Die berühmte Alpha-Helix, die das Denken der DNA-Modellbauer in die richtigen Bahnen leitete, kam Pauling beim Spielen mit Zeitungspapier zum ersten Mal vor die Augen. Als er einmal mit einer schweren Erkältung im Bett lag und nichts Spannendes zu lesen hatte, schnitt er ein längliches Stück Papier aus, von dem er sich vorstellen konnte, dass es die Form eines Proteins – oder wenigstens seines Rückgrats – hatte. Pauling wusste, wie die einzelnen Bausteine (Aminosäuren) der Proteine verbunden waren – über so genannte Peptidbindungen –, und versuchte nun, seine Schlange mit ihren Gliedern so lange zu drehen, bis für alle Platz war. Als dies klappte, hatte er das erste Modell der Alpha-Helix vor sich.

zurückging, dass Proteine wenigstens stückweise wie eine Spirale gebaut sind, die er Alpha-Helix nannte (Abb. S. 71). Zwar bedurfte es eines von Perutz geführten Beweises aus dem Cavendish-Laboratorium, um zu zeigen, dass Pauling Recht hatte. Aber die Helix war seine (amerikanische) Entdeckung und kein Eigengewächs aus (dem englischen) Cambridge. Die Tatsache, dass Pauling seiner Struktur einen durchsichtigen Vornamen – Alpha – gegeben hatte, ließ die Sorge aufkommen, dass er schon weitere Formen dieser Art im Visier hatte, die wahrscheinlich bald als Beta- oder Gamma-Helix bekannt und weitere Niederlagen für Braggs Truppe bedeuten würden.

Das zu erwartende Spiel mit den griechischen Buchstaben musste gerade im Cavendish Laboratory als schmerzlich empfunden werden, denn hier hatte mehr als ein halbes Jahrhundert zuvor der legendäre und mit dem Nobelpreis ausgezeichnete Physiker Ernest Rutherford drei Formen von radioaktiver Strahlung unterscheiden können und sie mit Alpha, Beta und Gamma bezeichnet, also so, wie sie bis heute in den Lehrbüchern zu finden sind.

Zwei Störenfriede in einem Büro

Die amerikanische Alpha-Helix machte Bragg, der Rutherford noch persönlich gekannt hatte, also nervös, und er hätte sich gefreut, wenn es möglich gewesen wäre, ihr so schnell wie möglich eine britische Beta-Helix an die Seite zu stellen. Doch Crick sprudelte nur so über vor Ideen, ohne konkrete Ergebnisse zustande zu bringen. Und zu allem Überfluss tauchte jetzt auch noch der schlaksige Amerikaner auf, der nichts von Proteinen wissen wollte und stattdessen etwas von DNA nuschelte, also von einem Molekül, von dem Bragg wiederum nichts wissen wollte, weil es in einem anderen Institut in einer anderen Stadt – in London – erforscht wurde. Um sich sowohl von Watson als auch von Crick gleichzeitig zu befreien, wies Bragg den beiden ein gemeinsames Arbeitszimmer zu.

Dem jungen Watson konnte nichts Besseres passieren: Im Laufe der ersten Monate, als er in England Fuß zu fassen versuchte und es ihm gleichzeitig dringlich erschien, sich mehr mit der Theorie der Röntgenbeugung und der Chemie der Nukleinsäuren zu befassen, machte Crick nämlich ungeheure

Fortschritte in seinem Bemühen, Röntgenbilder zu interpretieren und mit mathematischen Argumenten Schlüsse aus ihnen zu ziehen. Das Hauptaugenmerk richtete sich auf die Frage, ob und wie man einem Röntgenbild entnehmen kann, ob die Struktur, auf die man es abgesehen hat, eine sich windende Helix von der Art war, die Pauling in seinen Proteinen gefunden hatte. Denn wenn sich das beweisen ließ – wenn man also zum Beispiel wusste, dass die DNA als eine sich schraubenförmig windende Helix vorlag –, konnte man erste Versuche anstellen, die bekannten Bauteile – die beschriebenen vier Nukleotide – so zusammenzufügen, dass dabei ein spiralenförmiges Gesamtgebilde herauskam. Ganz abwegig war der Gedanke einer DNA als Wendeltreppe nicht, denn einen ersten Vorschlag für ein Modell dieser Art gab es seit 1938 in der Literatur (Abb. S. 74). Er stammte – wie Bragg bestimmt wusste – von den Briten William Astbury und Florence Bell. Sie hatten damals auch die ersten Röntgenaufnahmen von DNA machen können, was bedeutete, dass die von Jim so begehrte

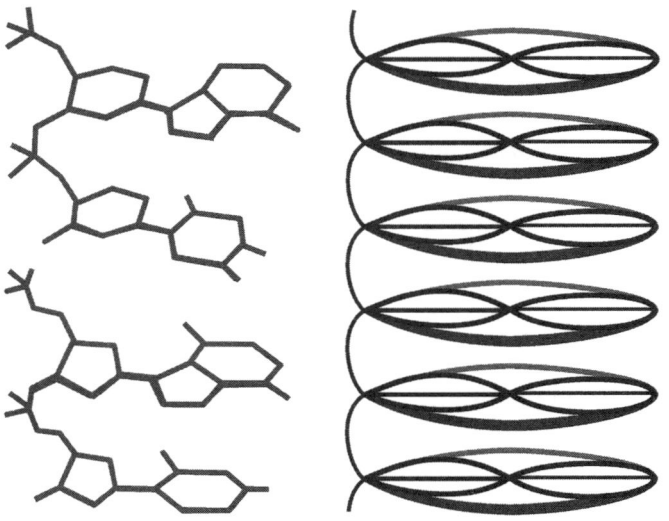

Ein zweites DNA-Modell aus dem Jahre 1938

Substanz tatsächlich in kristalliner Form zu gewinnen und über diesen Zustand zu verstehen war. Aus diesem Grund hatte es ihn unter anderem nach Cambridge gezogen. Allmählich rückte die Verwirklichung seiner Träume heran.

Die Idee der Molekularbiologie

William Astbury hatte wahrscheinlich als erster Wissenschaftler mit der systematischen Erkundung der Strukturen von biologisch bedeutsamen Molekülen begonnen. Astburys Methode der Wahl war die Analyse mit Röntgenstrahlen, wobei es für die Nachwelt von besonderem Interesse ist, dass er seiner Forschungsrichtung einen neuen Namen gab, den der »Molekularbiologie«. Die wohl beste Definition dieser neuen Form des Forschens geht vermutlich auf Crick zurück, der im Frühjahr 1947 – also noch als Student – im Rahmen einer Bitte um Forschungsförderung darstellte, was ihn beschäftigte und dabei Astburys Gedanken ernst nahm: »Das besondere Feld, das mein Interesse erregt, ist die Trennung zwischen dem Lebenden und dem Nicht-Lebenden, wie sie typischerweise etwa durch Proteine, Viren, Bakterien und der Struktur der Chromosomen gegeben ist. Das angestrebte Ziel, das sicher noch weit entfernt liegt, besteht in der Beschreibung dieser Aktivitäten mit Hilfe ihrer Strukturen, also mit der räumlichen Anordnung der sie aufbauenden Atome, soweit dies möglich ist. Man könnte dies die chemische Physik der Biologie nennen« – oder mit einem Wort: Molekularbiologie.

Zwar dachten Crick und Astbury dabei mehr an die Moleküle als an die Biologie, aber sie hatten auf keinen Fall das Gefühl, nur Chemie oder Physik zu betreiben. Astburys Wortwahl macht einen Aspekt deutlich, durch den sich die Wissenschaft des 20. Jahrhunderts charakterisieren lässt: Die im 19. Jahrhundert gezogenen Grenzen der klassischen wissenschaftlichen Disziplinen – vornehmlich Physik, Chemie und

Biologie – wurden rasch durchlässiger. Zuerst reichte es noch, Kombinationen zu bilden – etwa im Sinne von Physikalischer Chemie oder Biophysik –, dann tauchten auch schon mal Dreierkombinationen auf – etwa die biophysikalische Chemie –, und zuletzt etablierten sich völlig neue Bereiche, eben die Molekularbiologie oder die Neurophysiologie. Der paradoxe Witz dieser Disziplinen bestand von vornherein darin, dass sie keine Disziplinen im herkömmlichen Sinne waren. Physik ist Physik, aber Molekularbiologie ist eine Zusammenarbeit aus Physik, Chemie, Genetik, Bakteriologie, Kristallographie, Mathematik und vielen anderen Bereichen mehr.

Jim Watson hatte es besser als seine europäischen Kollegen, denn er kannte die Traditionen der ehrwürdigen Disziplinen kaum, und so kam er gar nicht auf die Idee, dass es nötig sei, sich an ihre Begrenzungen zu halten. Für ihn war es selbstverständlich, dass man sich nicht von vornherein einer Disziplin verschrieb und sich dann in ihrem Rahmen umsah. Er war es gewohnt, erst ein Forschungsproblem zu formulieren und dann die Disziplinen zu suchen, die zu dessen Klärung beitragen konnten.

Aus dieser schlicht klingenden Grundeinstellung ergeben sich aber Konsequenzen, die zu tragen eine Menge Mut erfordert. Man muss es beispielsweise auf sich nehmen, dass das eigene Wissen immer lückenhaft bleibt, man nicht alleine arbeiten kann, man Anleihen bei vielen anderen machen muss, man sich sogar der Lächerlichkeit preisgeben kann – wie schon Schrödinger wusste –, dass man nie alle Tatsachen kennen und berücksichtigen kann, und dass vielleicht mehr scharfsinnige Phantasie und Kreativität als Vollständigkeit und Sorgfalt gefragt sind.

Entscheidend ist, dass Watson in Cambridge all diese Konsequenzen gezogen hat. Schon Georg Christoph Lichtenberg, der Physiker und Aphoristiker des 18. Jahrhunderts, hat darauf hingewiesen, dass derjenige, der nur die Chemie kennt, auch die Chemie nicht kennt. Auf die Moderne übertragen heißt es: Wer nur die Chemie der Nukleinsäuren kennt, lernt die DNA nie kennen. Wer sich nur über Röntgenmuster von Kristallen beugt, versteht die Bedeutung der Substanz DNA nie, die er da eingefangen hat. Wer nur Bakterien mit Phagen infiziert, lernt nie die Gene kennen, die sich dabei vermehren.

Natürlich musste jemand wie Watson, der gerade erst begriffen hatte, wie man mit Röntgenstrahlen Bakteriophagen inaktiviert, überheblich wirken, wenn er sich weigerte, die Mathematik der Kristallgitter genauer zur Kenntnis zu nehmen, und er musste unseriös wirken, wenn er nicht einmal das genaue Aussehen der Nukleotide – ihre Strukturformel – im Kopf hatte und auf ein Blatt schreiben konnte. Es muss Crick schon sehr geärgert haben, als sich Watson zum Beispiel bei einem Vortrag über neueste Röntgenaufnahmen von DNA-Kristallen nicht erinnern konnte, wie hoch der Wassergehalt der Proben war. Doch unkonventionelle Ziele verlangen unkonventionelle Methoden. Vielleicht war es aber gerade dieser lässige, eher einem kreativen Spiel ähnelnde Arbeitsstil, der den Erfolg vorbereitete. Jim hatte wenige Pflichten und viel Zeit, seinen Gedanken um die DNA freien Lauf zu lassen – und darin könnte seine wissenschaftliche Methode bestehen, sich eine Frage so lange immer wieder vorzunehmen, bis die Antwort von innen erfolgt.

»Ein unwiderlegbares Experiment«

Was machte Jim Watson so sicher, mit der DNA das richtige Molekül gewählt zu haben, also das Molekül, das Träger der Erbsubstanz ist und damit im Zentrum der Frage »Was ist Leben?« steht. In den Jahrzehnten vor dem Zweiten Weltkrieg galt es als ausgemacht, dass Proteine als Gene agieren. Erst 1943 gab es den ersten Hinweis zu lesen, dass bei Bakterien die DNA eine Rolle bei der Vererbung spielt. In denselben Jahren hatten Biochemiker auch damit begonnen, die chemische Komposition von Phagen zu analysieren, und dabei war es zu einem wunderbaren Ergebnis gekommen. Diese Viren bestanden aus zwei chemischen Substanzen, und es waren genau die zwei, die darum stritten, das Erbmaterial zu sein, nämlich Proteine und DNA. Und Ostern 1952 konnte man erfahren, wie sich diese beiden Molekülsorten ihre Aufgaben teilen.

Damals wurde in Oxford ein Symposium veranstaltet, das die bereits genannten englischen Pflanzenvirologen F. C. Bawden und N. W. Pirie organisiert hatten. Als Redner hatten sie auch Jims Lehrer Luria eingeladen, dem aber die Ausreise aus den USA verwehrt wurde. Senator McCarthy, der überall im Lande

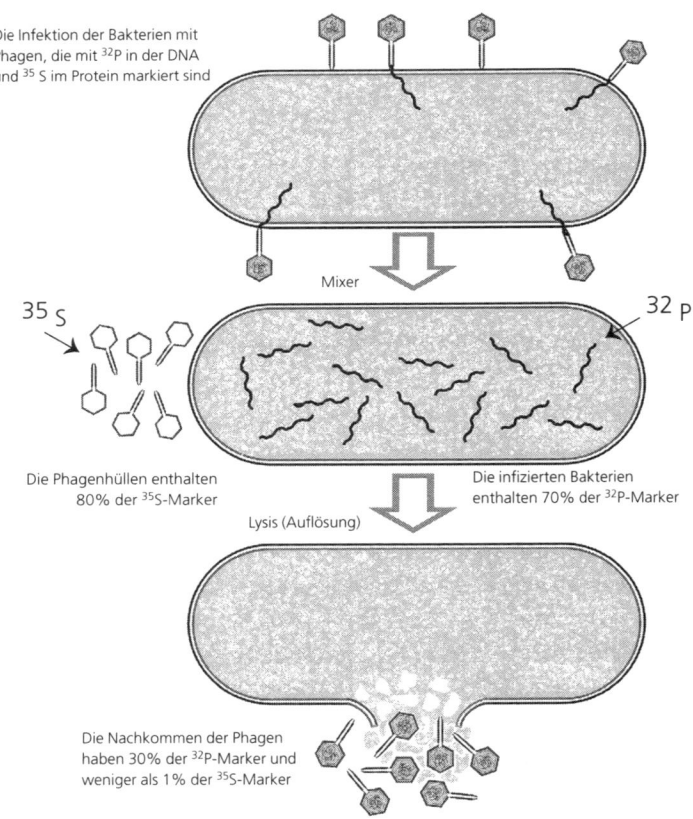

Die Infektion der Bakterien mit Phagen, die mit ^{32}P in der DNA und ^{35}S im Protein markiert sind

Mixer

^{35}S

^{32}P

Die Phagenhüllen enthalten 80% der ^{35}S-Marker

Die infizierten Bakterien enthalten 70% der ^{32}P-Marker

Lysis (Auflösung)

Die Nachkommen der Phagen haben 30% der ^{32}P-Marker und weniger als 1% der ^{35}S-Marker

Phageninfektion in dem Experiment von Hershey und Chase 1952 kommunistische Verschwörungen vermutete, sorgte dafür, dass man Lurias Pass einzog, weil er in seiner Jugend mit marxistischen Ideen sympathisiert hatte. Luria schickte trotzdem seinen (schriftlich ausgearbeiteten) Vortrag nach England und schlug den Veranstaltern vor, ihn von seinem Schüler verlesen zu lassen, also von Jim. Der reiste aus Cambridge an – und sorgte dort für einen Skandal. Statt das zu tun, worum ihn die Organisatoren und sein Lehrer gebeten hatten, erklärte er, dass Lurias Arbeit durch den Inhalt eines Briefs überholt sei, den er gerade aus Cold Spring Harbor bekommen habe.

Der Brief stammte von Alfred (Al) Hershey und berichtete von einem Experiment, das er zusammen mit Martha Chase gemacht habe. François Jacob, der in Oxford anwesend war, hat geschildert, wie Jim aufgeregt mit den Blättern wedelnd erklärte, was Al erstens gemacht, zweitens erkannt und drittens in seinem Brief mitgeteilt hatte:

Ein makelloses, unwiderlegbares Experiment (Abb. S. 78). Das Protein des Phagen enthält Schwefel, aber keinen Phosphor, während es sich bei der DNA gerade umgekehrt verhält. Man kann daher das Protein mit radioaktivem Schwefel, die DNA mit radioaktivem Phosphor radioaktiv markieren und dann nach der Infektion verfolgen, was mit den Markern geschieht. Hershey [und Chase haben festgestellt], dass die DNA des Phagen während der Infektion in die Bakterie eindringt. Das Protein hingegen bleibt an der Oberfläche haften, von der man es mittels der in einem Küchenmixer entstehenden Reibungskräfte lösen konnte. Daher die unanfechtbare Schlussfolgerung: Der Phage war nur eine Art Proteinspritze, die DNA enthielt und diese bei der Injektion in die Bakterie injizierte. Die DNA reichte aus, um die Produktion von neuen Viruspartikeln zu gewährleisten. Das Protein dient nur dem Transport und dem Schutz der DNA. Wie konnte man anders, als die schlanke Einfachheit, die trockene Stichhaltigkeit eines solchen Experiments bewundern?

So dachte auch Watson, der darum einfach den Text unter den Tisch fallen ließ, den sein Doktorvater geschickt hatte und in dem Luria zu ganz anderen Schlüssen gekommen war. Es war schon ein mutiges Stück, das der 24-jährige Jim da aufführte, das aber wieder einmal deutlich macht, mit welcher intuitiven Sicherheit er ahnt, auf welche Schlussfolgerungen und welche Moleküle es ankommt, wenn es um das Leben von Zellen geht.

Ostern 1952 konnte also kein Zweifel mehr bestehen, dass die DNA als Erbsubstanz infrage kam. In diesem Zusammenhang wurde auch immer wichtiger, was Jim von dem Physiker Maurice Wilkins erfahren hatte, der am King's College in London mit der DNA arbeitete, sie isolierte und reinigte und von den daraus entstehenden Kristallen Beugungsmuster anfertigte. Im Rahmen seiner Versuche hatte Wilkins zeigen können, dass die für die Röntgenaufnahmen präparierte DNA ihre biologische Aktivität behielt. In den Kristallen steckte also keine künstliche und möglicherweise aus ihren Fugen geratene und verzerrte Konfiguration, sondern eine relevante und gewiss lebensnahe Struktur. Wilkins' Aufnahmen ließen inzwischen auch keinen Zweifel mehr daran, dass diese Struktur eine Helix sein musste.

Noch bessere Aufnahmen der DNA, die eindeutiger auf ein Molekül schließen ließen, das wie eine Wendeltreppe gebaut war, waren Rosalind Franklin gelungen, die ebenfalls am Londoner King's College arbeitete und sich eigentlich mit Wilkins zusammentun sollte. Aber das Verhältnis zwischen den beiden Kristallographen gestaltete sich vom ersten Tag an als äußerst schwierig, was dazu führte, dass nicht alle Daten und Aufnahmen gezeigt, sondern oft in Schubladen versteckt wurden. Rosalind Franklin war bei ihrer Einstellung der Meinung, sie solle sich allein um die DNA kümmern. Wilkins hatte ihres Erachtens gefälligst die Finger davon zu lassen, und erst recht das zwei Reisestunden weiter nördlich palavernde Duo Watson und Crick. Die beiden waren allein deshalb gut beraten, die Nukleinsäuren anderen zu überlassen, um sich nicht noch einmal so abgrundtief zu blamieren, wie sie es mit einem ersten Modell getan hatten, das sie offenbar zu naiv und zu draufgängerisch zur Schau gestellt hatten.

Das Dreierdesaster

Der erste Entwurf für die Struktur der DNA war ein ausgemachter Flop. Er macht die Entscheidungsnöte deutlich, vor die Forscher gestellt sind, wenn sie sich auf eine Entdeckungsreise begeben, deren Ziel sie nicht kennen.

Zunächst war nur eines klar: Nachdem Cricks Theorie und die verfügbaren Röntgenbilder überdeutlich auf eine Helixstruktur der DNA hinwiesen, wollte Watson es Pauling nachtun und versuchen, durch Modellbau herauszufinden, wie die Erbsubstanz gebaut ist. Das musste eigentlich ein Kinderspiel sein, denn wenn man alle Bausteine in Form von Klötzchen beisammen hat – die vier Nukleotide bzw. die vier Basen mit der Phosphatgruppe und dem Zucker – und weiß, dass viele von ihnen zusammen eine lange Spirale ergeben müssen, dann kann man damit wie mit Legosteinen spielen und so lange basteln, bis zwar kein Turm oder Haus, dafür aber eine Wendeltreppe entsteht. Sie wäre dann die Struktur der DNA, und die suchten die Wissenschaftler doch.

Die kindliche Freude am Zusammenstecken der Klötzchen, mit denen die Atome bzw. Moleküle repräsentiert werden, stellt – wie immer – nur die eine Seite von Watson dar, die von einem hohen wissenschaftlichen Ernst kompensiert wurde, der sich genau um die Abstände zwischen einzelnen Atomen kümmerte und alle Bindungsmöglichkeiten zwischen ihnen erkundete. Den harmlos wirkenden Basteleien waren stunden-, tage- und wochenlange intensive Gespräche mit Crick vorausgegangen, die auch angesichts des Modells nicht aufgehört hatten.

Mit dem Beweis für die Helix war noch nicht klar, ob es wie im Fall von Paulings Alpha-Schraube ein einzelner Strang war, der sich spiralenförmig wand, oder ob es mehrere waren. Man konnte also schon annehmen, dass es mehr als eine Helix sein musste, denn für eine Molekülschraube war der Durchmesser der DNA zu groß. Der gemessene Platz bot genug Raum für zwei, drei oder gar vier Stränge. All diese Zahlen waren ebenfalls mit den damals verfügbaren Röntgenbefunden zu vereinbaren, und so tauchte die Frage auf, warum sich das menschliche Duo nicht für ein molekulares Duo entschied, sondern seinen gescheiterten Versuch mit einem Trio unternahm.

Das Bemühen, eine Tripelhelix zu bauen, ist auch deshalb seltsam, weil Watson und Crick doch nach dem Aussehen des Moleküls suchten, das sich vor allem teilen können musste, bei dem also aus einem zwei werden konnten. Das Leben, das die beiden Forscher untersuchten, basiert auf der Zweiteilung, und wie kommt man dabei auf drei? Der gleiche Fehler mit der Drei – also die Annahme einer Tripelhelix – findet sich auch bei Linus Pauling, dessen Manuskript aber erst in Cambridge eintraf, nachdem Watson und Crick ihr eigenes Dreierdesaster erlebt hatten. Auch Paulings Spiel mit der Drei geht daneben, was aber nur die Frage dringlicher werden lässt, was an dieser im Rückblick völlig überflüssigen Hinwendung zur Drei so attraktiv ist. Und es gibt noch eine dritte Drei, denn in seinem persönlichen Bericht über die Entdeckung schreibt Jim, dass Wilkins eines Tages die Bemerkung habe fallen lassen, eine Helix aus drei Strängen zu bauen. Nun kann man vermuten, er wollte ihm dabei zuvorkommen. Aber das Problem wird dadurch nur noch einmal gestellt. Denn was brachte Wilkins dazu, mit drei Schrauben sein Glück zu probieren?

Zwar kommen in der Natur Konstruktionen vor, bei denen sich drei Stränge gegenseitig zu Festigkeit verhelfen – das für die Stabilität von Geweben sorgende Molekül namens Collagen stellt ein Beispiel dafür dar –, aber dies war damals noch nicht in diesem Detail bekannt. Und so bleibt die Frage, wieso springen alle an der DNA-Struktur interessierten Wissenschaftler von dem einen Strang der Alpha-Helix gleich zu drei Spiralen in der DNA? Warum machen sowohl Pauling als auch

Watson und Crick sich erst einmal zu Narren, bevor sich wenigstens die beiden Letztgenannten dem Naheliegenden zuwenden und versuchen, erst einmal eine Doppelhelix zu errichten?

Die Vorliebe für die Drei

Pauling gibt für seine Entscheidung in der Arbeit, die er zusammen mit seinem Kollegen R. B. Corey verfasst hat, eine technische Erklärung an, und zwar eine »Reflexion«, die ihm bei den Röntgenbildern aufgefallen ist und die man einer größeren, aus drei kleineren Einheiten bestehenden Einheit zuschreiben kann. In der Veröffentlichung ist von »drei nichtäquivalenten Nukleotiden« die Rede, die es allerdings in dieser Form nicht gibt. Es ist zu vermuten, dass in Pasadena eher unzureichende Röntgenaufnahmen vorlagen, die nicht an die Qualität der englischen Bilder heranreichten, was aber nur erneut die Frage aufwirft, warum es die Drei ist, die aus ungenauen Daten herausgelesen wird.

Eine rationale Erklärung könnte sein, dass es – wie es vom Flechten von Haarzöpfen bekannt ist – nicht reicht, zwei Stränge zu verwickeln, wenn sich eine feste Struktur ergeben soll und man keine Bindung zwischen den einzelnen Strängen vermutet oder zulassen will. Doch ist keine der beiden Voraussetzungen nachzuweisen – weder dachten Watson und die anderen an geflochtenes Frauenhaar noch meinten sie, Helixstränge würden sich nicht wenigstens mit ein wenig Wechselwirkung untereinander anziehen. Es gibt also keine nachweisbare rationale Erklärung für die Liebe zur Dreiheit. Dabei darf ein spekulativer Ausflug mit Erklärungshinweis riskiert werden, der einen Bereich ins Auge fasst, den Forscher sonst allzu gerne leugnen. Man könnte ihn die »Nachtseite der Wissenschaft« nennen, auf deren Aufschimmern in der Geschichte auch der französische Nobelpreisträger François Jacob zu sprechen kommt, wenn er in seiner Autobiografie *Die innere Statue* seine Erfahrungen schildert kurz vor oder im Zusammenhang mit großen Entdeckungen.

Jacob unterscheidet zwei Seiten der im Entstehen begriffenen Wissenschaft, die er als Tag- bzw. Nachtwissenschaft bezeichnet. Die Tagwissenschaft steht in den Veröffentlichungen und Lehrbüchern, sie »ist ein denkerischer Versuch, bei dem die Beweisschritte wie ein Räderwerk ineinander greifen«, wobei dieser Versuch natürlich erst einsetzen kann, wenn er etwas zum Ansetzen hat. Dies könnte die Idee einer Dreierhelix sein, deren Bausteine (Nukleotide) bekannt sind, mit denen jetzt versucht wird, den Beweis zu erbringen. Die Nachtwissenschaft ist anders, sie »ist eine Werkstätte des Möglichen, in welcher der künftige Baustoff der Wissenschaft ausgearbeitet wird«, der dann irgendwann »durch das Bedürfnis, klar zu sehen« und aus »Lebensgier« zur Tagwissenschaft vordringt und hier wie ein »Blitz einschlägt«.

Nachrichten von der Nachtseite

Hier ist von den Sphären des Unbewussten die Rede, wobei Jacob nur Beispiele vor Augen hat (und aus dem eigenen Erleben schildert), die zuletzt eine tragfähige Einsicht geliefert haben. Wenn Watsons Entscheidung, seine Denkfähigkeiten im Verlauf der Tagwissenschaft an einer Tripelhelix zu erproben, aus dem Irrationalen kommt, dann kann man im wissenschaftlichen Kontext verstehen, dass sich erst die Drei bemerkbar macht, weil die Entscheidung für diese Zahl am Anfang der modernen Wissenschaft steht. Dies hat beispielsweise Wolfgang Pauli am Beispiel von Johannes Kepler gezeigt. Wer sich in den Traditionen der westlichen Wissenschaft wohl fühlt, tendiert zu Lösungen, in denen sich eine Drei (Trinität) zeigt, wobei die hier aufgeführten Beispiele (Pauling, Wilkins, Watson und Crick) wunderbarerweise belegen, dass das alleinige Verlassen auf irrationale Quellen ohne die große Qualität der Rationalität fatale Folgen haben kann. Der Sachverstand muss bei aller

Entdeckerfreude in der Lage sein, seine Wirkung zu entfalten, zum Beispiel dann, wenn er Fehler im Detail entdeckt und als Folge davon Einspruch erhebt. Das Problem mit der Rationalität besteht darin, dass sie nach dem Aufspüren des Unzulänglichen auch nicht weiter weiß und es dann wieder gilt, sich beim Denken Zeit zu lassen, um auf Nachrichten von der Nachtseite zu warten.

Diese treffen bei Watson im Januar 1953 ein. Nach einem Besuch bei Wilkins und Franklin in London entscheidet er sich auf der nächtlichen Rückfahrt in einem ungeheizten Zug, es von nun an mit Zweiketten-Modellen zu probieren. Der Entschluss hat sicher mit dem verbotenen Blick zu tun, den er höchst unerwünscht auf ein Beugungsmuster geworfen hatte, dessen Produktion Rosalind Franklin gelungen war und auf dem eine neue Form der DNA zu sehen war (Abb. S. 85). Die Wissenschaftler hatten sie B-Form genannt. Sie wussten, dass die hierfür verwendeten DNA-Kristalle gegenüber der bislang immer in den Experimenten verwendeten A-Struktur mehr Feuchtigkeit aufgenommen hatte (Abb. S. 86).

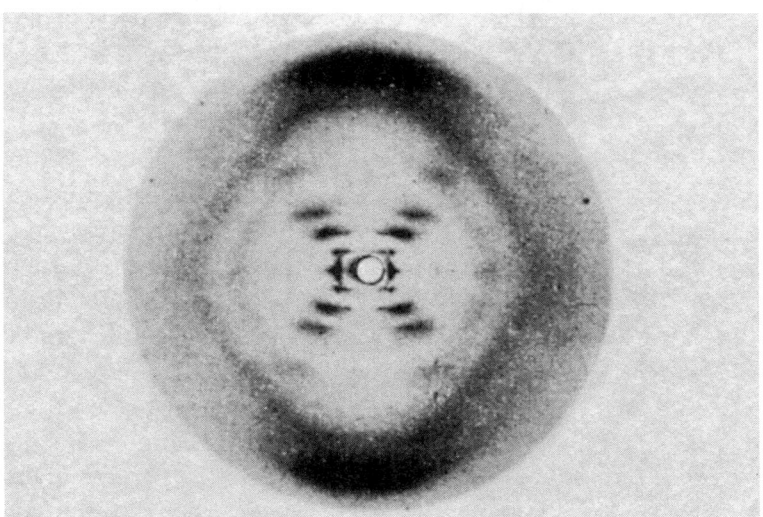

Rosalind Franklins Röntgenbild der DNA

Ohne sich um die Frage zu kümmern, wie das Wasser mit den Nukleotiden zusammenpasst und zwischen ihnen Platz finden kann, zeigte sich Watson elektrisiert von dem Muster, das im Wesentlichen ein Kreuz erkennen ließ, wie das Auge die zwei gestrichelten Linien interpretierte, die bei der Röntgenaufnahme entstanden waren. Natürlich interessierten Jim – auf der Tagseite der Wissenschaft – vor allem die Abstände zwischen den Flecken und anderen messbaren Größen wie Winkel, die Franklins Bild zu entnehmen waren.

Diese quantitativen Informationen waren zweifelsohne wichtig für die präzise Konstruktion des Modells, die bald er-

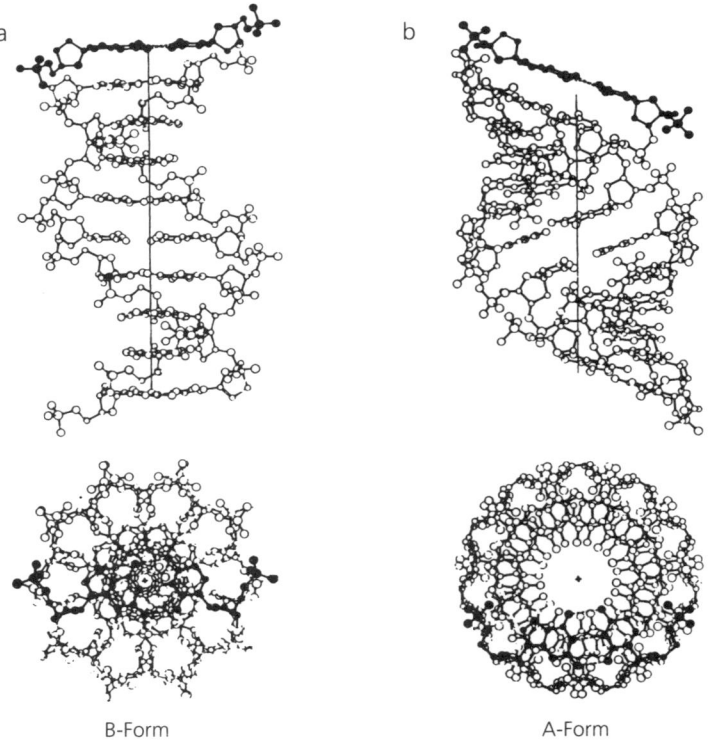

B-Form   A-Form

A- und B-Formen der DNA, wie sie heute bekannt sind,
als Seitenansicht und im Querschnitt

folgen sollte. Aber die eigentliche Faszination des Musters erschließt sich wahrscheinlich nicht auf dieser Ebene. Das Röntgenbild zeigt einen Kreis und ein Kreuz – zwei Figuren, die zahlreiche symbolische Bedeutungen haben. Das Kreuz lässt einen Biologen sogleich an Paarungen denken, und genau damit – mit der Sexualität von Bakterien – hatte sich Watson in den letzten Wochen sehr intensiv beschäftigt, nachdem der Versuch einer Dreierkonstellation aufgegeben werden musste.

Tappen und Tasten auf der Tagseite

Das konkrete wissenschaftliche Problem, das sich am nächsten Morgen auf dem Weg zur Lösung bzw. Erlösung stellte, lautete: Wie paart man zwei Stränge aus Nukleotiden, was konkret eine Antwort auf die Frage verlangte, wo die Basen hingehörten – außen oder innen – und welche Berührung bzw. Verbindung zwischen ihnen möglich ist.

Noch wusste niemand, dass die DNA durch die heute so berühmten Basenpaare zusammengehalten wird, und Watson und Crick konnten mit dem ersten deutlichen Hinweis auf diese zentrale Tatsache zunächst einmal nicht viel anfangen. Der Grund dafür war eine Fehlinformation, in deren Folge es den beiden tatsächlich Mühe machen musste, den oben genannten Hinweis richtig einzuschätzen. Er steckte in einer Regel, die der aus Czernowitz stammende und in New York tätige Biochemiker Erwin Chargaff erkannt und aufgestellt hatte und die besagte, dass es in Nukleinsäuren vom Typ der DNA immer so viel Adenin (A) wie Thymin (T) und immer so viel Guanin (G) wie Cytosin (C) geben musste. Mathematisch geschrieben sah diese Regel folgendermaßen aus: $A/T = G/C = 1$. Natürlich konnte man diesen Zusammenhang nicht in dieser quantitativen und sprachlichen Schärfe behaupten, denn die dazugehörigen Messungen waren technisch ungewöhnlich schwierig und ergaben keineswegs so saubere Resultate, wie dies eben formuliert wurde. Statt der klaren und eindeutig interpretierbaren Eins mühte sich Chargaff mit Messergebnissen wie 0,98 oder 1,03 ab. Präzision ging einem Chemiker alter Schule, wie er es war, über alles.

Doch selbst wenn die Regeln mit der Klarheit der Eins in Cambridge gemeldet und verstanden worden wären, hätten sie Watson und Crick nicht viel weitergeholfen. Zwar scheint im Rückblick der Schluss unausweichlich, dass aus den Chargaff-Regeln für die DNA folgt, dass sich A mit T und G mit C verbindet, doch dazu hätten die beiden Wissenschaftler wissen müssen, in welcher Form die Basen in einer Zelle vorliegen. Selbstverständlich hatten sie sich in den Lehrbüchern der Chemie die so genannten Strukturformeln der Basen angesehen und hatten diese auch abgezeichnet – nur waren es die falschen. Auch die Standardwerke können irren.

Eher zufällig erfuhr Watson, das sich ringförmige Strukturen der Chemie, wie sie bei den vier Basen zu finden waren, durch elektronische Bewegungen innerhalb des Gerüsts wandeln und sich je nach zellulärer Umgebung zwischen zwei For-

KETO   ENOL

Enol- und Ketoform der Basen

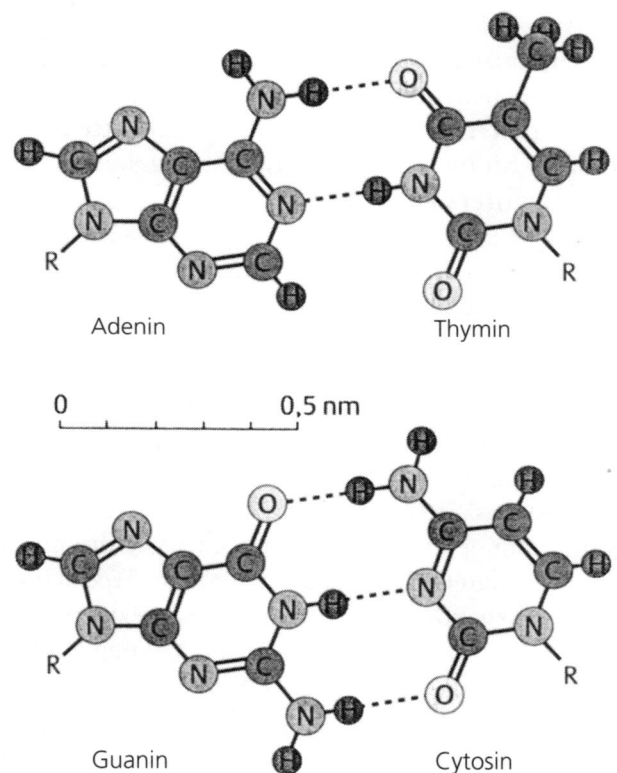

Adenin   Thymin

0 ———————— 0,5 nm

Guanin   Cytosin

Raumgleiche Basenpaare A/T und G/C

men, der Enol- und der Ketoform entscheiden können (Abb. S. 88). Während Jim nur die erste kannte, war es dem Chemiker Bill Cochran zufolge, der sich dabei vor allem auf seine Intuition verließ, viel wahrscheinlicher, dass die Basen in der Zelle die zweite Konfiguration annehmen.

Mit diesen neuen Umrissen der Basen verzieht sich mit einem Mal der innere Nebel, um etwas Wunderbares sichtbar werden zu lassen. Jim ist dabei der Erste, der es sieht (Abb. S. 89). Ein A/T-Paar und ein G/C-Paar haben dieselbe Gestalt, beide nehmen denselben Raum ein und weisen denselben Umriss auf.

Und mit diesem Doppelpaar weiß das Forscherpaar auf einmal, wie die DNA aussieht. Plötzlich ist alles klar. In einem Augenblick entsteht die heute so berühmte Struktur: die Basenpaare gestapelt innen, und die Zucker-Phosphat-Kette außen. Ein wunderbarer Moment der Wissenschaft, zugleich Höhe- und Wendepunkt ihrer Geschichte.

Das Rätsel des Lebens

Die Doppelhelix ist in diesem Moment natürlich noch nicht als konkretes, fassbares Modell aufgebaut, aber sie ist schon längst in den Köpfen errichtet. Watson und Crick sehen sie ganz deutlich vor ihrem inneren Auge in die Höhe wachsen, und es bricht aus ihnen heraus. Sie rennen aus dem Laboratorium und auf ihre Stammkneipe um die Ecke zu, wobei sich einem zufällig vorbeikommenden Fußgänger in Cambridges Free School Lane sicher kein erhebender Anblick geboten hätte, denn die beiden von ihrem Jubel mitgerissenen Männer können beim besten Willen nicht zu der Gilde der Athleten gezählt werden, und zumindest bei Jims Art zu laufen sollte man nicht an den Stil denken, den Teilnehmer an Olympischen Endläufen zeigen.

Und während sie ihre Freude genießen, lassen sie sich in ihrer glänzenden Laune auch zu der kühnen Behauptung verleiten, sie hätten das Geheimnis des Lebens gelöst. Über diese Äußerung darf man ruhig lächeln, allerdings nur zum Zeichen dafür, dass man sich mitfreut, nicht um Kritik auszuüben. Denn die Fähigkeit zur ausgelassenen und auslassenden Freude ist nicht nur ein sympathischer Zug der menschlichen Art, sondern es könnte sein, dass Crick, der wahrscheinlich lauter gebrüllt hat als der gewiss auch in dieser Situation nuschelnde Jim und wahrscheinlich diesen Triumph herausposaunte, sogar Recht hat. Denn ist es nicht so, dass die beiden am 28. Februar 1953 tatsächlich das Geheimnis des Lebens entdeckt haben, nämlich seine innere Schönheit? Denn eines war und ist die Doppelhelix allemal: hinreißend schön. Und im Rückblick kann man voller Erstaunen hinzufügen: Die Doppelhelix ist eine Schönheit, die nicht vergeht. Sie vergeht nicht nur nicht, sie wächst und wird immer attraktiver. Aber das kann nur heißen, dass sie keine Entdeckung, sondern ein Kunstwerk ist und daher auch eine Galerie verdient hat (Abb. S. 92 f.).

Noch einmal: Der Weg zur Doppelhelix

Die Doppelhelix und ihr Erscheinen in der Welt der Wissenschaft sind so wichtig und folgenreich, dass es angebracht erscheint, die Geschichte, die sich seit Watsons Eintreffen in Cambridge abgespielt hat, mit der Betonung von anderen Aspekte noch einmal zu erzählen. In diesen Monaten um das Jahr 1952 herum nimmt eine Wissenschaft eine völlig neue Form an. Am Anfang arbeiten alle mehr oder weniger für sich, und am Ende schließen sich alle mehr oder weniger zusammen. Und was am Anfang vor allem uneingelöste Versprechen waren – dass man die Strukturen von biologisch wichtigen Molekülen ausarbeiten und aus diesen Gebilden etwas über die Lebensvorgänge lernen könnte –, erfüllte sich am Ende in einem nie geahnten Ausmaß. Mit bzw. nach der Doppelhelix beginnt ein neues Kapitel in der Geschichte der Wissenschaft.

Ende 1951 hatten die analytischen Chemiker natürlich schon eine Menge Fakten geliefert, zu denen beispielsweise die Zusammensetzung aus Nukleotiden gehörte, von denen man wusste, dass sich mit ihnen lange Ketten bilden lassen. Klar war auch, dass man sich die DNA-Moleküle fadenförmig vorstellen musste, wobei dann Paulings elegante Idee der Alpha-Helix einen ersten Weg zeigte, dem Faden eine Form zu geben. Natürlich hatte Pauling nicht mit DNA gearbeitet und seine Helix für völlig andere Moleküle – die Proteine – vorgeschlagen, aber Spiralen sind Formen, die sowohl in der Tiefe der menschlichen Einbildungskraft schlummern als auch in der Weite der Natur vorkommen. Spiralen gibt es am Himmel in Gestalt von Galaxien und in der Natur in Gestalt von Schne-

Die DNA-Galerie

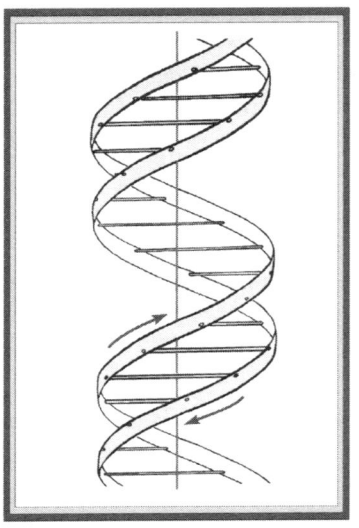

a) Das Original der Doppelhelix

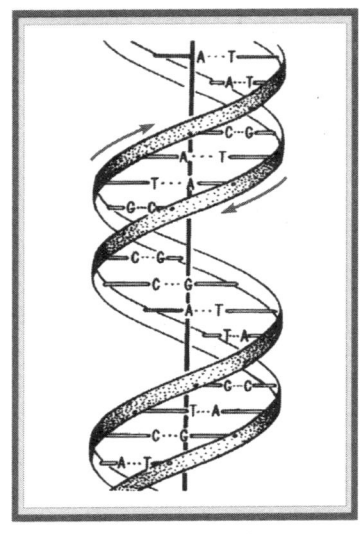

b) Darstellung der
Doppelhelix mit Basen

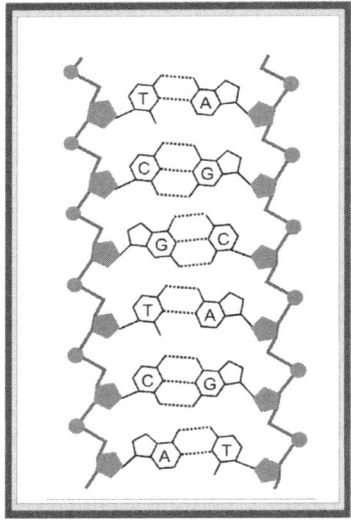

c) Darstellung der Basenpaarung

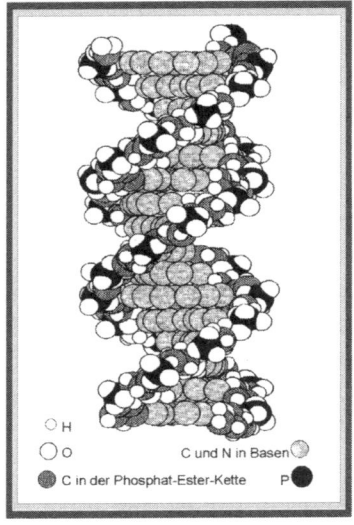

d) Das Kalottenmodell der
Doppelhelix

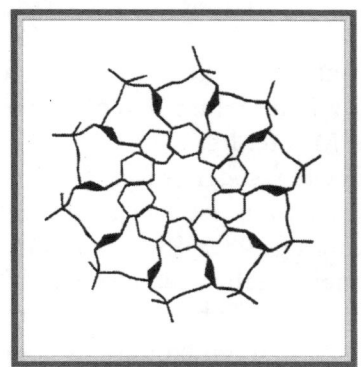

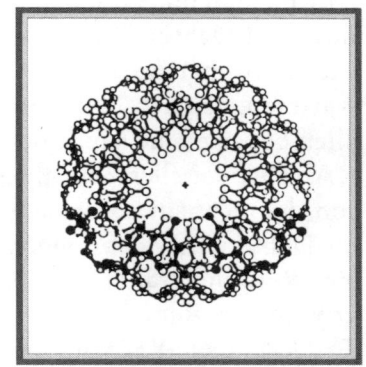

e) Darstellung als Rosette   f) Blick entlang der Achse

cken – und sie faszinieren den Betrachter. Der Mensch erfasst die Wirklichkeit gerne in Spiralen – wie *Die Sternennacht* von Vincent van Gogh oder die Wasserwirbel, die Leonardo da Vinci gemalt hat. Auf diese Weise wird die Vermutung des Physikers Wolfgang Pauli bestätigt, dem zufolge es Aufgabe der theoretischen Wissenschaft ist, in der Natur die physischen Entsprechungen der archetypischen Bilder zu finden, die uns unbewusst angehören.

Mit Paulings Spirale gab es für Jim Watson auf vielen Ebenen Gründe, von der DNA fasziniert zu sein: Da war zum einen ein konkretes Objekt, bei dem eine klare Aufgabe zu lösen war, und selbst wenn dazu mehrere wissenschaftliche Disziplinen erforderlich waren, brauchte er sich keine Sorgen zu machen, weil es für jede Frage in Cambridge einen Spezialisten gab – man brauchte nur Mut, auch mal dumme Fragen zu stellen. Da war zum Zweiten die offensichtliche biologische Bedeutung der DNA, die schon seit 1943 allen hätte klar sein können, die dann aber 1952 unmissverständlich verkündet wurde – von Watson selbst, als er Hersheys Brief in Oxford vorlas. Und da waren zum Dritten sehr viele Detailinformationen – über die Bindungsmöglichkeiten zwischen Basen, über deren

Mengenverhältnisse, über die Möglichkeit, Basen aufeinander zu schichten und zu stapeln, über den Durchmesser der DNA, über den rechten Winkel zwischen den Basen und dem Zucker-Phosphat-Rest in einem Nukleotid – die auf jemanden warteten, der sich Zeit nahm, sie zu bündeln, wozu offenbar allen Experten die Muße oder der Mut fehlte.

All dies war allen bekannt – und vieles sogar besser als Watson, der nicht einmal an der Quelle saß, aus der die Daten über die DNA kamen: das Londoner King's College. Zwar bemühte sich Rosalind Franklin, nicht zu viel von ihren experimentell erworbenen Kenntnissen unter die Leute zu bringen, aber am 15. Dezember 1952 wurde sie gebeten, für einen Bericht über die Arbeit des Instituts aufzuschreiben, welche Ergebnisse sie in den letzten Wochen erzielt hatte. Wie in Wissenschaftskreisen üblich, sollte ein Komitee die Qualität der Arbeit bewerten, was zumeist bedeutet, über die künftige Vergabe von Forschungsgeldern zu entscheiden. Rosalind Franklin hatte offenbar eine ganze Menge herausgefunden. Aber offenbar stellte erst Crick dies fest, als ihm im Februar 1953 – kurz vor dem entscheidenden Augenblick – ein Exemplar des Berichts in die Hände fiel. Den dort aufgeführten Vermessungen von DNA-Kristallen konnte er mit seiner gründlichen Kenntnis der Röntgenstrukturanalyse sofort entnehmen, dass das Molekül eine zweifache Symmetrie aufweisen musste, wobei die Symmetrieachse durch die Richtung des Fadens gegeben war, der die DNA sein musste. Crick entnahm also dem Bericht vom Dezember 1952 den Nachweis dafür, dass die DNA aus zwei gleichen Ketten bestehen musste, die gegenläufig angeordnet waren, das heißt in entgegengesetzte Richtungen verliefen.

Cricks Einsicht in den Bericht löste eine merkwürdige Debatte aus, da er dem Komitee nicht angehörte. Darum wird gelegentlich behauptet, Crick und Watson hätten geistigen Diebstahl begangen und das Modell (und sein Ruhm) sei auf keinen Fall ihrer eigenen Arbeit zu verdanken. Besonders vehement vertrat Chargaff diese Meinung, der seine damals höchst vorsichtig formulierten Basenregeln mit A gleich T und G gleich

C schon für die Lösung hielt und nun meinte, den erhobenen Vorwurf bekräftigen zu dürfen (allerdings nur, um sich als schlechter Verlierer zu entpuppen und bestenfalls seine Unfähigkeit von 1953 zu demonstrieren, Chemie in mehr als zwei Dimensionen betreiben zu können – denn für ihn waren Makromoleküle genauso flach wie die Basen).

Max Perutz hatte im Februar 1953 Crick den internen Bericht mit Rosalind Franklins Ergebnissen gezeigt – und demonstrierte damit überzeugend den Nutzen interdisziplinärer Kooperation. Ohne Crick (und Watson) hätte Franklin möglicherweise noch viele Jahre hindurch immer weiter DNA-Kristalle präpariert und immer bessere Röntgenbilder mit immer höherer Auflösung produziert, ohne diese Arbeit auch nur einmal für den Entwurf eines Modells zu unterbrechen. Franklin kam ohne Crick ebenso wenig weiter wie Crick ohne Franklin, und der Unterschied liegt nur darin, dass die eine Seite das wusste und die andere es nicht wahrhaben wollte.

Dies trifft auch für Chargaff zu, der – wie Franklin – meinte, die Lösung des DNA-Problems käme natürlich aus seiner Disziplin. Aber die DNA-Struktur scherte sich nicht um die Zäune, die Chargaff und Co. um ihre Laboratorien errichtet hatten und mit denen sie ihr wissenschaftliches Denken einsperrten und abschotteten. Anders als der große Biochemiker es meint, sind es nicht seine Regeln, die das Modell ergeben, es ist vielmehr die Doppelhelix, die seine Regeln ergibt. Und wenn tatsächlich etwas völlig neu an der Art war, mit der Watson und Crick vorgingen, dann war es die Gerichtetheit ihrer Aufmerksamkeit, die nur die wissenschaftliche Fragestellung – und nie eine wissenschaftliche Disziplin – im Auge hatte.

Disziplinlosigkeit war auch etwas, was die Neider Watson vorwarfen. Viele stießen sich daran, dass er salopp gekleidet war, auf Konferenzen lässig Briefe verlas, Einzelheiten von Vorträgen vergaß, unwillig mitschrieb, nachmittags Tennis spielte, mitten in der Arbeit aufbrach, wenn irgendwo eine Party stattfand, sein Stipendium selbstgefällig umdefinierte, um von Kopenhagen nach Cambridge zu kommen (was irgendwann doch durch Einstellung der Förderung geahndet wurde, ihm aber keinen Schaden eintrug, weil er genügend Geld gespart hatte, um sich eine Zeitlang über Wasser halten zu können).

Gewiss entsprach sein lässiges Verhalten nicht unbedingt den bürgerlichen Maßstäben, aber obwohl Jim sich nie sklavisch an die berühmte »Von-neun-bis-fünf-Regel« gehalten hat, sein Problem hat ihn ständig beschäftigt. Vielleicht fängt ja Kreativität mit einer Pause an, und so darf es als Vorteil eingeschätzt werden, dass Jim in den Jahren 1952/53 eher unterbeschäftigt war. Er konnte sich auf die Wissenschaft konzentrieren und musste weder in Komitees noch auf Sitzungen Aktivismus entfalten. Ein Mensch wie Jim braucht diese Freiheit, die allerdings nur sinnvoll genutzt wird, wenn es als Gegenstück andere gibt, die Daten heranschaffen, kleine Fortschritte erzielen und die Eigenschaften vorweisen, die man gemeinhin von einem Wissenschaftler erwartet: Sorgfalt, technisches Geschick, Genauigkeit, Vollständigkeit.

Routiniert ablaufendes Treiben alleine bringt allerdings nicht das hervor, was wir an der Wissenschaft bewundern – Newtons Mechanik, Maxwells Elektrodynamik, Darwins Evolution, Heisenbergs Atomtheorie und die Doppelhelix. Um dies zu erreichen, ist eine Zugabe erforderlich, die Inspiration, die der Perspiration zur Seite tritt, die Offenbarung, die der Empirie hilft, oder die Kreativität, die alle Daten in das bleibende Bild überführt. Sie hat sich im Februar 1953 gezeigt, und bei aller Größe des Triumphs auch Probleme mit sich gebracht, und zwar vor allem für Watson.

Dieses Problem wurde einmal treffend in der Zeitschrift *New Yorker* illustriert: Der Cartoon zeigt einen Neandertaler, der dumpf vor sich hin brütet; zwei Stammesgenossen beobachten ihn und fragen sich: »So, er hat das Feuer und das Rad erfunden, aber was hat er seitdem gemacht?« Eine gute Frage, deren Antwort man auf den nächsten Seiten findet.

Der Harvard-Professor und sein Lehrbuch

*Um Erfolg in der Wissenschaft zu haben, reicht es
nicht, smart zu sein – eine Menge Leute sind sehr gescheit,
ohne irgendetwas in ihrem Leben zu erreichen.*

Das Leben nach der Doppelhelix ist nicht leicht, wobei damit als
Erstes die Stunden, Tage und Wochen gemeint sind, die bis zur
Veröffentlichung des grandiosen Erfolgs und Einblicks bewältigt werden müssen. Zunächst gilt es, das Modell der Erbsubstanz in jeder Einzelheit herzustellen und für die zu erwartenden Besucherscharen zugänglich und sichtbar aufzubauen.
Danach ist es sinnvoll und nötig, allen Kolleginnen und Kollegen aus der Nähe (Cambridge) und Ferne (London und Pasadena) zu zeigen, was man sich da erst ausgedacht und dann
ausgestellt hat, und dabei gilt es für Watson immer wieder, die
Magenkrämpfe auszuhalten, die sich bei ihm regelmäßig einstellen, sobald eine Autorität anfängt, die Stirn zu runzeln, weil
ihr ein Detail der bald meterhohen Konstruktion im Cavendish-
Laboratorium in der Free School Lane nicht unmittelbar einleuchtet oder sich über die Drehrichtung bzw. Händigkeit der
schönen Schraube wundert. Tatsächlich sind schon viele meisterhafte Modelle und noch mehr elegante Entwürfe an wenigen hässlichen Tatsachen gescheitert, und es gibt keine Gewähr dafür, dass dieses Schicksal nicht auch Jim Watson ereilt
(was die Frage aufwirft, welche Rolle die Doppelhelix als symmetrische Konfiguration voller visueller Faszination in unserer Kultur spielen würde, wenn die Natur eine weniger attraktive und eher nichtssagende Struktur zum Erbmaterial
ihrer Wahl gemacht hätte).
   Darüber hinaus gilt es natürlich, das dazugehörige Manuskript abzufassen. Dabei kommt es vor allem darauf an, der eigenen spielerisch wirkenden Phantasie die hart erarbeiteten
Tatbestände der anderen Wissenschaftler geeignet an die Seite
zu stellen, die den Entwurf des Modells erst ermöglicht haben

und ohne deren Hilfe es nie hätte ersonnen werden können. Die Beteiligten einigen sich darauf, die Beschreibung der Doppelhelix voranzustellen und ihrer Präsentation erst die Ergebnisse der Röntgenstrukturanalysen von Wilkins und dann die Daten von Franklin (angeführt mit ihren jeweiligen Mitarbeitern) folgen zu lassen. Durch ein Schreiben an den in London ansässigen Herausgeber der Zeitschrift *Nature* sorgt Sir William Bragg, der Direktor des Cavendish Laboratory, dafür, dass alle drei Aufsätze in derselben Ausgabe erscheinen, damit es keinen Streit um die zeitliche Priorität gibt. Die Arbeit von Rosalind Franklin zeigt dabei die wunderbare Röntgenaufnahme, in der ein Kreuz – das »helical cross« – von einem Ring eingefasst ist und in der das ansonsten verborgene Urphänomen sich dem geschulten Blick zu erkennen gibt.

Die große Arbeit mit kleinen Scherzen

Das berühmte Duo Watson und Crick beginnt mit den ersten Entwürfen des Textes im März 1953. Die beiden versuchen, jedes Wort auf die Goldwaage zu legen, weil sie wissen, dass diese Veröffentlichung nicht so schnell in Vergessenheit geraten wird wie die meisten Fachpublikationen. Sie ahnen zumindest, dass sie etwas für die wissenschaftliche Ewigkeit verfassen, und mit diesem Hinweis gelingt es Jim auch, seine in Cambridge zu Besuch weilende Schwester dazu zu überreden, am letzten Märzwochenende die Schlussversion auf der Schreibmaschine zu tippen. Sie könne, so Jims Worte und tiefste Überzeugung, an einem Ereignis in der Geschichte der Biologie teilnehmen, das mit der Veröffentlichung von Darwins Werk *Über die Abstammung der Arten* vergleichbar sei. Also macht sich Elizabeth an die Arbeit und tippt zunächst einen für die Fachwelt zwar klaren, für nicht geschulte Ohren aber eher merkwürdig bleibenden Satz, dem sie einen zweiten folgen lässt, der in jedem Leser sofort durch sein elegantes englisches Understatement Aufmerksamkeit weckt: »We wish to suggest a structure for the salt of desoxyribose nucleic acid (D.N.A.). This structure has novel features which are of considerable interest.« (»Wir möchten eine Struktur für das Salz der Desoxyribonukleinsäure (DNA) vorschlagen. Diese Struktur zeigt neuartige Eigenschaften, die von beträchtlichem Interesse sind.«

Es ist genau dieser Aspekt, in dem der eigentliche Triumph der Doppelhelix liegt. Denn so raffiniert die bis zu diesem Zeitpunkt bekannten chemischen Strukturen auch waren und so wunderbar und leicht sich vor allem die Alpha-Helix als Spirale windet, all diese Konstruktionen standen trotz ihrer Eleganz und Schönheit schweigend da. Mit ihnen geht es uns wie dem berühmten K. in Kafkas Roman *Der Prozess*, der zu einer Anhörung geladen wird und beim Betreten des angegebenen Hauses eine Treppe erblickt: »Aus der Treppe folgte gar nichts, so lange man sie auch ansah.« Aus den bislang bekannten Strukturen folgte nichts, so lange man sie auch ansah. Sie gaben keinen Hinweis darauf, warum man sie brauchte und zwar gerade in dieser Form.

Die Doppelhelix hat dieses Problem nicht. Ihre Eleganz ist voller Eloquenz. Wer sie ansieht, erkennt oder ahnt zumindest, dass sie in der Lage ist, sowohl sich zu teilen – also etwas Neues hervorzubringen –, als auch etwas zu bewahren, nämlich die Reihenfolge der Basenpaare in ihrem Inneren. Die Funktion folgt auf wunderbare Weise aus der Form, wobei niemand behauptet, es sei leicht, dieses verdrillte Ding im konkreten physikalisch-chemischen Detail des zellulären Geschehens zu entspannen und zu entwirren, was ja geschehen muss, bevor man aus einem zwei Moleküle bzw. aus zwei Strängen vier machen kann (siehe DNA-Replikation).

Watson und Crick wollten sich auf gar keinen Fall mit der maßlos komplexen Entdrillung ihrer Doppelhelix befassen. Sie wollten sich allerdings um keinen Preis die Chance entgehen lassen, wenigstens schon einmal Anspruch auf die prinzipielle Erklärung dieses grundlegendsten aller Vorgänge zu erheben, die das Leben ausmachen. Um ihr Claim bzw. ihren Besitzanspruch auf diese Entdeckung abzustecken, denken sie sich den vielleicht berühmtesten, wahrscheinlich meistzitierten und beneidenswertesten Satz der Wissenschaftsgeschichte aus, der als Meisterleistung des britischen Understatement gefeiert wird. Kurz vor dem Ende des berühmt gewordenen Textes aus dem Frühjahr 1953 erfährt der Leser: »It has not escaped our notice that the specific pairing we have postulated immediately suggests a possible copying mechanism for the genetic material.« (»Es ist unserer Aufmerksamkeit nicht entgangen, dass die spezifische Paarbildung, die wir postuliert haben, unmittelbar einen möglichen Kopiermechanismus für das genetische Material nahe legt.«)

Dieser Satz ist präzise und vage zugleich, er stellt etwas fest und lässt es gleichzeitig offen, er weist die Richtung des Weges, ohne auch nur einen Schritt auf ihm zu gehen. Mitten in einer sonst nüchternen Wissenschaftsprosa finden wir also ein lebendiges Stück Literatur. Wenn gefragt wurde, wer auf diese Formulierung gekommen ist, hat Jim immer den Unschuldigen gespielt und auf Crick verwiesen. Wenn aber Crick für die maßgeblichen Formulierungen verantwortlich ist, wie kommt es dann, dass es Watsons Name ist, der in der Arbeit an erster Stelle genannt wird?

DNA-Replikation

Die DNA ist eins und doppelt zugleich. So offenkundig die Doppelhelix dazu gemacht ist, um sich erst zu teilen und dann zwei Doppelschrauben entstehen zu lassen, so deutlich ist auch, dass die Erkundung der technischen Details das Gegenteil darstellt und sehr im Dunkeln liegt. Wie öffnet sich der Doppelstrang? Wie beherrscht man die mechanische Spannung, die durch die Verdrillung zustande kommt und gelöst werden muss? Wie und wo beginnt die Neuanfertigung von DNA? Gibt es dafür einen ausgezeichneten Punkt in der sonst gleichförmig wirkenden Kette? Wie kommt es überhaupt zur Trennung? Und wie wird sie rückgängig gemacht?

Dies sind nur ein paar wenige Fragen, die sich um das Problem der DNA-Replikation (Vermehrung) stellen, das sofort anfängt, die Biochemiker zu beschäftigen. Zumindest im Prinzip ist der grundlegende Mechanismus der Genverdoppelung bzw. DNA-Replikation verstanden worden, und zwar in einem Experiment, das zu den schönsten zählt, mit denen die Wissenschaftsgeschichte aufwarten kann. Es stammt aus dem Jahr 1958 und wurde von Franklin Stahl und Matthew Meselson durchgeführt, die vor allem die Frage zu beantworten versuchten, ob bei einer Replikation der ursprüngliche Doppelstrang erhalten bleibt und die neu angefertigte DNA aus zwei frischen Einzelsträngen besteht, oder ob sich in den zwei Doppelsträngen, die aus einem werden, alte und neue DNA zusammenfinden (wobei hier andere denkbare Alternativen mit Zerstückelung der DNA außer Acht gelassen werden, obwohl sie die damalige Forschung ebenfalls beschäftigten). Wenn bei der Replikation die Einzelstränge so erhalten bleiben, dass sie sich einzeln und getrennt in der nächsten Generation wiederfinden, spricht man von einer »semikonservativen« Art der Vermehrung, weil die Hälfte »semi«) der ursprünglichen DNA erhalten bleibt (konserviert wird).

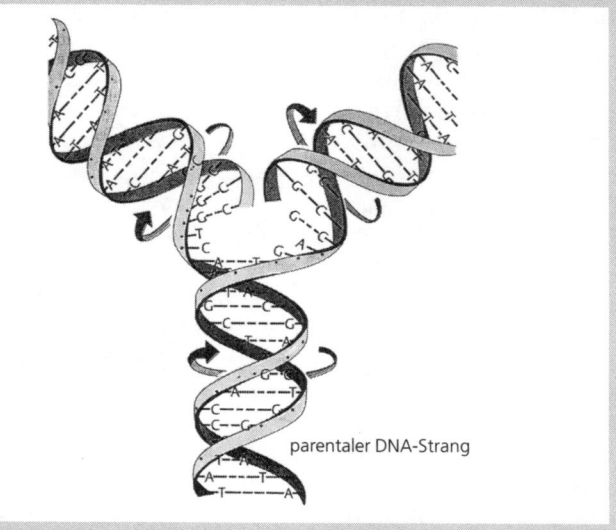

parentaler DNA-Strang

Semikonservative DNA-Replikation

Das klassische Experiment von Meselson und Stahl konnte diesen Vorgang indirekt sichtbar machen. Die beiden Wissenschaftler mussten dabei viele technische Entwicklungen nutzen, um die Eleganz zu erreichen, für die ihr Vorgehen gelobt wird. Zunächst züchteten sie Bakterien auf Nährstoffen, in denen radioaktiver Stickstoff steckte, der mehr Gewicht hat als die normale Form des Elements. Die Bakterien bauen die schweren Atome in beide Stränge ihrer DNA ein, die dadurch selbst schwerer wird. Nun handelt es sich dabei nicht um Mengen, die man ohne weiteres wiegen kann. Aber damals war gerade ein Verfahren entwickelt worden, das ermöglichte, ganz schwere DNA (mit zwei radioaktiven Fäden) von halbschwerer DNA (mit einem radioaktiven Faden) und erst recht von leichten DNA-Molekülen (ohne jede Radioaktivität) zu unterscheiden. In der wissenschaftlichen Terminologie handelt es sich um die analytische Ultrazentrifugation mit Dichtegradienten aus Cäsiumchlorid.

Die technischen Grundlagen für die Wissenschaft – für Watsons Doppelhelix war es die Röntgenstrukturanalyse und für Meselson und Stahl die Ultrazentrifugation – werden von vielen glänzenden Wissenschaftlern geschaffen, die oft im Schatten derjenigen bleiben, die geeignet um- und einsetzen, was sie in mühsamer Kleinarbeit vorbereitet haben. Die Wissenschaft steckt voller guter Geister, deren methodische Fortschritte die Schultern der Riesen bilden, die schließlich Menschen wie Watson erklettern können, um von hier aus – für die Menschheit – weiter zu sehen. Das hat Watson immer im Auge behalten, und er hat gerade die Menschen besonders geschätzt hat, die uneigennützig und unermüdlich die Grundlagen für die Möglichkeiten der Wissenschaft legen.

Die von Meselson und Stahl benutzte Methode, die kurz als Gleichgewichtszentrifugation bezeichnet wird, stellt im Wesentlichen das Werk von Jerome Vinograd dar und gehört heute zum Standardrepertoire molekularbiologischer Laboratorien. Das entscheidende Experiment begann mit Bakterien, die sich schwere DNA zugelegt hatten, bevor sie ohne radioaktiven Stickstoff auskommen mussten. Das Experiment zeigte, dass die DNA nach einer Generation halbschwer und nach der nächsten Runde der Replikation sogar leicht wurde. Damit war nachgewiesen, dass die Doppelhelix semikonservativ vermehrt wird, was zu den neuen Fragen führt, wie die Entwindung des Doppelstrangs vor sich geht und wie neue Einzelstränge konkret angefertigt werden.

An dieser Stelle haben die Biochemiker das Kommando übernommen, die von 1959 an Proteine gefunden haben, die für die Replikation sorgen. Nachdem man anfänglich meinte, mit ein oder zwei so genannten DNA-Polymerasen auskommen zu können, sind heute einige Dutzend Proteine bekannt, die für den Vorgang nötig sind, der so elementar wirkt und der im Prinzip so einfach scheint, nämlich aus einem Molekül zwei zu machen. Die Reproduktion von DNA ist weniger ein einfacher Kopiervorgang, selbst wenn die saloppe Formulierung anklingen lässt, mit der Watson und Crick behaupten, die spezifische Paarung, die sie postulieren, lege »unmittelbar einen möglichen Kopiermechanismus für das genetische Material« nahe. Die Anfertigung von DNA ist eher ein neues Rätsel des Lebens, das sich hinter dem gerade gelösten zeigt.

Diese Tatsache erklären beide übereinstimmend damit, dass sie sagen, sie hätten es ausgelost. Wenn das zutrifft, dann darf hinzugefügt werden, dass das Los extrem glücklich gefallen ist, und zwar aus sprachlichen bzw. aus witzigen ästhetischen Gründen. Zum einen konnte nämlich jetzt von einer WC-Struktur die Rede sein und also davon gesprochen werden, dass im Zentrum des Lebens ein WC steht. Zum zweiten lässt sich Watson-Crick viel besser aussprechen als die umkehrte Folge der Namen. Watson-Crick klingt geschlossen melodisch. Und so war es unvermeidlich, dass einige annahmen, der Doppelname der Doppelhelix stehe für eine Person, die eben Watson-Crick heißt, wobei es sogar vorkam, dass Jims Familienname als Vorname gelesen wurde. Der Klang von »Watson-Crick« verschweißt das Basispaar der Molekularbiologie, wie es die Natur mit den Basenpaaren in der DNA tut. Der Doppelname macht der Doppelhelix alle Ehre, weshalb bezweifelt wird, dass seine Reihenfolge dem Zufall zu verdanken sei.

Nature 171, 737 (1953)

Es gab jedenfalls viel zu feilen und zu formulieren, bevor das Manuskript am 2. April 1953 mit herzlichen Grüßen von Bragg an die Redaktion von *Nature* geschickt werden konnte, die es in ihrer Ausgabe vom 25. April brachte, wobei es sich offiziell um die 4356. Ausgabe der Zeitschrift handelt, die in Bibliotheken als Band 171 mit dem Aufsatz auf Seite 737 zu finden ist.

Wer diesen Band aufschlägt, erkennt den gesuchten Beitrag sofort an der eleganten Zeichnung der Doppelhelix, die sich deutlich von den anderen Illustrationen unterscheidet. Watson und Crick entschuldigen sich fast für die Augenweide, die sie wissenschaftlich interessierten Augen bieten. »Die Abbildung ist nur ein Diagramm«, steht in der Bildunterschrift, die dem Leser nicht verrät, dass er hier nicht auf das Werk von Forschern, sondern auf die Arbeit einer Künstlerin blickt. Es ist Odile Crick, die Frau von Francis, der wir dieses Bild der DNA verdanken und dem auch fünfzig Jahre Wissenschaftsgeschichte und fünfzigtausend nachfolgende Versuche, den Reiz der DNA einzufangen, nichts anhaben können. Es ist darum nicht ganz von der Hand zu weisen, dass der Eindruck, den die Doppelhelix bzw. die Arbeit über diese Struktur in *Nature* gemacht hat, letztlich auch der Schönheit der Zeichnung zu verdanken ist, die zwei verflochtene Bänder und deren höchst harmonische Bewegung zeigt, die aus der Form selbst hervorgeht.

Eine kleine Arbeit mit großen Problemen

Wer im selben Band von *Nature* die Ausgabe der Vorwoche (vom 18. April) zur Hand nimmt und die Seite 701 aufschlägt, wird eine weitere »Arbeit« von Watson finden. Unter dem großspurigen Titel »Terminologie in Bakteriengenetik« geben vier auf Europa verteilte Genetiker – in Paris, Zürich, Genf und

No. 4356   April 25, 1953   NATURE   737

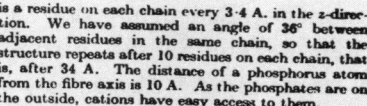

MOLECULAR STRUCTURE OF NUCLEIC ACIDS

A Structure for Deoxyribose Nucleic Acid

WE wish to suggest a structure for the salt of deoxyribose nucleic acid (D.N.A.). This structure has novel features which are of considerable biological interest.

A structure for nucleic acid has already been proposed by Pauling and Corey[1]. They kindly made their manuscript available to us in advance of publication. Their model consists of three intertwined chains, with the phosphates near the fibre axis, and the bases on the outside. In our opinion, this structure is unsatisfactory for two reasons: (1) We believe that the material which gives the X-ray diagrams is the salt, not the free acid. Without the acidic hydrogen atoms it is not clear what forces would hold the structure together, especially as the negatively charged phosphates near the axis will repel each other. (2) Some of the van der Waals distances appear to be too small.

Another three-chain structure has also been suggested by Fraser (in the press). In his model the phosphates are on the outside and the bases on the inside, linked together by hydrogen bonds. This structure as described is rather ill-defined, and for this reason we shall not comment on it.

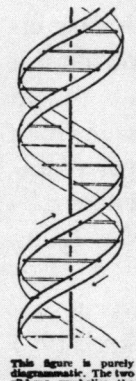

This figure is purely diagrammatic. The two ribbons symbolize the two phosphate—sugar chains, and the horizontal rods the pairs of bases holding the chains together. The vertical line marks the fibre axis

We wish to put forward a radically different structure for the salt of deoxyribose nucleic acid. This structure has two helical chains each coiled round the same axis (see diagram). We have made the usual chemical assumptions, namely, that each chain consists of phosphate diester groups joining β-D-deoxyribofuranose residues with 3',5' linkages. The two chains (but not their bases) are related by a dyad perpendicular to the fibre axis. Both chains follow right-handed helices, but owing to the dyad the sequences of the atoms in the two chains run in opposite directions. Each chain loosely resembles Furberg's[2] model No. 1; that is, the bases are on the inside of the helix and the phosphates on the outside. The configuration of the sugar and the atoms near it is close to Furberg's 'standard configuration', the sugar being roughly perpendicular to the attached base. There

is a residue on each chain every 3·4 A. in the z-direction. We have assumed an angle of 36° between adjacent residues in the same chain, so that the structure repeats after 10 residues on each chain, that is, after 34 A. The distance of a phosphorus atom from the fibre axis is 10 A. As the phosphates are on the outside, cations have easy access to them.

The structure is an open one, and its water content is rather high. At lower water contents we would expect the bases to tilt so that the structure could become more compact.

The novel feature of the structure is the manner in which the two chains are held together by the purine and pyrimidine bases. The planes of the bases are perpendicular to the fibre axis. They are joined together in pairs, a single base from one chain being hydrogen-bonded to a single base from the other chain, so that the two lie side by side with identical z-co-ordinates. One of the pair must be a purine and the other a pyrimidine for bonding to occur. The hydrogen bonds are made as follows: purine position 1 to pyrimidine position 1; purine position 6 to pyrimidine position 6.

If it is assumed that the bases only occur in the structure in the most plausible tautomeric forms (that is, with the keto rather than the enol configurations) it is found that only specific pairs of bases can bond together. These pairs are: adenine (purine) with thymine (pyrimidine), and guanine (purine) with cytosine (pyrimidine).

In other words, if an adenine forms one member of a pair, on either chain, then on these assumptions the other member must be thymine; similarly for guanine and cytosine. The sequence of bases on a single chain does not appear to be restricted in any way. However, if only specific pairs of bases can be formed, it follows that if the sequence of bases on one chain is given, then the sequence on the other chain is automatically determined.

It has been found experimentally[3,4] that the ratio of the amounts of adenine to thymine, and the ratio of guanine to cytosine, are always very close to unity for deoxyribose nucleic acid.

It is probably impossible to build this structure with a ribose sugar in place of the deoxyribose, as the extra oxygen atom would make too close a van der Waals contact.

The previously published X-ray data[5,6] on deoxyribose nucleic acid are insufficient for a rigorous test of our structure. So far as we can tell, it is roughly compatible with the experimental data, but it must be regarded as unproved until it has been checked against more exact results. Some of these are given in the following communications. We were not aware of the details of the results presented there when we devised our structure, which rests mainly though not entirely on published experimental data and stereochemical arguments.

It has not escaped our notice that the specific pairing we have postulated immediately suggests a possible copying mechanism for the genetic material.

Full details of the structure, including the conditions assumed in building it, together with a set of co-ordinates for the atoms, will be published elsewhere.

We are much indebted to Dr. Jerry Donohue for constant advice and criticism, especially on inter-atomic distances. We have also been stimulated by a knowledge of the general nature of the unpublished experimental results and ideas of Dr. M. H. F. Wilkins, Dr. R. E. Franklin and their co-workers at

Die erste Seite der historischen Arbeit von Watson und Crick in *Nature* vom 25. April 1953

Cambridge – auf kaum zwanzig Zeilen mit äußerst mageren Worten ihre Ansicht bekannt, dass es dringend nötig sei, die mögliche Bedeutung der Kybernetik für das künftige Verständnis von Bakterien zu berücksichtigen. Und aus diesem Grund schlagen sie vor, das, was man bislang unter Sexualität auf dieser Ebene verstand, mit einem neuen Wortungetüm zu kennzeichnen, mit der »interbakteriellen Information«.

Was Watson sich da mit einigen anderen im Spätsommer 1952 ausgedacht hat, stellt vor allem den Versuch dar, einen wissenschaftlichen Scherz zu verzapfen, wobei im Hintergrund der wachsende Neid eine Rolle spielt, den viele Genetiker damals auf die Erfolge von Joshua Lederberg hatten. Der in New York beheimatete Biologe hatte bereits 1946 die Fähigkeit der Bakterien entdeckt, ihr genetisches Material austauschen und neu mischen – also rekombinieren – zu können und diesen erfolgreichen Nachweis von Sex unter Bakterien mit einer nicht enden wollenden Reihe von zumeist schwülstigen Veröffentlichungen ausgekostet.

Viele Genetiker waren verärgert über Lederberg, der wenig Bereitschaft zur Kooperation zeigte und die Bakterienstämme zurückhielt, mit denen er arbeitete. Dies bot genug Anlass, einen Schabernack zu riskieren, und so konzipierte Watson mit Freunden in Weinlaune den kleinen Text, der auch brav von *Nature* gedruckt wurde, nachdem es ihm gelungen war, einen bekannten und geachteten Wissenschaftler – den in Genf ansässigen Jean Weigle – zu überreden, seinen Namen ebenfalls für den Vorschlag einer neuen »Terminologie« zur Verfügung zu stellen.

Was am Anfang für einen Schabernack gehalten wurde, bekam plötzlich eine gewisse Brisanz, weil Watson im April 1953 befürchten musste, dass die alberne Notiz direkt neben dem Meisterwerk abgedruckt werden würde, was seinem Image geschadet hätte. Aber er hatte Glück. Für die Präsentation der Doppelhelix brauchte *Nature* eine Woche länger, was nun wiederum einen Nachteil anderer Art für Jim mit sich brachte. Er verspürte nämlich das Bedürfnis, ein Mädchen auf seine

Rekombination

Was »Rekombination« bedeutet, findet sich knapp und klar im Glossar von Watsons Lehrbuch *The Molecular Biology of the Gene*: Rekombination bezeichnet das Erscheinen von (zwei oder mehr) Merkmalen in den Nachkommen, die in keinem der beiden Elternteile zusammen gefunden wurden (»the appearance in the offspring of traits that were not found together in either of the parents«). Rekombination meint also auf den ersten Blick etwas Selbstverständliches, nämlich die Neukombination von Eigenschaften in einem Kind, die zuvor getrennt bei Vater und Mutter zu finden waren. Doch auf den zweiten Blick wird diese Vermischung spannend, denn sie ist ein Indiz für Sexualität, was genauer heißt, für sexuelle Vermehrung. Bis in die Mitte der vierziger Jahre des 20. Jahrhunderts dachten die Biologen, dass Bakterien und Viren sich nur durch Teilung (»vegetativ«) vermehrten und in ihrem Leben ohne Sexualität auskommen mussten. Dann zeigte Joshua Lederberg, dass auch Bakterien wussten, wie man Geschlechtspartner findet und das eigene genetische Material mit dem ihrigen austauscht und vermischt. Bald drückte Rekombination die besondere Fähigkeit von Zellen aus, ihre DNA-Moleküle neu zusammenzusetzen, eben zu rekombinieren (ohne dass die molekulare Maschinerie dafür auch nur ansatzweise bekannt war). Die Veranlagung des Lebens zur Rekombination war schon früh in der Geschichte der Genetik ausgenutzt worden, um Gene zu orten und Genkarten anzufertigen. Die gedankliche Grundlage dafür steckt in der einfachen Überlegung, dass sich zwei Gene (und damit die von ihnen abhängenden Eigenschaften) schneller rekombinieren, wenn sie weiter voneinander entfernt liegen. Wenn die Rekombination ein zufälliger (statistischer) Vorgang ist, dann gibt es eben nur wenig Möglichkeiten, zwei Gene zu verbinden, wenn sie eng benachbart angeordnet sind, und es gibt viele Möglichkeiten, wenn ihr Abstand groß ist.

Für die Genetiker war die Rekombination also immer schon ein willkommenes Hilfsmittel, um die genetische Organisation von Lebensformen zu verstehen. Dass sie nach dem Zweiten Weltkrieg damit auch die Bakterien untersuchen konnten, war eine Grundvoraussetzung der molekularen Genetik, die sich nun zu entwickeln begann und zu Beginn der siebziger Jahre des vergangenen Jahrhunderts einen neuen Zugang zum Phänomen der Rekombination mit sich brachte. Damals wurde entdeckt, wie man die Rekombination aus den Zellen in ein Reagenzglas verlegen und dabei gezielt in die Hand nehmen kann. Das Verfahren ist zwar im Volksmund besser als Gentechnik oder Gentechnologie bekannt, aber wissenschaftlich entscheidend bleibt, dass es dabei darum geht, DNA zu rekombinieren.

»Recombinant DNA« – »Rekombinierte DNA« – heißt daher auch die Einführung, die Watson mit Kollegen zu diesem heiklen Thema der Wissenschaft vorlegt hat.

Es wird immer wieder – u.a. von Philosophen und Politikern – gefragt, wie das Neue in die Welt kommt. Darauf hört man alle möglichen Antworten, nur die nicht, die Biologen kennen und die allein zutreffend ist: »durch Rekombination«.

große Leistung hinzuweisen, und schlug ihr lässig vor, doch einmal eine Ausgabe von *Nature* zu kaufen. Dann würde sie sehen, was der junge Mann, der ihr die extrem teuren Karten für einen Ballettabend in London besorgt hatte, sonst noch alles konnte. Das Mädchen erwischte aber die Ausgabe vom 18. April, in der sie außer den erwähnten Albernheiten nichts fand, und reagierte alles andere als amüsiert.

Diese Geschichte wäre völlig banal, wenn sie nicht auf ein Problem hinweisen würde, mit dem der junge Held der Genetik allmählich immer mehr zu kämpfen hatte. Über die Sexualität von Bakterien und anderen Lebewesen hatte er sich als Genetiker wahrlich genug Gedanken gemacht, und wenn die DNA neben der Vermehrungsfähigkeit ein weiteres offensichtliches Thema in den Mittelpunkt stellte, dann war es die Paarung und das sich gegenseitige Umschlingen von Einzelnen. Zudem ist wohl anzunehmen, dass es in Watsons Umfeld nicht gerade wie in einem Kloster zuging. Crick war schon zum zweiten Mal verheiratet und überhaupt ein attraktiver Mann, während Watson bei allen Partys mehr oder weniger leer ausging. Seinen fünfundzwanzigsten Geburtstag feierte er am 6. April in Paris als ein junger Mann, der den attraktiven Mädchen am Montmartre bestenfalls aus der Ferne nachschaute. Nur Peter Pauling, der Sohn des gefeierten Chemikers Linus Pauling, war bei ihm, der sich allerdings bei den Mädchen so großer Erfolge erfreute wie sein Vater bei seinen Untersuchungen von Biomolekülen – was Jim allerdings zu ignorieren versuchte.

Genes, Girls, and Gamow

»Es gehört zu den in der ganzen Welt anerkannten Wahrheiten, dass ein allein stehender Mann, der im Besitz eines großen Vermögens ist, auf der Suche nach einer Frau sein muss.« So heißt es in Jane Austens Roman *Stolz und Vorurteil*, und so steht es als Motto in dem zweiten autobiografischen Band, in dem Watson unter dem Titel *Genes, Girls, and Gamow* – mit einem Vorwort von Peter Pauling – erzählt, wie sich sein Leben im Schatten der Doppelhelix entwickelt hat, wobei die Mädchen in der Mitte des Titels das Hauptgewicht tragen (und der Name Gamow noch erklärt wird, siehe S. 124). Jim war im Besitz eines großen (geistigen) Vermögens, und er war auf der Suche – nicht unbedingt nach einer Frau fürs Leben, sondern überhaupt nach einem Mädchen, das sich für ihn interessierte.

Wie er sehr viel später einmal in einem Interview behauptet hat, scheint sein erster Gedanke nach dem Erblicken der Doppelhelix der gewesen zu sein, dass er es nun wirklich verdiene, ein Mädchen zu finden, »a girlfriend, appropriate for my new fame«. Wie soll man den Erfolg genießen, wenn man mit niemandem das Glück teilen kann? Doch als Jim Anfang April auf dem Weg an die französische Atlantikküste in Paris Zwischenstation macht und die langhaarigen Schönen in der Nähe von St. Germain-des-Prés sieht, muss er zugeben, dass sie nichts für ihn sind, »they were not for me«, wie er resignierend resümiert. Und so muss man sich einen traurigen jungen Wissenschaftler vorstellen – trotz der bevorstehenden Aussicht, in Kürze die Riviera zu erreichen, und der langfristigen Aussicht, eine Einladung aus Stockholm zu erhalten, um den König zu treffen (der ja vielleicht wie im Märchen eine Tochter hat).

Eine erste Liebe

»They were not for me.« Wohl wahr. Aber wer ist für ihn? Erwidert wirklich niemand seine freizügig ausschwärmenden und verliebten Blicke? Seine erste Liebe lernt Jim schon bald kennen, und zwar – wie soll es anders sein? – in Cold Spring Harbor, wohin er am 1. Juni von London aus aufbricht, nachdem Max Delbrück ihn eingeladen hat, die Doppelhelix und ihre Folgen auf einem Symposium vorzustellen, das auf dem Gelände des Laboratoriums stattfindet und sich mit Viren beschäftigt. Es soll die erste öffentliche Präsentation des Modells werden, und so arbeitet Jim zusammen mit Crick das Vortragsmanuskript sehr sorgfältig aus, unter anderem weil er zum ersten Mal erörtern soll, wie sich nach Cricks und seiner Vorstellung aus der Struktur mit ihren aneinander gereihten bzw. aufeinander gestapelten Basenpaaren das Auftreten von spontanen Mutationen erklären lässt.

Das Flugzeug, das ihn zu dem großen wissenschaftlichen Auftritt nach New York bringt, ist übrigens fast leer, da die meisten Menschen in entgegengesetzter Richtung unterwegs sind, um Zeugen eines größeren gesellschaftlichen Auftritts – der Krönung von Elizabeth II. – zu werden. Das zum ersten Mal im Fernsehen übertragene Ereignis, mit dem sich so etwas wie ein neues Medienzeitalter andeutet, ist für den 2. Juni geplant. Es gibt übrigens noch ein drittes Ereignis aus diesen Tagen zu feiern, nämlich die erste Besteigung des höchsten Berges der Welt. Edmund Hillary und Sherpa Tenzing Norgay haben – gerade noch rechtzeitig vor der Krönungszeremonie – am 29. Mai auf dem Gipfel des Mount Everest, des Dachs der Welt, gestanden.[1]

Zum Symposium im Cold-Spring-Harbor-Laboratorium sind fast dreihundert Teilnehmer erschienen, die voller Spannung auf den verspätet ins Programm genommenen Vortrag von Watson warten. Die Zuhörer sind bereits mit Kopien des Artikels aus *Nature* versorgt, als er seinen Vortrag beginnt. Er tritt in den USA so auf, wie er es sich in England nie getraut hätte, nämlich mit offenem Hemd, das er locker über der kurzen Hose trägt, aus der seine nackten und keineswegs athletischen Beine hervorkommen, die in Schuhen ohne Schnürsenkel stecken. Diese Lässigkeit wird bald zum guten Ton der Molekularbiologen gehören, die sich als eigene »scientific community« verstehen und in den kommenden Jahrzehnten neben einem Trend der männlichen Mitglieder zu langen Haaren und dichten Bärten vor allem durch ihre bunte, nonkonformistische äußere Erscheinung auffallen. Auf diese Weise geben sie der herrlichen Vorschrift »Kleidung beliebig, aber erwünscht« ihren lässigen Sinn für wissenschaftliches Tagen und Arbeiten.

Das Publikum in Cold Spring Harbor ist entzückt und erstaunt, natürlich mehr über die solide Doppelhelix als über die lockere Präsentation. Komplizierte Fragen werden kaum an Watson gerichtet – sieht man von einem Teilnehmer ab, der wissen will, ob der Wissenschaftler sich Gedanken über eine mögliche Patentierung der Doppelhelix gemacht hat. Ein merkwürdiger Gedanke, der aber blitzartig die kommerzielle Dimension der Genetik erkennen lässt, die uns heute so vertraut ist. Die Frage nach dem Patent hat Leo Szilard gestellt, ein aus Ungarn stammender Physiker, dem zwanzig Jahre zuvor in den Sinn gekommen war, dass die Energie der Atome bestenfalls in einer so genannten Kettenreaktion freigesetzt werden kann und diesen Einfall zum Patent angemeldet hatte – lange bevor man die Möglichkeit der Kernspaltung tatsächlich erkannt hatte.

Szilard lebt von seinen wissenschaftlichen Patenten, aber Watson ist, wie man sich vorstellen kann, nicht auf diese kommerzielle Erkundigung vorbereitet. Er reagiert eher erschrocken, gibt eine verneinende Antwort, kann aber die Frage nicht ganz vergessen. Doch im Sommer 1953 steht ihm der Sinn eher nach etwas anderem. Schließlich ist in Cold Spring Harbor der Besuch eines siebzehnjährigen Mädchens mit braunem Haar angekündigt, das Jim schon einmal getroffen und das ihm gefallen hat. Es ist Christa, die Tochter des 1904 in Deutschland geborenen Evolutionsbiologen Ernst Mayr, der hauptberuflich Professor für Zoologie an der Harvard University im amerikanischen Cambridge war und im Sommer 1953 eine Zeitlang im Cold Spring Harbor Laboratory auf Long Island verbrachte.

Watson hatte Mayr drei Jahre zuvor zum ersten Mal getroffen und bei dieser Gelegenheit auch seine beiden Töchter kennen gelernt. Nun sollte er die jüngere, Christa, wiedersehen. Nach ihrer Ankunft in Cold Spring Harbor nutzten die beiden die wohlig warmen Abende zu langen Strandspaziergängen, aber nur um sich viel zu erzählen und zu beweisen, dass sie ohne viel Schlaf auskommen. Jim ist verliebt, aber er fasst Christa nicht an, obwohl er spürt, dass sie seine Zuneigung erwidert. Als er im Juli nach England zurückkehrt, wo er sich über seine künftigen Forschungsziele klar werden muss, ist seine innere Traurigkeit geschwunden.

Zum Stand der Forschung

Das neue Ziel hat – wie die DNA – drei Buchstaben – und bezeichnet die andere Sorte von Nukleinsäure, die in den Zellen der Organismen zu finden ist. Sie heißt RNA, wobei das R den Zucker, Ribose, abkürzt, der in der RNA mit der Phosphatgruppe und einer Base ein Nukleotid als Baueinheit ergibt. Der Zucker ist nicht der einzige Unterschied zwischen DNA und RNA, in der zwar die Basen A, G und C, nicht aber das T auftaucht. Dafür enthält die RNA eine verwandte Struktur, die Uracil heißt und mit U abgekürzt wird.

Die überraschend mannigfaltige RNA

In einer Epoche, die durch den Glanz der Doppelhelix aus DNA erkennbar wird, verliert man leicht andere Moleküle aus dem Auge, die auch von Interesse sind. Dazu gehört die RNA, die heute immer noch als Mauerblümchen der Genetik gilt. Der etwas andere Zucker und die besondere Base Uracil machten die RNA nicht gerade sympathisch, deren Funktion man auf die einer Verbindung zwischen den Genen und den Proteinen reduzieren wollte. Mit dem entsprechenden Nachweis hat sich Watson lange abgemüht. Doch nach und nach zeigte sich, dass die RNA mehr ist als der Bote (»messenger RNA«, abgekürzt mRNA), der die genetische Information an die Zellmaschinerie weitergibt, die Proteine anfertigt. Die Molekülsorte kann bei dieser Aufgabe auch strukturelle und adaptive Funktionen übernehmen, wobei sie dann als ribosomale RNA (rRNA) oder als Transfer-RNA (tRNA) in den Lehrbüchern geführt wird. Das Attribut »ribosomal« rührt von den Zellorganellen her – den so genannten Ribosomen –, mit deren Hilfe Proteine hergestellt werden, und »Transfer« meint tatsächlich einen Transfer, und zwar den Übertrag eines Proteinbausteins aus der Zelle auf das wachsende Molekül.
Die drei genannten RNA-Sorten galten jahrelang als das gesamte Angebot der Zelle, doch in den letzten Jahren sind immer mehr RNA-Moleküle entdeckt worden, die an vitalen Prozessen teilnehmen, ohne in die genannten Kategorien zu fallen. So kennt man inzwischen winzig kleine RNA-Moleküle (abgekürzt Mikro-RNA oder miRNA), die zum Beispiel zur zeitlichen Kontrolle der Entwicklung beitragen, die Lebensformen durchlaufen müssen, wenn sie aus einer Eizelle einen Organismus hervorbringen wollen. Außerdem hat man entdeckt, dass Zellen in der Lage sind, mRNA-Moleküle an ihrem Botengang zu hindern, falls dies plötzlich nötig wird. Man spricht dann von »silencing mechanisms« und nennt das zum Schweigen-Bringen RNA-Interferenz (RNAi), wobei es RNA-Moleküle selbst sind, die hier eingreifen. Man hat den Verdacht geäußert, dass die Gene der Zelle sich auf diese Weise vor dem Angriff von solchen Viren schützen, deren genetisches Material aus RNA besteht. Übrigens gibt es zwei Wege, einem Boten ins Gehege zu kommen. Wenn sie RNA-Interferenz betreibt, kann die

Zelle entweder so vorgehen, dass sie den Boten nur an seiner Tätigkeit hindert, oder sie kann ihn zerlegen und verschwinden lassen. Die Überraschungen auf diesem Gebiet der Forschung reißen nicht ab. Zwischen den Genen und den Proteinen, die bislang die meiste Aufmerksamkeit auf sich gezogen haben, taucht eine neue Welt auf, die dem bisherigen Wechselspiel aus DNA und Protein einen dritten Partner an die Seite stellt, der sich wie eine Art Händler zwischen Produzent und Verbraucher stellt. Vielleicht beginnt mit diesem Zwischenreich die Zeit der Biologie nach Watson.

Seit seiner Ankunft in Cambridge – also seit Herbst 1951 – hatte Watson aufmerksam gelesen, was über die RNA berichtet wurde. Sie schien sich in größeren Mengen immer dort zu befinden, wo es auch viele Proteine gab. Und so wichtig die DNA war, die wichtigsten Moleküle für eine Zelle und ihr Leben blieben die Proteine, die alle möglichen Aufgaben übernehmen konnten und als extrem vielseitig galten. Am bekanntesten war ihre katalytische Funktion, die darin besteht, dass Proteine helfen, chemische Reaktionen stattfinden zu lassen, die ohne ihr Beisein wesentlich länger brauchen würden. Proteine, die für stoffliche Umwandlungen – wie etwa den Stoffwechsel einer Zelle – sorgen, heißen Enzyme, weil sie »in der Hefe« (griech. *en zyme*) – im Sauerteig – entdeckt worden sind. In den frühen vierziger Jahren des 20. Jahrhunderts hatten Genetiker eine unglaublich einfache Verbindung zwischen den Enzymen einer Zelle und ihren Genen entdeckt. Offenbar war ein Gen in der Lage, für ein Enzym zu sorgen, wobei Beispiele dafür gefunden wurden, dass einer Zelle ein bestimmtes Enzym fehlt, wenn eines ihrer Gene mutiert worden ist und ausfällt.

Aus Genen werden also in einer Zelle Enzyme, wie man zuerst speziell zu sagen wusste, um dann bald allgemeiner zu vermuten, dass Gene in Proteine überführt werden: Eine Zelle nutzt ihre DNA, um mit ihrer Hilfe Proteine anzufertigen. Die Herstellung – Synthese – von Proteinen sollte das große Thema der kommenden – größtenteils von Crick dominierten – Molekularbiologie werden, wobei man im Sommer 1953 allmählich anfing, einige Kenntnisse über Proteine zu haben. Schon länger bekannt war, dass sie ähnlich kettenartig gebaut waren wie die Nukleinsäuren, allerdings mit völlig anderen Kettengliedern. Statt aus Nukleotiden setzten sich die Proteine aus Bauteilen zusammen, die unter Chemikern als Aminosäuren bekannt waren und von denen etwa zwanzig Stück in den natürlich vorkommenden Proteinen einer Zelle nachgewiesen waren.

Wenn man heute – rückblickend – liest, dass die DNA in ihrem Zentrum eine Folge (Sequenz) von Basen bzw. Basenpaaren aufweist und ein Protein durch seine Folge von Aminosäuren charakterisiert werden kann, vermutet man sogleich, dass es auch eine Art von genetischem Code geben muss, der vorschreibt, wie die eine Sequenz in die andere überführt wird, wie aus den aufgereihten Gliedern der einen Kette (DNA) die ebenso aufgereihten Glieder der anderen Kette werden. Doch um diese Frage zu klären, muss man sehr genau über die beiden verbindenden Seiten informiert sein – und da gab es einige Unsicherheiten bei den Proteinen. Lange Zeit hindurch achtete man mehr auf ihre Funktionen und die Reaktionen, die sie ermöglichen, und lange stellte man sich ihren Aufbau mehr als einen lockeren Verbund von aktiven Gruppen vor denn als ein gegebenes Gerüst von festen Bauteilen.

Was wir heute über die Proteine wissen, ist vor allem Fred Sangers Untersuchungen an dem Hormon Insulin zu verdanken, das beim Stoffwechsel des Zuckers eine maßgebliche Rolle spielt und dessen Fehlen oder fehlerhaftes Funktionieren im menschlichen Körper der Zuckerkrankheit (*Diabetes mellitus*) zugrunde liegt. Protein meint eine Stoffklasse, während Hormon eine Funktion anspricht. Proteine können Enzyme sein, aber auch als Hormone Wirkung entfalten, und das Insulin liefert dafür ein Beispiel.

Das Insulin ist ein kleines Protein, zusammengesetzt aus nur etwas mehr als fünfzig Bausteinen (Aminosäuren), die in zwei

Schritten mit rund dreißig bzw. zwanzig Einheiten analysiert werden konnten. Sanger begann damit Ende der vierziger Jahre – und zwar ebenfalls in Cambridge –, und pünktlich zur Präsentation der Doppelhelix im Jahre 1953 schlossen er und seine Mitarbeiter ihre Analysen des Insulins ab und gaben den Aufbau des Proteins, das als Hormon funktionierte, bekannt. Sanger konnte eine Sequenz von Aminosäuren angeben, durch die Insulin festgelegt war, und damit bestimmte er nicht nur, wie man sich den Aufbau von Proteinen vorzustellen hatte, er zeigte auch, welches Problem in der Molekularbiologie nach einer Lösung verlangte: Wie wird aus der Reihenfolge der DNA-Bausteine die Reihenfolge der Proteinbausteine? Wie wechselt die Zelle von der Sequenz der Nukleotide bzw. der Basen zu der Sequenz der Aminosäuren?

Diese Fragen beinhalteten zwei zu lösende Aufgaben. Da war zum einen das allgemeine Problem, durch welchen Code die Übertragung erfolgt. Die Idee des Codes stellte dabei für die Biologen keine Überraschung mehr da – vor allem nicht für Watson, dem dieser Begriff zum ersten Mal bei der Lektüre von Schrödingers *Was ist Leben?* begegnet war. Schrödinger selbst hatte von einem »Codescript« der Gene gesprochen, weil er das Besondere der Erbanlagen in ihrer Fähigkeit sah, Ordnung hervorzubringen. Als Physiker war er mehr an Systeme gewöhnt, die spontan zerfallen, und diesen Abbau beschreibt er als Entropie, als Vorrat an Unregelmäßigkeit. Schrödinger merkte aber, dass lebende Systeme besser mit dem Gegenteil der Entropie zu erfassen sind: Dafür verwendete er einen allgemein bekannten Namen, die Information. Gene tragen Informationen, so mutmaßte er bereits in der Mitte der vierziger Jahre, und was bei ihm noch ein eher abstraktes Konzept war, verwandelte sich nach dem Zweiten Weltkrieg in einen konkret messbaren und handhabbaren Vorschlag, der den Molekularbiologen, die nun konkret von biologischen oder genetischen Informationen sprechen konnten, die sich in der DNA bzw. in der Reihenfolge ihrer Nukleotide oder Basen befanden, gerade zupass kam.

In ihrem ersten berühmten Artikel vom April 1953 sprechen Watson und Crick noch nicht explizit von Information – das tun sie erst in ihrem zweiten, der im Mai erscheint und in dem sie die von ihnen vorgestellte Molekülstruktur als »Code, der die genetische Information trägt« charakterisieren. Besser verstehen sowohl sie als auch ihre Kollegen damals noch den alten Ausdruck der Spezifität (»specificity«), der sowohl für die DNA als auch für Proteine galt. So war bekannt, dass Enzyme nur eine einzige chemische Reaktion katalysieren, und diese Eigenschaft nannte man ihre Spezifität, die es zu erklären galt. Was ein Protein spezifisch – zum Spezialisten für etwas – machte, musste in der DNA stecken, wobei ein genetisches Molekül seine spezifischen Eigenschaften durch die genaue Reihenfolge seiner Basen bzw. Nukleotide bekam.

Die Wahl des Themas

Spezifität und Information – damit ließen sich in aller Kürze die Kenntnisse in allgemeiner Form darstellen, mit denen man sich ab 1953 an die weitere Aufklärung der Vorgänge machen konnte, die zur Vererbung gehören. Watson hatte dabei von Anfang an der experimentellen Beobachtung (dank der biochemischen Analyse) große Aufmerksamkeit geschenkt, dass die DNA zwar im Zellkern zu finden war, dies aber nicht auch der Ort war, an dem die Proteine montiert wurden. Die Aminosäuren schwammen außerhalb des Zellkerns – im so genannten Zellplasma – umher, woraus sich der Schluss ergab, dass es einen Zwischenträger der Information geben musste, der den Ortswechsel vornehmen konnte. Für Watson kam dafür nur die RNA infrage, und bereits im November 1952 hatte er in einer Art träumerischer Anwandlung ein allgemeines Schema für die Synthese von Proteinen zu Papier gebracht, bei dem es zwei Schritte zwischen drei Stufen gab, nämlich DNA → RNA → Protein. Dabei war ihm von Anfang an klar, dass es nicht auf die Energie ankam, die dabei auch fließen musste, sondern

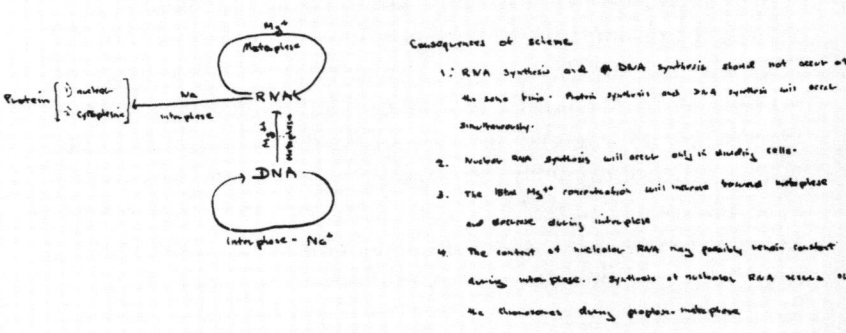

Watsons frühes Schema für die Verbindung von DNA, RNA und Proteinen

dass hier eine andere Größe die Richtung angab – eben die Information, wie wir heute wissen und wie er damals sicher ahnte.

Vermutlich hatte Watson – vor der Entdeckung der Doppelhelix – keine genaue Vorstellung von dem, was mit seinen Pfeilen im Detail gemeint sein könnte und welche Mechanismen hier wirken würden. Aber erneut fällt die übergroße intuitive Sicherheit auf, mit der er viele Tatbestände und Einzelheiten übergeht, um einen grundlegenden Zug der Natur herauszuholen, mit dessen Hilfe Experimente sich ausdenken lassen, deren Antworten die Wissenschaft vorantreiben können.

Dieses traumwandlerische Erfassen wiederholt sich in den Julitagen des Jahres 1953, als Watson mit Crick beim Mittagessen im »Eagle« herauszufinden versucht, welche Aminosäuren von einer Zelle benutzt werden, um die nötigen Proteine anzufertigen. Den Chemikern ist es gelungen, insgesamt über fünfundzwanzig zu unterscheiden, was jedoch nicht heißt,

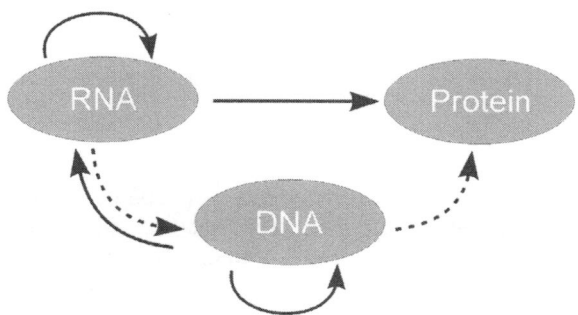

Das zentrale Dogma der Molekularbiologie von Francis Crick

dass alle beim ursprünglichen Bau eines Proteins verwendet werden. Es besteht immer die Möglichkeit, nachträglich Modifikationen vorzunehmen, und Watson und Crick versuchen zu ermitteln, welche Aminosäuren als natürlicher Grundstock der Proteinsynthese infrage kommen können.

Den beiden gelingt es, aus den fraglichen Kandidaten die magischen zwanzig Aminosäuren in einer Liste zusammenzustellen, die tatsächlich von der Natur benutzt werden, wenn sie in einer Zelle Proteine herstellt, und die heute in den Lehrbüchern der Molekularbiologie aufgeführt werden. Woher kommt ihre unglaubliche intuitive Sicherheit, die ihre Hervorbringungen vielen anderen wissenschaftlichen Ergebnissen so überlegen macht?

Die magischen zwanzig Aminosäuren

(Name der Aminosäure in der Originalreihenfolge, gefolgt von der gebräuchlichen Abkürzung):
Glycin (Gly), Alanin (Ala), Valin (Val), Leucin (Leu), Isoleucin (Ile), Serin (Ser), Threonin (Thr), Asparaginsäure (Asp), Asparagin (Asn), Glutaminsäure (Glu), Glutamin (Gln), Lysin (Lys), Arginin (Arg), Cystein (Cys), Phenylalanin (Phe), Tyrosin (Tyr), Tryptophan (Trp), Histidin (His), Prolin (Pro)

$$\overset{\oplus}{H_3N} - \overset{\overset{\textstyle H}{|}}{\underset{\underset{\textstyle R}{|}}{C}} - COO^{\ominus}$$

Aufbau einer Aminosäure. Alle Aminosäuren haben das gleiche Gerüst mit veränderlichen Seitenketten, die im Bild mit R abgekürzt wird (für Rest). Die einfachste Seitenkette hat Glycin. Sie besteht nur aus einem Wasserstoff (H). Ziemlich kompliziert sehen Tryptophan und Arginin aus. Sehr eigenwillig ist Prolin, weil die Seitenkette sich auf den links gezeichneten Anfang des Moleküls zurückbiegt und dort festmacht.

Eine einfachere Frage lautet: Wie war das Thema überhaupt auf die Speisekarte gekommen? Auslöser des erfolgreichen Bemühens war ein Brief, der am 8. Juli 1953 an die »Geehrten Doktoren Watson und Crick« geschrieben worden war und in dem der russische Physiker George Gamow die Aufregung schilderte, die sich seiner bei der Lektüre der Publikationen über die Doppelhelix bemächtigt hatte. Die Struktur der DNA erlaubte es – Gamow zufolge –, einen Organismus durch eine Buchstaben- oder Zahlenfolge zu charakterisieren, je nachdem, wie man die Basen notiert. Man kann dies mit ihren Anfangsbuchstaben A, T, G und C oder mit den Ziffern 1, 2, 3 und 4 tun, wenn man sagt, welche Ziffer für welchen Buchstaben steht. Insgesamt könne er sich vorstellen, eine Theorie des Lebens zu entwickeln, die auf einer Theorie der Zahlen und ihren Kombinationen beruht, und er führte ein paar – allerdings nicht sehr ernst gemeinte – Beispiele dafür an. Gamow konnte sich zum Beispiel vorstellen, dass die DNA einer Katze dadurch charakterisiert ist, dass nach einem A immer ein C folgt, und zwei Gs hintereinander erkennen lassen, dass es sich um einen Hering handelt.

Wenn dies auch nur Scherze waren, so brachten sie Watson und Crick doch dazu, über die korrekte Zahl der Aminosäuren zu grübeln, was ihnen auch in einem euphorischen Schwung gelungen ist. Natürlich gab es die Möglichkeit, Aminosäuren zu verwerfen, die offenbar durch die Veränderung einer anderen entstehen konnten. Aber dieses rationale Argument funktioniert nicht in allen Fällen und erklärt vor allem nicht, warum sich die beiden an keiner Stelle geirrt und beim Mittagessen den richtigen (und fast auch vollständigen) Katalog der Aminosäuren verfasst haben.[2]

Ein weiterer Grund für das Bemühen, die Zahl der Aminosäuren zu senken, bestand darin, dass es letztlich galt, den Code zu finden, der aus den vier Bausteinen der DNA die jetzt mit zwanzig festgelegten Bausteine eines Proteins machte. Ein Nukleotid bzw. eine Base alleine konnte es nicht sein, die eine Aminosäure festlegte, denn es gab nur vier DNA-Bausteine. Zwei von ihnen konnten zu vier mal vier als sechzehn Kombinationen genutzt werden, wobei diese Quadratzahl vielleicht das eigentliche Ziel des mittäglichen Abzählens war. Allerdings sahen Watson und Crick keine Chance, unter zwanzig zu kommen, was bedeutete, dass mindestens eine Folge von drei Basen nötig war, um eine Aminosäure zu codieren.

Die Wahl des Ortes

Doch so weit denkt im Sommer 1953 noch niemand, und Watson ist vor allem mit dem Abschied von England und der Rückkehr in die USA beschäftigt. Er will nach Kalifornien, um sich in Delbrücks Gruppe am Caltech mit der RNA und ihrer Struktur konkret zu befassen. Die lange Strecke wird in Etappen zurückgelegt, wovon die erste die Schiffspassage von Southampton nach New York ist. Daran schließt sich eine Reise durch die USA an, die unter anderem über das Cambridge der Neuen Welt führt, wo Jim es sehr schmerzt, Christa nicht anzutreffen, als er bei ihren Eltern klingelt. Die Fahrt geht also ohne ein Wiedersehen weiter nach Chicago. Dort besucht Jim seine Mutter, die ihm von der bevorstehenden Heirat seiner Schwester erzählt. Von hier aus fliegt er im Oktober nach Los Angeles, wo er den Bus nach Pasadena besteigt.

Die ersten Tagen in der neuen Umgebung vergehen rasch, da ein wissenschaftliches Meeting auf dem Programm steht, bei dem es viel zu erzählen und zu lernen gibt, doch dann wird sich Watson plötzlich bewusst, dass die schönen Tage von Europa zu Ende sind, und diese Einsicht trifft ihn hart: »The full horror of being in Pasadena hit me«, wie er in seiner Erinnerungen schreibt. Sein Schock erschließt sich einem, wenn man die kalifornische Universitätsstadt mit dem britischen Cambridge vergleicht. Seine Abneigung fängt mit dem Smog an, der über der Stadt lastet und das berühmte Blau des kalifornischen Himmels hinter einer gelblich-braunen Schicht verschwinden lässt, und verstärkt sich, weil er einsehen muss, dass er ohne Auto nirgendwohin kann. In Kalifornien muss man einen Führerschein haben und ein Auto besitzen, selbst wenn man den Smog noch unerträglicher macht. Watson entscheidet sich zwangsläufig, Fahrstunden zu nehmen, auch wenn er dafür nicht besonders talentiert ist.

Was er in Pasadena außerdem vermisst, ist die wundervolle Architektur der altehrwürdigen Gebäude von Cambridge. Noch an seinem letzten Tag auf britischem Boden hat er sich nicht satt sehen können an der Wren-Bibliothek des Trinity College. Pasadena hat aber das für amerikanische Verhältnisse traditionsreiche Caltech aufzuweisen, an dem immerhin so hervorragende Wissenschaftler wie der Chemiker Pauling und der Biologe Delbrück tätig sind. Und überdies gibt es vor Ort noch den legendären Physiker Richard Feynman, mit dem er gut zurechtkommt. Doch trotz dieser Forschungsgrößen und der anregenden intellektuellen Atmosphäre, die sie um sich verbreiteten, bleibt eine äußerst schmerzhafte Leerstelle in diesem Abschnitt von Watsons wissenschaftlichem Leben: die Abwesenheit von Crick, der eine Stelle in Brooklyn antreten wird. Noch wirkt der Zauber der Doppelhelix nicht, noch lässt die Anerkennung auf sich warten, und so gibt es für den verheirateten Crick keine andere Wahl; er muss einige Zeit in New York verbringen, um Geld für den Unterhalt seiner Familie zu verdienen, wobei es ihm vorkommt, wie im Exil zu sein.

Bevor Watson sich Anfang der fünfziger Jahre für Europa und Cambridge entschied, hatte er geglaubt, es gäbe keinen besseren Platz auf der Welt als das Caltech und kein größeres Glück als die Möglichkeit, zu Delbrücks Gruppe zu gehören. Nun, nach der Entdeckung der Doppelhelix und nach der Begegnung mit Crick, erscheint ihm diese Welt nicht mehr so attraktiv, wobei er sich vor allem darüber wundert, wie viele intelligent wirkende Leute in glänzend ausgestatteten Laboratorien sich mit Problemen beschäftigen, deren Lösung ihm bestenfalls dazu geeignet scheint, einen weiteren rasch und zu Recht vergessenen Beitrag für den wachsenden Haufen an akademisch erzeugter Trivialität zu liefern.

Wieder fällt auf, mit welch klarsichtiger Sicherheit er nicht nur gute und schlechte, sondern vor allem Erfolg versprechende und erfolglos bleibende Wissenschaft zu unterscheiden vermag, und erneut hält er sich nicht an irgendwelche Vorgaben oder Vereinbarungen, um auf die Spur des Erfolgs zu kommen. Selbst seine hohe persönliche Verehrung für Delbrück (und die nach wie vor große Zuneigung für seine Frau) hindern ihn nicht daran, sich aus dem Dunstkreis des großen Mannes zu entfernen, um stattdessen mehr mit einem Biologen zusammenzukommen, der eher zu Paulings Gruppe zählt und damit eine andere Richtung des biologischen Denkens verfolgt als Delbrück.

Es handelt sich um Alexander Rich, der den Vorteil hat, schon so unabhängig von Pauling zu sein, dass Watson nicht befürchten muss, vom genetischen Regen in die biochemische Traufe und zu sehr unter den Einfluss des Chemie-Gurus zu geraten. Auch Rich hat sein Interesse an der RNA entdeckt, und die beiden wollen sich gemeinsam mit Hilfe von Röntgenstrukturanalysen an die Erkundung ihrer Struktur machen. Leider zeigen aber die dabei entstehenden Bilder, dass die RNA komplizierter gebaut ist als die DNA und auf keinen Fall eine derart wohl definierte Struktur besitzt, wie sie die Doppelhelix zeigt.

Der Auftritt des George Gamow

Zwar entwickelt Watson zusammen mit anderen Wissenschaftlern in den kalifornischen Laboratorien konkrete Modellvorstellungen, aber kein eindeutiges Bild – weder als gedankliche Vorstellung noch als Strukturentwurf auf dem Papier – wird erkennbar. Nach sechs tapferen Monaten gibt er frustriert auf. Rich und er können bei vielen Analysen ihrer Präparationen oft nicht einmal entscheiden, ob sie einsträngige oder doppelsträngige Moleküle aus RNA ins Visier genommen haben. Zwar behauptet Jim in manchen Briefen an Crick, »nun habe ich die RNA zur Hälfte verstanden«, aber bei all seinen Bemühungen aus dieser Zeit hat er dem Molekül zu viel aufbürden wollen, wie sich im Rückblick erkennen lässt. Die RNA soll ja zwischen DNA und Protein vermitteln, und dafür muss sie – der damaligen Meinung zufolge – gleichzeitig die vier Basen der Erbsubstanz repräsentieren und Hinweise auf die zwanzig Aminosäuren der Enzyme bzw. Hormone enthalten. Damit wird aber die architektonische und funktionelle Flexibilität von Molekülen überstrapaziert. Der Weg, den die Zelle von den Genen zu den Proteinen geht, muss auf andere Weise gefunden werden. Der große Wurf bleibt aus und wird von Tag zu Tag unwahrscheinlicher.

In diesen Monaten des zunehmenden Verzagens meldete sich zum Glück George Gamow zurück, ein guter Freund von Delbrück aus der Zeit, die sie zum Teil gemeinsam an dem Ort verbracht hatten, an dem Watson seine ersten europäischen Erfahrungen gesammelt hatte – in Kopenhagen. Gamow hatte sich in der Theoretischen Physik schon früh große Verdienste erworben, indem er erklärt hatte, was passiert, wenn Atome radioaktiv strahlen. Bei diesem Zerfall wurden Teilchen aus dem Atomkern herausgeschleudert, und dabei mussten sie merkwürdigerweise Barrieren überwinden, deren Energie größer war als die, über die sie verfügten. Wie konnte das sein? Wie kann jemand eine Mauer überwinden, wenn seine Energie nicht ausreicht, um höher als sie zu springen?

Gamow fand die Lösung, indem er den so genannten Tunnel-effekt entdeckte, der es atomaren Objekten erlaubt, als Pakete aus Wahrscheinlichkeit zu reisen. Sie bekommen dabei die Chance, selbst bei den höchsten Energiebarrieren eine Art Tunnel zu finden und die Hindernisse mit deren Hilfe zu überwinden. Gamows Konzept funktionierte, und so war er berühmt. Seine physikalischen Ideen leben übrigens bis heute etwa in Form des Urknalls weiter, den er – wenn auch nicht mit der später vorgeschlagenen, ursprünglich abschätzig gemeinten und dann immer populärer werdenden Bezeichnung »Big Bang« – als Erster konzipierte und als theoretische Möglichkeit der Physik erkannte, den Anfang der Welt, das Entstehen von Raum und Zeit zu erfassen.

Ohne Zweifel hatte Gamow wunderbare Ideen und wundersame Vorschläge, die er überdies mit Zahlen und Kombinationen mathematisch abzusichern wusste. Solche Fähigkeiten schienen gefragt zu sein, um etwas Licht in die Dunkelheit zu bringen, die den genetischen Code umgab. Gamow ließ sich von Watson genau über die atomaren Details der DNA und der Proteine informieren, und dabei fielen ihm bei den unterschiedlichen Molekülen zwei vergleichbare Abstände auf. Zwei benachbarte Aminosäuren lagen in einer Proteinkette etwa ebenso weit voneinander entfernt wie zwei Basenpaare in der DNA (wenn man die elegante und kompakte B-Form zugrunde legt, mit der Rosalind Franklin ihre berühmte Röntgenaufnahme gemacht hatte). Gamow postulierte darum, dass die Anordnung der Aminosäuren durch direkten Kontakt mit den Basenpaaren zustande kommen würde, wobei er darüber hinaus – immer weiter spekulierend – annahm, dass insgesamt drei Basenpaare benötigt werden, um eine Aminosäure zu spezifizieren. In diesem Zusammenhang wurden für die drei Basenpaare und ihre Funktion bei der Codierung eines Proteinbausteins die beiden Begriffe »Triplett« und »Codon« eingeführt. Diese Bezeichnungen haben Eingang in die Lehrbücher gefunden und haben sich bis heute gehalten, auch wenn Gamows Schema selbst deutlich an der Sache vorbeigeht.

Mit seinem chemisch orientierten Blick sah Watson sofort, was Gamows physikalisch konzipiertes Spiel nicht berücksichtigt hatte, nämlich die Tatsache, dass die Kenntnisse der Biochemiker keinen direkten Kontakt zwischen DNA und Protein erlaubten und der Mechanismus der Informationsübertragung ein Zwischenglied – einen Überträger, eine Art Go-Between – benötigte. Doch das molekulare Argument störte Gamow nicht, dem es weniger auf faktische Genauigkeit als auf den gedanklichen Spaß ankam, den ihm das Ausrechnen und Abwägen der möglichen Kombinationen von Basen mit den daraus ableitbaren Reihenfolgen von Aminosäuren machte. Gamow hoffte zwar, dass sich die Biochemiker irrten, aber am Schluss musste er doch vor den unverrückbaren Tatsachen kapitulieren, die Sangers präzise Analyse des Insulins und seiner Aminosäuren zutage förderten. Die erste bekannte Sequenz eines Proteins, die des Insulins, widerlegte Gamow derart gründlich und überzeugend, dass selbst ein hartnäckiger Theoretiker die Notwendigkeit einsah, mit der Lösung das Coderätsels noch einmal ganz von vorne zu beginnen.

Ein Krawattenklub

Gamows Bemühungen stellten trotz ihres Scheiterns so etwas wie einen Startschuss dar. Und so wie es einst im amerikanischen Westen einen Goldrausch gegeben hatte, kam es nun in der Molekularbiologie zu einem »Coderausch«, in dessen Verlauf alle möglichen Vorschläge gemacht wurden, wie aus einer Folge von Basenpaaren eine Sequenz von Aminosäuren wird. Die anfängliche Hektik stand dabei im Gegensatz zu den geringen Fortschritten und dem erreichten Verständnis, denn man wusste ja nicht einmal, ob eine Basensequenz übersetzt, überführt, übertragen oder überschrieben wird, man kannte zudem keine einzige Reihenfolge von DNA-Bausteinen in einer Zelle und war bei den Proteinen auf das Insulin beschränkt, das vielleicht einen Sonderfall darstellte. Bald erkannte man, dass selbst die trickreichste Kombinatorik wenig Substanzielles zu bieten hatte und das Theoretisieren dringend eine empirische Basis brauchte. Man besann sich auf das zentrale und lösbar scheinende Problem, die Struktur der RNA-Moleküle zu enthüllen. Doch aus der Tatsache, dass sich die RNA nicht dem Forscherpaar Watson-Rich erschlossen hatte, so wie sich die DNA dem Basispaar Watson-Crick eröffnet hatte, folgte nicht, dass man alle Versuche in diese Richtung aufgeben sollte. Daraus wurde nur ersichtlich, dass man wahrscheinlich ein ganzes Team dafür brauchte.

Als Watson im Frühjahr 1954 zusammen mit dem etwa gleichaltrigen britischen Chemiker Leslie Orgel nach Berkeley fährt, um sich mit dem an der University of California zu Gast weilenden Gamow zu beraten, schlägt er darum vor, einen eigenen Klub von Wissenschaftlern zu bilden, die sich in gemeinsamer Arbeit um die Struktur der RNA kümmern sollen.

Dieser Vorschlag sagt Gamow zu, der sofort bereit ist, die Hauptrolle in der bald als »RNA Tie Club« bekannten Vereinigung zu übernehmen, wobei das englische Wort »tie« nicht nur die Bedeutung von Krawatte hat, die von Gamow entworfen wird und mit der die Mitglieder des Klubs erkennbar werden, sondern auch von Verbundenheit. Den »RNA Tie Club« eint der Gedanke an die RNA-Struktur und ihre Bedeutung für die Anfertigung von Proteinen, bei der es auf die Montage von zwanzig Aminosäuren ankommt. Diese als magisch empfundene Zahl legt auch fest, wie viele Mitglieder der Klub haben darf – zwanzig –, wobei jedes Mitglied einen Codenamen bekommt, der aus der Abkürzung des Namens der Aminosäure besteht, die ihm zugeordnet wird. Gamow wählt für sich selbst die Aminosäure Alanin, weil ihre Abkürzung (Ala) so ausgesprochen werden kann, das es nach der Verehrung eines Gottes klingt. Jim bekommt die Aminosäure Prolin zugewiesen, weil sie zum einen so eigenwillig ist wie er und zum andern deren Abkürzung (Pro) einen professionellen Anstrich hat. Dies gilt leider nicht für die meisten anderen, etwa für das Tyrosin (Tyr), das Crick als Markenzeichen erhält – wobei anzu-

Einige Mitglieder des »RNA Tie Club«
(in alphabetischer Reihenfolge)

Name	Aminosäure	Abkürzung
Sydney Brenner	Valin	Val
Erwin Chargaff	Lysin	Lys
Francis Crick	Tyrosin	Tyr
Max Delbrück	Tryptophan	Try
Richard Feynman	Glycin	Gly
Georg Gamow	Alanin	Ala
Leslie Orgel	Threonin	Thr
Alexander Rich	Arginin	Arg
Gunther Stent	Phenylalanin	Phe
Edward Teller	Leucin	Leu
James Watson	Proline	Pro

nehmen ist, dass diese Wahl nicht auf Cricks tyrannisches Verhalten hinweisen soll.

Natürlich birgt ein solcher Klub auch eine gewisse Albernheit in sich, und dass ausgerechnet Watson, der sonst keinen Wert auf Kleidung legt, plötzlich Lust hat, Krawatten zu tragen – gemustert mit einer Art Schlangenlinie, die sich auf grauem Grund grün um einige gelbliche Gerüste der DNA-Basen windet –, gibt Anlass zum Schmunzeln. Diese Gründung ist aber historisch gesehen ein Zeichen dafür, dass Biologie nun zu einer komplexen Wissenschaft geworden ist, die nicht von einem einzigen Wissenschaftler oder einem Forscherpaar bewältigt werden kann. Außerdem brauchen die Wissenschaftler, die nach der Öffnung dieser Disziplin durch die Doppelhelix ein unbekanntes Terrain erkunden, ein Forum zum Austausch ihrer Ideen, bevor sie publikationsfähig sind. In den aufrührerischen Anfangsjahren der Atomphysik, die der 1904 geborene Gamow ebenso wie der 1906 geborene Delbrück noch miterlebten, formulierten viele Wissenschaftler ihre neuen, revolutionären Ideen erst in Briefen an ihre Kollegen und Freunde, bevor sie – nach entsprechenden kritischen Einwänden und Anmerkungen – in einer wissenschaftlichen Zeitung der Öffentlichkeit preisgegeben wurden.

Diese für die Entwicklung und Reifung von riskanten Ideen unentbehrliche Plattform lieferte nun die Möglichkeit, »Notes to the RNA Tie Club« zu schreiben, die unter den Mitgliedern zirkulierten. Vieles von dem, worüber Crick, Orgel und der aus Südafrika stammende Sydney Brenner auf diesem Weg ohne starre Regeln sich austauschten, hat später Eingang gefunden in die wissenschaftliche Literatur und auf diese Weise die Geschichte der Molekularbiologie beeinflusst. So hat zum Beispiel Brenner zuerst in diesen »Notes« überzeugend gezeigt, dass der genetische Code in seiner Grundstruktur ohne Überlappung operiert. Die Sprache der Gene ist in dieser Hinsicht wie die Sprache des Menschen, was heißt, dass immer ein Wort nach dem anderen folgt und nicht schon mitten in einem Wort ein neues anfängt. Auch die Idee, dass der Code keine Kommas oder andere Satzzeichen enthält, war zunächst in den Klubnachrichten zu lesen, wobei alle Mitglieder darin übereinstimmten, dass es Crick war, der den bedeutendsten Beitrag in dieser Reihe geliefert hat. 1955 legte er dem »RNA Tie Club« einen Text mit dem auf Anhieb nicht einsichtigen Titel »On Degenerate Templates and the Adaptor Hypothesis« (»Über entartete Schablonen und die Adaptor-Hypothese«) zur Verfügung vor.

Crick hat seinem Manuskript als Motto einen indischen Vers vorangestellt: »Gibt es jemanden, der so verloren ist wie der, der dort einen Weg sucht, wo es keinen gibt?« Den Ausdruck der Adaptor-Hypothese verdankt er einem Vorschlag von Brenner, der zudem alle Mitglieder des Krawattenklubs ermutigt, nach dem Prinzip des »Don't worry« vorzugehen, das heißt, sich nicht zu sorgen, wenn ein Vorschlag nicht alle Tatbestände gleichzeitig erklärt und nicht alle Probleme auf einmal löst.

In seiner legendären Mitteilung an den »RNA Tie Club« akzeptierte Crick die Idee, dass der genetische Code über Tripletts

funktioniert, von denen es bei vier Basen in der DNA vier-
undsechzig Stück gibt (vier mal vier mal vier). Da es nur
zwanzig Aminosäuren gibt, kann der Code nicht eindeutig
sein, er muss vielmehr degeneriert sein, wie man sagte. Da
Crick bei der genauen Analyse des Aussehens der Aminosäuren nicht feststellen konnte, wie diese Entartung durch das
Management einer einzigen Molekülsorte zustande kommen
könnte, brachte er einen radikalen Vorschlag zu Papier, die
Adaptor-Hypothese (von der man heute weiß, dass sie die Forschung auf den richtigen Weg brachte): Er postulierte das Vorhandensein von so genannten Adaptormolekülen, die auf der
einen Seite eine der zwanzig Aminosäuren an sich gebunden
haben und auf der anderen Seite so gestaltet sind, dass sie präzise mit einem Dreierblock (Triplett) aus Basen zusammenpassen. Mit diesem Zwischenstück könnte die zunächst von einer
Zelle hergestellte Schablone aus RNA in das Protein umgesetzt bzw. überführt werden, das die Zelle letztlich braucht.

Selbst Watson wollte seinem Freund aus DNA-Tagen dabei
nicht mehr folgen. Er konnte sich nicht vorstellen, wie das Leben so etwas bewerkstelligte, bevor es wirklich begonnen und
den Gang seiner Evolution eingeschlagen hatte. Doch es war
wie in den Anfängen der Atomphysik. Nur die verrücktesten
Ideen hatten eine Chance, etwas über die Natur zu erfassen,
und Cricks zunächst nur als Phantasieprodukt existierende
Gruppe der Adaptormoleküle wird heute in den Lehrbüchern
der Molekularbiologie unter dem Namen Transfer-RNA
(tRNA) vorgestellt. Sie muss von der Boten-RNA (mRNA)
unterschieden werden, deren Name auf den im Jahre 2002
endlich mit dem Nobelpreis für Medizin geehrten Brenner
(wen sonst?) zurückzuführen ist und die noch am ehesten so
funktioniert, wie es sich die Mitglieder des »RNA Tie Club«
vom Objekt ihrer Begierde vorgestellt hatten.

Späte Erfolge mit der RNA

Die RNA unterscheidet sich von der DNA nicht allein durch den eingebauten Zucker (und eine etwas andere Base), sondern vor allem durch zwei Eigenschaften: ihre Vielfalt und ihre Stabilität. Mit Vielfalt ist gemeint, dass die RNA – anders als die DNA – mehrere Funktionen übernimmt, wovon zwei erwähnt wurden, nämlich Bote und Adaptor zu sein. Heute spricht man von Übersetzung (Transkription) und Übertragung (Translation) der genetischen Information. In ihrer Funktion als Bote – die erwähnte mRNA – ist die RNA nur sehr kurzlebig und – wiederum anders als die DNA – wird nach Absolvierung ihrer Aufgabe von der Zelle wieder in Einzelteile zerlegt. Es ist also keineswegs einfach nachzuweisen, dass ein solches RNA-Molekül existiert, und es ist noch schwieriger, es so aus der Zelle zu holen und in ein Reagenzglas zu bringen, dass man es dort analysieren kann. Als sich der Krawattenklub formierte, standen noch nicht die richtigen Methoden zur Verfügung, um instabile und flüchtige Moleküle finden zu können. Erst zu Beginn der sechziger Jahre konnte man sich allmählich Klarheit über die RNA und die Proteinsynthese verschaffen.

Wenn wir uns gestatten, diesen Zeitsprung zu machen, um Watsons wissenschaftliche Spur zu verfolgen, so findet man ihn nicht mehr in Pasadena, sondern an der Harvard University im amerikanischen Cambridge wieder, wo er seit 1956 arbeitet, und zwar erst als Assistenzprofessor, bevor er – über die »Associate-Professor«-Stufe – fünf Jahre später zum »Full Professor«, zum ordentlichen Lehrstuhlinhaber, ernannt wird. 1961 hat Watson im Alter von dreiunddreißig Jahren die höchste Stufe der akademischen Leiter erreicht. Die Freude über das Erreichen dieses Ziels wird allerdings gedämpft von der bislang vergeblichen Jagd nach der RNA und ihrem Wirken in der Zelle. Immer wieder neue, erfolglose Versuche haben er und andere Wissenschaftler in der zweiten Hälfte der fünfziger Jahre unternommen, um die Lücke zwischen der DNA und den Proteinen zu schließen.

Eine Klärung wurde erst möglich, als längst bekannten Komponenten der Zelle eine neue Rolle zugewiesen werden konnte. Gemeint sind die so genannten Ribosomen, die unter anderem aus RNA gebaut sind – aus der ribosomalen RNA (rRNA). Zunächst nahm man an, dass die Ribosomen als Schablonen für die Herstellung der Proteine agieren. Doch Anfang 1960 führte Bob Risebrough, der erste Doktorand, der in Watsons Laboratorium arbeitete, ein Experiment durch, das eine andere Sicht ermöglichte, nämlich die, dass die Ribosomen nur der Ort in einer Zelle sind, an dem die Proteine montiert werden.

Damit wurde plötzlich klar, dass die Anleitung zu ihrem Bau, also die entsprechende genetische Information, eigens hinzugefügt werden muss. Wenn Proteine hergestellt werden, wird den stabilen Ribosomen instabile RNA hinzugefügt. Brenner bezeichnete sie, wie bereits erwähnt, als Boten-RNA, als er aufgrund dieser neuen Erkenntnis der Funktion der Ribosomen plötzlich ein Experiment aus dem Jahre 1956 verstand, das die russischen Molekularbiologen Elliot Volkin und Lazarus Astrachan durchgeführt hatten. Wahrscheinlich war es der Aufmerksamkeit der zentralen Figuren der sich entwickelnden Genetik entgangen, weil die beiden Autoren nicht zum Krawattenklub gehörten. Man kann das auch gehässiger ausdrücken: Die Mitglieder des »RNA-Tie Clubs« hielten sich für die besseren Biologen, denen niemand von außen das Wasser reichen konnte. So gesehen agierte die Vereinigung wie jeder Klub, der um Exklusivität bemüht ist, auch wenn man sich nach außen nicht so gab und die große wissenschaftliche Lässigkeit an den Tag legte.

Volkin und Astrachan hatten bereits 1956 die Infektion von Bakterien durch Phagen untersucht und das Auftauchen von RNA kurz nach diesem Ereignis nachgewiesen, wobei sie sogar zeigen konnten, dass die DNA des Phagen weitgehend mit dieser RNA übereinstimmte. Nach der Lektüre dieser Arbeit wurde Brenner klar, was in der Zelle abläuft, nachdem der Phage ein Bakterium befallen hat. Die DNA des Angreifers ge-

James D. Watson im Labor mit einem Modell der DNA, 1962

langt in die Zelle des Opfers und veranlasst sie, mit ihren Werkzeugen frische RNA herzustellen, die sich dann als Bote auf den Weg zu den (schon vorhandenen) Ribosomen macht, um mit ihrer Hilfe die Phagenproteine herzustellen.

Diese Idee klang verlockend – nun musste aber in Experimenten gezeigt werden, dass es tatsächlich neu angefertigte

RNA ist, die sich an alten Ribosomen zu schaffen macht. Brenner wusste, welche komplizierten Hilfsmittel man zu einem solchen Versuch benötigte – radioaktiv markierte Bausteine für die RNA, Ultrazentrifugen, Dichtgradienten aus Cäsiumchlorid, um sie aufzuzählen –, und er wusste auch, in welchem Laboratorium sie verfügbar waren – am Caltech in der Abteilung von Matthew Meselson – und wer ihm dabei helfen könnte: François Jacob, der sich gerade in Kalifornien aufhielt. Nach vielen Tagen und Nächten vergeblicher Mühe, als Brenner und Jacob an einem Sonntag an einem kalifornischen Strand lagen, fiel Brenner ein, was sie möglicherweise falsch gemacht hatten und noch ändern konnten, um die neue, flüchtige RNA nachzuweisen: Vielleicht musste man die Ribosomen durch die Zugabe von einem Magnesiumsalz besser stabilisieren.

Die beiden Biologen sprangen auf, fuhren ins Laboratorium und führten das Experiment durch, das als Nachweis der mRNA in die Geschichte der Biologie eingegangen ist. Brenner und Jacob konnten – zusammen mit Meselson – zeigen, dass neue RNA, eben der Bote, an alte Ribosomen geheftet wird. Während sie ihr Manuskript abfassten, erfuhren sie, dass Watson mit seiner Crew in Harvard auch erfolgreich gewesen war und nachgewiesen hatte, dass auf den Ribosomen tatsächlich RNA saß, die als Bote funktionierte und die Information für die Proteinsynthese an den Ort der Montage brachte.

Brenner und seine Mitstreiter schrieben ihren Artikel zwar zu Ende, warteten dann aber – was heute unvorstellbar wäre – drei Monate mit der Veröffentlichung, um Watson und seinen Kollegen aus Harvard die Gelegenheit zu geben, ihre eigene Darstellung abzuschließen. So erschienen beide Arbeiten 1961 hintereinander in *Nature*. Es war also wieder so, wie 1953 mit den Arbeiten zur Doppelhelix – nur dass Watson damals ganz vorne und nun ganz hinten stand. Aber das hatte seinen guten hierarchischen Grund. Schließlich war er nicht mehr der unbekannte Anfänger im britischen, sondern der prominente und verantwortlich handelnde Professor im amerikanischen Cambridge.

Auf dem Weg nach Harvard

In der Zwischenzeit hat sich in den USA ein Wandel vollzogen. An dem Tag, an dem Brenner und Jacob vom Strand zurück ins Laboratorium rennen, nominiert die Demokratische Partei John F. Kennedy als ihren Kandidaten für das Amt des Präsidenten. Sein Name steht für die allgemeine Öffnung der Welt, die sich am Beginn der sechziger Jahre zeigt und die sich auch in der UdSSR und in der katholischen Kirche unter Papst Johannes XXIII. anbahnt.

Watson muss den Wandel von den konservativ republikanischen Einstellungen unter Präsident Dwight D. Eisenhower hin zu den liberalern demokratischen Ansätzen unter Kennedy geschätzt haben, gehörte doch der Glaube an die Demokraten unter Franklin D. Roosevelt zu den Idealen, die ihm seine Eltern in seiner frühen Jugend in Chicago ans Herz gelegt hatten. Allerdings bedeutete ein Aufwachsen in Chicago, dass man sein Leben unter der Regierung höchst korrupter Politiker (wie den Bürgermeister Kelly) zubrachte und nach und nach jeden Respekt vor Politikern verlor. Jims jugendlicher Ansicht nach waren sie alle nichts wert, und unter anderem aus dieser Einstellung heraus ist auch zu verstehen, dass der 1954 aus England in die Heimat Zurückkehrende keinerlei Interesse zeigt, seiner patriotischen Verpflichtung beim Militär nachzukommen – vor allem nicht nach dem wenig ruhmreichen Ende des Koreakriegs. Nach Abschluss seiner wissenschaftlichen Ausbildung muss er sich etwas einfallen lassen, um der zweijährigen Dienstverpflichtung endgültig zu entgehen.

Es gelingt ihm mit der Hilfe einiger Freunde, zu denen Alexander Rich und George Beadle, der renommierte Leiter der Biologieabteilung des Caltech, gehören, der für seine Verdienste um die Entwicklung der Genetik mit dem Nobelpreis ausgezeichnet worden ist. Watson setzt verschiedene Mittel ein, um den Militärdienst zu umgehen – dazu gehört auch ein offizieller Antrag, bei einer Gesundheitsbehörde eine Art Ersatzdienst zu leisten. Alle vorgetragenen Gründe laufen letztlich darauf hinaus, dass Watson mit seinen Fähigkeiten und Kenntnissen unentbehrlich für die aktuelle Entwicklung der Wissenschaft ist – vor allem auch weil die amerikanische Forschung ihren Spitzenplatz in der Welt behalten muss.

In der Tat erkennen zahlreiche Kollegen aus verschiedenen Bereichen der Wissenschaft längst die überragende Bedeutung der Doppelhelix an, und Universitäten und Institute reißen sich um Watsons Vorstellung der DNA-Struktur. Wenn er spricht, sind die Hörsäle überfüllt, was bestimmt nicht an der rhetorischen Eleganz des Vortragenden liegt. Watsons zögernde und nicht sehr flüssige Art zu reden ist eher nachteilig. Doch er lernt bereitwillig, versucht bei jeder Gelegenheit, seinen Stoff anders und besser aufzubereiten, bemüht sich, verständlich zu sprechen – und wächst nach und nach in die neue Rolle des Lehrers hinein. Die wenigen Wissenschaftler, die mit Phagen und DNA gearbeitet haben und nun am genetischen Code herumbasteln, haben Riesenfortschritte erzielt und sind dabei, eine neue Wissenschaft mit großen Zukunftschancen zu etablieren: die Molekularbiologie.

Das ist Watson durchaus bewusst, und als er am 1. Juli 1955 zum Assistenzprofessor an der Harvard-Universität ernannt wird, hat er schon den Plan, seine Vorlesungen zu einem ersten Lehrbuch der Molekularbiologie auszubauen. Den Titel hat er auch schon parat: *That is Life* (»Das ist Leben«). Er hält Schrödingers Frage tatsächlich für beantwortet, als er sich an die Niederschrift macht, und zwar in pastoraler Abgeschiedenheit, wie er mitteilen lässt, weil er den Laboratorien und ihrem Lärmen fernbleibt.

Das verwirrte Leben eines amerikanischen Wissenschaftlers

Die Monate zwischen dem Verlassen Kaliforniens und dem Auftreten in Massachusetts sind – abgesehen natürlich von den Tagen am Caltech – angefüllt mit ausgedehnten Reisen durch die schönen Landschaften seiner Heimat, mit zahlreichen Besuchen anderer Universitätsstädte und mit einem längeren Aufenthalt in dem biologischen Laboratorium, das in dem Städtchen Woods Hole liegt, von wo aus Fähren nach Martha's Vineyard und Nantucket ablegen.

Das Meeresbiologische Laboratorium (Marine Biological Laboratory) in Woods Hole geht auf das Jahr 1888 zurück. Ursprünglich als Forschungsstätte für die Physiologie und Evolution der Meerestiere errichtet, ist es aber im Laufe der Zeit um einige Institute erweitert worden, unter anderem um ein Laboratorium für Muskelforschung. Woods Hole ist ein Ort, an dem Biologen gerne den Sommer verbringen. Auch Watson will sich im Juli und August 1954 dort aufhalten, wobei der Hauptgrund für seine Reise Richtung Osten weniger die Wissenschaft als die Nähe zu Christa ist, die mit ihren Eltern in Cambridge wohnt und in weniger als zwei Stunden mit dem Auto zu erreichen ist.

In der Tat findet er nicht unbedingt Gefallen an Woods Hole – ihm fehlt die intellektuelle Intensität, die er an Cold Spring Harbor so schätzt –, dafür aber lernt er bei seinen Fahrten zu Christa auch die biologische Mannschaft von Harvard kennen, und die kommt ihm sehr verbesserungsbedürftig vor. Abgesehen von Christas Vater und dem Biochemiker George Wald schien sich die Biologieabteilung der berühmten Harvard-University nur unfähige Menschen eingehandelt zu haben, und bei Jim setzte sich der Gedanke fest, dass es da eine sinnvolle und ausbaufähige Position für ihn geben könnte. Immerhin gibt es da einige Chemiker, die sich mit der DNA auskennen und mit denen er reden kann – und außerdem wäre er dann in der Nähe von Christa.

Christa geht ihm nicht aus dem Kopf (der übrigens immer bekannter und an prominenter Stelle abgebildet wird). Im August 1954 erscheint sein Bildnis in der Modezeitschrift *Vogue* – und zwar direkt neben dem des Schauspielers Richard Burton. Unser Held lächelt etwas verlegen, wobei sein schüchternes Auftreten als »das verwirrte Aussehen eines britischen Poeten«

von der Redaktion in der Bildunterschrift umschrieben wird. Sein Porträt erscheint im Rahmen einer Reportage, die junge Talente vorstellt, mit denen in Zukunft zu rechnen ist, wobei bemerkenswert ist, dass man sich in den fünfziger Jahren – anders als heute – nicht nur auf Schauspieler, sondern auch auf Wissenschaftler bezieht.

Diese Popularität hilft aber dem Entdecker der Doppelhelix nicht mit Christa weiter. Als sie am Ende des Sommers eine Woche nach Woods Hole kommt, küssen sie sich hastig zum ersten Mal. Die beiden finden aber keine Gelegenheit, dies zu wiederholen, denn als Jim nach Kalifornien zurückkehren muss, ist – zum Entsetzen der Verliebten – beim Abschied Christas ganze Familie anwesend, um zu winken.

Nach Pasadena fährt Jim über Chicago zurück, wo er nur wenige Tage nach dem Tod seiner 93-jährigen Großmutter eintrifft. Nach der Beerdigung erzählt er seinen Eltern, dass er verliebt sei. Sie freuen sich, weisen ihn aber vorsichtig darauf hin, dass Christa noch sehr jung ist und erst einmal drei Jahre College absolvieren sollte, bevor er sich mit ihr einlässt. Dennoch träumt er unentwegt von ihr. Als Christa ihm endlich so verliebt vom Swarthmore College aus schreibt, wie er es schon längst ist, macht auch seine wissenschaftliche Phantasie nach einer mühsamen Durststrecke endlich wieder einen Sprung nach vorne.

Jedenfalls hat Watson diesen Eindruck, als ihm plötzlich viele Möglichkeiten einfallen, RNA-Moleküle wachsen und Gestalt annehmen zu lassen. Er fasst Mut und macht sich mit Leslie Orgel daran, einen Mechanismus für die Verdopplung der Doppelhelix zu ersinnen, bei dem sich die beiden Stränge nicht trennen, sondern in geschlossener Form als Schablone für die Synthese eines Tochterprodukts dienen.

In diese gute Laune fällt im Oktober 1954 die Nachricht, dass Linus Pauling den Nobelpreis für Chemie erhalten hat. Natürlich ist Jim zu allen Partys eingeladen, die aus diesem Anlass gefeiert werden. Auf einem Bankett wird er neben den Physiker Richard Feynman platziert, der als Multitalent der

Wissenschaft allgemein bewundert und von vielen für den größten lebenden Theoretiker gehalten wird. Feynman kennt sich – aufgrund seiner Freundschaft mit Delbrück – auch in der neuen Genetik aus, und er gehört sogar zum »RNA-Tie Club«, sodass die beiden genügend wissenschaftlichen Gesprächsstoff hätten. Doch sie kommen stattdessen auf den Nobelpreis zu sprechen. Beide sind überzeugt, damit eines Tages ausgezeichnet zu werden. Feynman legt dabei ein überraschendes Bekenntnis ab: So stolz er auf seine Beiträge zur Physik auch sein kann – Feynmans bekannteste Leistung ist die Formulierung einer so genannten Quantenelektrodynamik, die äußerst präzise beschreibt, was passiert, wenn Licht und Materie sich treffen –, Watson gegenüber gesteht er, dass er sich im Vergleich zu Riesen wie Niels Bohr und Werner Heisenberg wie ein Zwerg vorkommt. Und bevor er die Reise nach Stockholm antritt, so Feynman, möchte er noch mehr zustande bringen als das, was ihm bis dahin Ruhm eingebracht hat.

Watson teilt die Ansicht seines Gesprächspartners, und im Anschluss an die Abendunterhaltung nimmt er sich in aller Stille ebenfalls vor, mehr vorweisen zu können als die Entdeckung der Doppelhelix, wenn ihn der schwedische König eines Tages nach Stockholm einladen wird, um den Nobelpreis entgegenzunehmen.

Aber noch mehr Gedanken macht er sich im Augenblick darüber, ob Christa einwilligen werde, ihn zu heiraten. In ihren Briefen geht sie leider nicht auf seine diesbezüglichen Andeutungen ein. Stattdessen teilt sie ihm mit, wie sehr ihr Vater sich um eine Anstellung für ihn im Fach Biologie in Harvard bemühe.

Die Fakultät hat Watson im Januar 1955 zu Probevorträgen eingeladen. Er ist vor allem durch seine leise Sprechart in Erinnerung geblieben, und bei der Bewertung seiner Eignung fragt man sich, ob die Studenten sein Murmeln überhaupt verstehen werden. Aber ein Kollege, ein Nobelpreisträger, der selbst für besonders unverständliche Vorträge bekannt ist, meint: »Wenn Watson etwas zu sagen hat, werden die Studenten ihn hören.«

Die Wochen vor seinem Auftritt in Harvard geht es diesem Watson übrigens schlecht. Er macht sich weniger Sorgen um mögliche kritische Fragen der Professoren – sie wissen zu wenig von dem Gebiet, über das er berichten will –, als um Christa. Er befürchtet, sie werde sich von ihm abwenden, wenn er einen schlechten Eindruck hinterlässt. Aber er spricht nicht mit ihr über seine Sorge aus Angst, sie werde sich umso eher gegen ihn entscheiden, wenn er ihr diese Schwäche offenbart.

Rückkehr nach Europa

Im Sommer 1955 liegt dies alles schon Monate zurück. Ihr Vater, so schreibt Christa, kämpfe hart, um Jim nach Harvard zu holen, aber es könne trotzdem noch einige Zeit dauern, bis die Entscheidung fällt. Watson beschließt, nicht in Pasadena darauf zu warten. Er bemüht sich – mit Erfolg – um ein Stipendium der National Science Foundation, mit dem er nach England zurückkehren und einige Zeit mit Crick zusammenarbeiten kann, um etwas über die Struktur von Viren herauszufinden.

Im Juli 1955 trifft er wieder in Cambridge ein, wo er offiziell als Forschungsstudent geführt wird. Kurz vor seiner Abreise aus den USA hat er aber erfahren, dass eine Professur in Harvard auf ihn wartet. Für die amerikanischen Behörden ist übrigens dieser zweite Ausbildungsaufenthalt in England die endgültige Erklärung dafür, dass Jim immer noch nicht in der Lage sei, den Militärdienst zu absolvieren, schließlich müsse er seine Ausbildung beenden.

Die Spannung steigt, als Christa im September nach Cambridge kommt. Da es in den fünfziger Jahren nicht üblich ist, dass Unverheiratete unter demselben Dach schlafen, wird sie in einem anderen Haus untergebracht. So vertrösten sich beide bis auf eine gemeinsame Reise nach Schottland, um sich hier endlich näher kommen zu können, bis im hohen Norden endlich stimmt, was längst alle denken und hoffen: dass nämlich Christa und Jim ein Paar sind.

Doch statt Erleichterung zu spüren, nimmt Jims Spannung zu – vor allem nach der Rückkehr nach England –, und nie stellt sich bei ihm das Gefühl ein, Christa für sich gewonnen zu haben. Ende des Jahres begreift er endlich, dass er Christa zu stark bedrängt hat, um bei ihr auf Dauer Erfolg zu haben. Er versteht, dass sie ihn nicht heiraten will, und gibt seinem Liebeskummer freien Lauf, der auch dann kein Ende nimmt, als er im August 1956 erfährt, dass Christa von einem deutschen Studenten schwanger ist, den sie heiraten will.

In diesen Tagen hat Jim also reichlich Grund, deprimiert zu sein, und selbst die Wissenschaft ist kein rettender Ausweg, weil er noch nicht so vorankommt, wie er will. Nicht nur seine eigenen Ideen stecken fest, die ganze Zunft der Virologen scheint nicht richtig in Schwung zu kommen und immer noch zu wenig über genetische Informationen und deren Rolle bei den Infektionen nachzudenken.

Der Nobelpreis

Es sind also schwere Zeiten für Watson, der sich in hektische Betriebsamkeit flüchtet. Seine letzten Monate in Europa verbringt er eher rastlos mit Reisen nach Israel und Ägypten, mit Ausflügen nach Baltimore und – natürlich – Cold Spring Harbor. Überall ist er eingeladen, über die Konsequenzen aus der DNA-Struktur und die neuen Möglichkeiten der Erbforschung zu sprechen. Nach und nach werden die Hotelzimmer besser, in denen er – und natürlich auch Crick – untergebracht werden, wenn sie auf Tagungen sprechen. Crick gefällt das. Endlich bekommen die beiden die Anerkennung, die ihre Doppelhelix verdient, wie er meint, und tatsächlich lassen auch bald die ersten Preise nicht mehr sehr lange auf sich warten. 1959 wird das Paar Watson und Crick mit dem John-Collins-Warren-Preis ausgezeichnet, den das Massachusetts General Hospital

James D. Watson (Mitte) gibt am 18.10.1962 eine Pressekonferenz nach der Zuerkennung des Nobelpreises für Physiologie und Medizin

verleiht. Und nach diesem ehrenvollen, aber noch nicht auf breite öffentliche Resonanz stoßenden Anfang ziehen sie mit dem Eli-Lilly-Preis (1960), dem Albert-Lasker-Preis (1960) und anderen Preisen immer größere Aufmerksamkeit auf sich, bis 1962 mit dem Nobelpreis für Physiologie und Medizin, der Watson gemeinsam mit Francis Crick und Maurice Wilkins verliehen wird, der Gipfel des Ruhms erreicht wird.

Im Dezember 1962 nimmt Dr. James D. Watson die Urkunde vom schwedischen König entgegen, ohne das stille Versprechen eingelöst zu haben, das er sich nach dem Gespräch mit Feynman gegeben hat. Feynman bekommt übrigens drei Jahre später den Nobelpreis, auch ohne seinen Vorsatz eingehalten zu haben.

Mit der Aufzählung der Preise haben wir kaum merklich den Übergang von den fünfziger zu den sechziger Jahren vollzogen,

James D. Watson mit seinem Vater und seiner Schwester Elizabeth Myers
Anfang Dezember 1962 nach ihrer Ankunft in Stockholm

der in Wirklichkeit in den USA einschneidende Änderungen
wie den Wechsel von der Regierung Eisenhower (Republikaner)
zu der Kennedys (Demokraten) mit sich brachte. Watson war
ein überzeugter Anhänger des jungen Kennedy, und so fiel es
ihm leicht, der Bitte der neuen Regierung zu entsprechen und
Mitglied in dem wissenschaftlichen Beratungskomitee des
Präsidenten zu werden.

Die amerikanische Institution »President's Scientific Advisory
Committee« (PSCA) war ursprünglich unter Eisenhower als
Antwort auf den Sputnik-Schock eingerichtet worden. Als
konkrete Aufgabe fiel es Jim zu, sich um die Möglichkeiten von
biologischen Waffen zu kümmern, was zunächst die Verpflichtung mit sich brachte, sich eingehend durch den FBI überprüfen zu lassen. Schließlich verhandelte das PSCA Dinge, die als
»top secret« galten. Aus diesem Grund ist auch nicht allzu viel

über das bekannt, was die Mitglieder des sich regelmäßig in Washington treffenden Beratungskomitees beschlossen. Klar ist nur, dass die Wissenschaftler auf Bedürfnisse der Militärs eingehen (und dem Präsidenten Empfehlungen geben) mussten. Die Armee wünschte sich zum Beispiel Möglichkeiten – das heißt chemische oder biologische Waffen –, um feindliche Soldaten vorübergehend kampfunfähig zu machen.

Auf den ersten Sitzungen, an denen Watson teilnahm und auf denen vorgestellt wurde, worüber die unter militärischer Aufsicht betriebenen Laboratorien verfügten, war unter anderem von einem Agens Orange die Rede gewesen, das nur gegen Pflanzen wirksam werden sollte, wie es hieß. Jim wunderte sich – als Wissenschaftler – über die fehlende statistische Absicherung der Daten, aber er hielt es für ratsam, bei seinem ersten Kontakt mit der Armee nur zuzuhören.

Es war abzusehen, dass er es nicht lange in diesen Kreisen aushalten würde, und er war froh, als sich ihm 1962 eine neue politische Aufgabe stellte: Er wurde aufgefordert, der Regierung eine Antwort auf die Analyse zu geben, die Rachel Carson unter dem Titel *Silent Spring* (»Der stumme Frühling«) über die Verwendung von Pestiziden und Insektiziden gegeben hatte. Carson zufolge breiteten sich die sonst als segensreich betrachteten Chemikalien so stark in der Nahrungskette aus, dass sie nicht nur Vögel und Fische, sondern auch schon den Menschen bedrohten. Kennedy nahm diese Bedrohung zwar ernst – vor allem, nachdem die Angst vor einem »stummen Frühling« in der Öffentlichkeit große Aufregung verursacht hatte –, doch bald wurde seine Aufmerksamkeit von der Kuba-Krise abgelenkt, und der Umweltschutz wurde hintangestellt.

Erst im Mai 1963 legte die Kennedy-Regierung ihre – von Watson mitverantwortete – Replik auf Carsons Buch vor. In ihr wird vor allem die zwiespältige Rolle der Pestizide betont, die weder ungefährlich noch unwichtig sind. Eine moderne Landwirtschaft komme ohne diese Hilfsmittel nicht aus, auf deren bislang unbeachtete Gefahren man nun dank der Aufmerksamkeit einer Wissenschaftlerin reagieren könne.

Nobelpreisträger 1962, aufgenommen am 10.12.1962 in Stockholm. Von links nach rechts: Maurice F. Wilkins (Physiologie und Medizin), Max F. Perutz (Chemie), Francis H.C. Crick (Physiologie und Medizin), John Steinbeck (Literatur), James D. Watson (Physiologie und Medizin) und John C. Kendrew (Chemie)

Als Watson noch im gleichen Jahr den Abschlussbericht über seine Mitwirkung im PSCA verfasste, erfuhr er von Kennedys Ermordung. Die Nachricht versetzte ihn in einen Schockzustand. Einem anderen Präsidenten wollte er – zunächst – nicht dienen, und wenig später endete sein erster Auftritt auf der Politikbühne in Washington. Er hatte bald auch mehr Grund, in Cambridge zu bleiben, denn 1965 – drei Jahre nach der Verleihung des Nobelpreises mit dem dazugehörigen Preisgeld – gelang es ihm, in der Nähe des berühmten Harvard Square, der am Eingang der gleichnamigen Universität liegt, ein Holzhaus aus dem frühen 19. Jahrhundert zu kaufen. Genauer gesagt, setzte er das Geld aus Stockholm nur für eine Anzahlung ein, da es ihm inzwischen sehr leicht fiel, monatliche Raten abzuzahlen. Denn neben seinem Gehalt als Harvard-Professor bezog er Einkünfte aus dem Verkauf seines Lehrbuchs *The Molecular Biology of the Gene*, in dem zum ersten Mal der Stoff beschrieben wurde, der aus der von ihm selbst ausgelösten DNA-Revolution hervorgegangen war. Das Buch wurde so gut abgesetzt an, dass er durch dessen Verkauf genauso viel verdiente wie durch seine Professur. Nun hatte er wirklich Geld genug für zwei Personen, und so kommt wieder Jane Austens Ausspruch zur Geltung, dem zufolge »ein allein stehender Mann in Besitz eines großen Vermögens« den Wunsch zu heiraten haben muss.

»Die Molekularbiologie des Gens«

Es sollte noch drei Jahre dauern, bis Watson ans Ziel seiner Träume kommen sollte. Die sechziger Jahre beginnen nicht nur gut für ihn – als »Full Professor« in Harvard und als Nobelpreisträger –, sie enden noch besser – als Ehemann und Direktor des Laboratoriums in Cold Spring Harbor. Und in der Mitte legt er sein Lehrbuch vor, dem er gezielt den bestimmten Artikel »die« im Titel gibt, was ihn als großen Lehrer der entstehenden Molekularbiologie ausweist und den Maßstab für alle weiteren Versuche setzt, die Grundlagen der genetischen Wissenschaft den Studenten zu vermitteln. Schon im ersten Jahr werden 20 000 Exemplare abgesetzt, bis schließlich mehr als 100 000 Exemplare auf dem Markt sind (ein Erfolg, der sich bei allen späteren Auflagen wiederholt).

Watson beginnt mit zwei historischen Kapiteln, die erst »Die Mendelsche Sicht der Welt« erläutern und dann erklären, »Die Zellen gehorchen den Gesetzen der Chemie«. Bevor er allerdings auf unnachahmlich lässige (und prägnante) Weise die Erkenntnisse darstellt, die mit Mendels Namen verbunden sind, legt er in den ersten Sätzen ein Bekenntnis zu Darwin und der Idee der Evolution ab, mit der es möglich wurde, rational über das Leben und seine Vielfalt zu sprechen. Mit Dar-

Das Lehrbuch

Watson hat – so sagen diejenigen, die mit ihm an einem Buch gearbeitet haben – immer sehr klare Vorstellungen vom Aufbau, von
der Kapiteleinteilung eines Buches. Das Lehrbuch beginnt mit der
Zelltheorie und der klassischen Genetik des 19. Jahrhunderts
(»The Mendelian view of the world«) und erläutert anschließend
die Gesetze der Chemie, denen die Zelle unterliegt (»Cells obey
the laws of chemistry«). Dabei wird zum ersten Mal die Doppelhelix erwähnt, deren Bedeutung Jim darin sieht, dass sie das Gen
verwandelt. Was vor der Doppelhelix ein geheimnisvolles Gebilde
war, wird nun zu einem konkreten molekularen Gegenstand. Im
dritten Kapitel wird vorgestellt, was ein Chemiker zu sehen bekommt, wenn er sich Bakterien zuwendet. Watson erläutert die
Bedeutung der Wechselwirkungen von Molekülen für die Biologie, führt vor, wie die gekoppelten Reaktionen stattfinden und wie
chemische Gruppen von einem Molekül auf ein anderes übertragen werden können. Er schildert das Verständnis für die Oberflächen von Zellstrukturen und kommt erst dann auf die Anordnung
der Gene auf Chromosomen zu sprechen.
Wer bei Watson Molekularbiologie lernen will, muss also einen
harten biochemischen Aufstieg hinter sich bringen, der anschließend durch eine herrliche Aussicht belohnt wird. Denn nun kann
der Blick auf Struktur und Funktion der Gene, die Replikation der
DNA, die Übertragung in RNA und die Rolle dieses Moleküls für
die Proteinsynthese gerichtet werden.
An dieser Stelle haben die Leser elf Kapitel mit 350 Seiten hinter
sich, um mit diesen Kenntnissen auf den letzten gut 100 Seiten der
ersten Auflage noch in die Replikation der Viren, den genetischen
Code, die Regulation der Proteinsynthese in Fragen der Zelldiffe-
renzierung eingeführt zu werden. Im sechzehnten und letzten Kapitel nähert er sich dann dem Problem, das ihm bis heute am Herzen liegt: dem aus den Fugen geratenen Wachsen von Zellen, das
wir Krebs nennen. »A geneticist's view of cancer« beschließt zwar
das Lehrbuch, bleibt aber die Aufgabe künftiger Generationen von
Genetikern. Der entscheidende Punkt liegt darin, dass mit der Molekularbiologie die Hoffnung wächst, sich diesem Problem auf
rationale Weise zu nähern.

win erhielt die Biologie eine Theorie, die den Glauben an geheimnisvolle höhere Mächte überflüssig machte. Genauso schätzt Watson die Bedeutung seiner eigenen Entdeckung ein, der Doppelhelix, die aus dem mysteriösen Gebilde, dem man unter dem Namen »Gen« in Kreuzungsexperimenten nachging, ein reales molekulares Objekt machte, das sich exakt und elegant zugleich analysieren ließ. Mit dieser Struktur wurde es möglich, »praktisch alle grundlegenden Eigenschaften des Lebens auf der Ebene der Moleküle zu verstehen«, was die Hoffnung mit sich bringt, eines Tages auch »die anderen Charakteristiken der lebenden Organismen (...) vollständig mithilfe der koordinierten Wechselwirkung von kleinen und großen Molekülen« zu verstehen. So das »Ziel der Molekularbiologie«, wie Watson es 1965 ausdrückt.

Nachdem er erklärt hat, dass eine Zelle ganz allgemein mit den Mitteln des Chemikers verstanden werden kann, lenkt er im dritten Kapitel den Blick konkret auf eine bakterielle Zelle, bevor er anschließend der »Bedeutung der schwachen chemischen Wechselwirkung« viel Raum gibt. Sie ist es ja, mit deren Hilfe die beiden Stränge der Doppelhelix aneinander gebunden werden. Die Studenten müssen sich aber bis auf Seite 262 des rund 480 Seiten langen Textes vorarbeiten, bevor sie das Herzstück zu sehen bekommen, ein Modell der DNA, das mit den Werkzeugen gebaut worden ist, die Pauling in die Chemie eingeführt hat. Der Weg zur DNA führt über ein Verständnis der Energie für chemische Reaktionen, erläutert das Konzept von passenden Oberflächen für Synthesen, beschreibt die Anordnung von Genen aus Chromosomen, wie sie aus der klassischen Genetik bekannt sind, und wendet sich dann der Frage nach der Struktur der Gene zu, deren Antwort bestens bekannt ist.

Da die DNA nun eingeführt ist, wird sie verdoppelt und als Vorlage für die Anfertigung von RNA vorgestellt, die ihrerseits zur Proteinsynthese überleitet. Mit eigenen Kapiteln über »Die Replikation der Viren« und den genetischen Code erfasst der Text den neuesten Stand der Wissenschaft, bevor sich Watson abschließend auf offene Fragen einlässt, wobei es ihm eine besonders angetan hat. Es ist die Frage, ob die wunderbaren Fortschritte der Wissenschaft helfen können, das schreckliche Problem zu verstehen, das als Krebs bekannt ist und sich bislang allen Erklärungen widersetzt.

Nach einer ausführlichen Durchsicht aller bekannten Tatbestände im Hinblick auf die Frage, ob sie sich durch Abweichungen bzw. Abnormitäten von Molekülen erklären lassen, mit denen die Biologen inzwischen vertraut sind, kommt Watson zu der Einsicht, dass noch ein weiter Weg zu gehen ist, bevor man die krebsförmige Entartung von Zellen verstehen kann. Doch mit seinem letzten Satz knüpft er an den ersten an, denn eine Erkenntnis gibt es immerhin. Die neue Molekularbiologie, die er gerade präsentiert hat, erlaubt es auf jeden Fall, »die Biochemie von Krebs in einer gradlinigen und rationalen Weise anzugehen«. Der wissenschaftliche Verstand kann also etwas tun, um den Krebs zu besiegen.

Die Biochemie des Krebses

Watson hat sich zum ersten Mal intensiv mit Krebs befasst, als er 1959 seinen Studenten in Harvard eine Vorlesung über »Die Biochemie des Krebses« anbot. Bei Durchsicht der Literatur war ihm aufgefallen, dass wenige Wissenschaftler der Ansicht waren, es würde sich lohnen, nach Viren Ausschau zu halten. Tatsächlich galt es damals als ausgemacht, dass niemand mehr einen Ausdruck wie »Tumorviren« verwenden sollte. Watson empfahl, an dieser Stelle vorsichtiger zu verfahren, vor allem, da inzwischen bekannt sei, dass es bakterielle Viren gibt, die mit ihren Proteinen in den Stoffwechsel der DNA eingreifen können. Da habe man doch einen Weg, normale Zellen in Krebsgewebe zu verwandeln, wie er zunächst nur vermuten, aber nicht beweisen konnte. Wenn man bei tierischen Viren die Fähigkeit nachweisen könnte, die in den meisten Zellen eingestellte (abgeschaltete) DNA-Synthese wieder in Gang zu bringen, hätte man einen molekularen Mechanismus, der zum Tumorwachstum führe.

Doch noch stand den meisten Biologen nicht der Sinn danach, das Geschehen in den Zellen – und damit in den Organismen – von der DNA her zu verstehen, und vor allem weigerten sich die Embryologen, entsprechende Versuche zu unternehmen. Dies veranlasste übrigens Watson, anschließend eine Vorlesung über Embryologie zu halten, die er vor allem nutzte, um gegen die traditionelle Vorgehensweise in diesem Fach zu argumentieren. Seiner Ansicht nach konnte man den Rest seines Lebens damit verbringen, biochemische Messungen an Zellen

zweitens→ erstens ↓	U	C	A	G	drittens ↓
U	Phe	Ser	Tyr	Cys	U
	Phe	Ser	Tyr	Cys	C
	Leu	Ser	Stopp	Stopp	A
	Leu	Ser	Stopp	Trp	G
C	Leu	Pro	His	Arg	U
	Leu	Pro	His	Arg	C
	Leu	Pro	Gln	Arg	A
	Leu	Pro	Gln	Arg	G
A	Ile	Thr	Asn	Ser	U
	Ile	Thr	Asn	Ser	C
	Ile	Thr	Lys	Arg	A
	Met oder Start	Thr	Lys	Arg	G
G	Val	Ala	Asp	Gly	U
	Val	Ala	Asp	Gly	C
	Val	Ala	Gln	Gly	A
	Val	Ala	Gln	Gly	G

Der genetische Code in Cold Spring Harbor

vorzunehmen, ohne auch nur die kleinste Einsicht in die Entwicklung des Lebens zu bekommen: »You could go from here to eternity measuring enzyme levels, but nothing would come out«, wie er sich ausdrückte, um den Biologen dringend zu raten, nicht von den großen Fragen zu träumen, sondern sich endlich um lösbare Probleme zu kümmern.

Damit machte er sich nicht unbedingt beliebt, und die Harvard University nutzte die erste Gelegenheit, Watsons Vorlesungen einem anderen zu übertragen. Dies war 1966 der Fall, als *Die Molekularbiologie des Gens* bereits auf dem Markt war und Watson das, was er zu sagen hatte, nicht mehr persönlich verkünden musste. Die Botschaft hieß: »Fangt mit der DNA an« – und er wusste, dass sich das lohnte.

1966 ist übrigens das Jahr, in dem – endlich – der genetische Code zwar nicht vollständig, aber unzweifelhaft bekannt ist. Zum ersten Mal wird er in dieser Form auf einem Symposium in Cold Spring Harbor vorgestellt, dessen Thema »The Genetic Code« heißt.

Das Lehrbuch »Die Molekularbiologie des Gens« als Spiegel der Molekularbiologie

Ein Lehrbuch zu schreiben, ist eine (schwierige) Sache, es auf dem neuesten Stand zu halten, ist noch schwieriger. Die Qualität eines Lehrkonzepts zeigt sich an den Auflagen, die das entsprechende Buch erreicht. In dieser Hinsicht kann sich Watsons Leistung durchaus sehen lassen. Nach der ersten Auflage von 1965 mit knapp 500 Seiten erscheint die zweite 1970 mit über 660 Seiten und die dritte 1976 mit 740 Seiten, bevor das ganze Unternehmen explodiert und 1987 eine vierte Auflage mit fast 1200 Seiten erscheint, deren klein und eng gesetztes Register allein 26 Seiten umfasst. Die letzte Ausgabe hat Watson mithilfe von vier anderen Molekularbiologinnen und Molekularbiologen geschrieben. Im Vorwort erklärt er, warum sich dies als Notwendigkeit herausgestellt hat: »Heute gibt es keinen Molekularbiologen mehr, der alle wichtigen Tatbestände über das Gen kennt.«

Die vier bisherigen Auflagen, denen hoffentlich bald eine fünfte folgt, liefern einem Wissenschaftshistoriker das beste Material, um eine Geschichte der Molekularbiologie zu schreiben, die darlegt, welche Erkenntnisse die Wissenschaft zwischen den frühen sechziger und den späten achtziger Jahren schrittweise gewonnen hat. Der Vorteil der zweiten Auflage von 1970 besteht zum Beispiel darin, dass sie den Stand der Molekularbiologie vor Augen führt, bevor die Gentechnik aufkam, die 1973 vorgestellt wurde und mit der Watsons Wissenschaft eine neue Phase erlebt. Er merkt diesen Wechsel mit einer winzigen Änderung der Widmung der dritten Auflage an, indem er das nun mit einem festen Einband versehene Buch nicht mehr wie die ersten beiden Auflagen seinem Lehrer Luria widmet, sondern seiner Frau. Das Buch ist »Für Liz«, weil das Leben mit ihr so anders ist, wie die Genetik es nun mit der Gentechnik wird – noch spannender, noch eindringlicher, dynamischer und lebendiger.

Wenn man die Geschichte der Molekularbiologie übersichtlich darstellen will, kann man als Eckdaten die Jahre 1935 und 1953 angeben. Die erste Jahreszahl ist jedoch nicht streng exakt gemeint, sondern ist der Einfachheit halber gewählt worden (man kann sie sich als Verdrehung von zwei Ziffern der legendären Jahreszahl 1953 gut merken) und steht für die Anfänge dieses eigenständigen Forschungsgebiets Mitte der dreißiger Jahre. 1953 beginnt mit Watsons und Cricks Beschreibung der Doppelhelix die Phase, die wir heute bereits »Klassische Molekularbiologie« nennen.

Die Molekularbiologie liefert das Grundverständnis für die biochemischen Abläufe, die in den Bausteinen eines Organismus nötig sind, damit Zellen leben (atmen, Energie aufnehmen), wachsen und sich teilen können. Sie versteht im Grundsatz, wie aus DNA mit Hilfe von Zwischenträgern der genetischen Information (RNA) und dank der Vermittlung durch den genetischen Code die Proteine angefertigt werden, die für die chemischen Reaktionen in den Zellen verantwortlich sind. Und sie beginnt, sich mit diesem Arsenal größeren Aufgaben zu stellen, beispielsweise denen der Embryologie oder des Tumorwachstums.

Dann kommt die Gentechnik auf, mit deren Hilfe man die Gene genauer analysieren kann als bisher. Und je länger und genauer sie untersucht werden, desto mehr Feinheiten in der DNA und Unterschiede in den Zellen fallen auf, ohne dass man den geschaffenen Grund aufgeben müsste. Dabei entstehen völlig neue Felder, die Watson dazu veranlassen, die vierte Auflage in zwei Teilen anzubieten, einem allgemeinen (»General Principles«) und einem speziellen Teil (»Specialized Aspects«). Der allgemeine Teil bleibt unverändert gegenüber der dritten Auflage, während im speziellen Teil nicht nur Themen von medizinischem Interesse vorgestellt werden – die Fähigkeit des Immunsystems, möglichst viele Abwehrmoleküle anzufertigen, und die Kontrolle des Zellwachstums bei der Krebsentstehung –, sondern auch die Evolution im Licht der Molekularbiologie erörtert und sogar nach dem Ursprung des Lebens gefragt wird.[3]

Bei allen Erfolgen und gar Triumphen, welche die Molekularbiologie dabei verzeichnen kann, ist das ganze Unternehmen »mehr eine experimentelle als eine theoretische Wissenschaft«, wie Watson am Schluss der vierten Auflage einräumt. Dieser 1987 geschriebene und nach wie vor zutreffende Satz muss ihm schwer gefallen sein, da er seit Beginn seiner Forschertätigkeit genau verstanden hat, dass es nichts Praktischeres gibt als eine gute Theorie. Aber Experimente haben auch ihren Wert. Und wenn sie gut sind, zeigen sie vielleicht, wie das Leben begonnen haben könnte. Das wäre dann der erste Schritt – so beschließt Watson die *Die Molekularbiologie des Gens* auf Seite 1161 –, um zu lernen, wie das Leben tatsächlich angefangen hat.

Der Schriftsteller und sein Longseller

Wer überragenden Erfolg haben will, muss darauf
vorbereitet sein, auf ernste Schwierigkeiten zu treffen.

Im Herbst 1965 – kurz nach dem Erscheinen der ersten Auflage des Lehrbuchklassikers *Die Molekularbiologie des Gens* –
zieht es Watson erneut nach Europa. Er kehrt in sein geliebtes
Cambridge zurück, um dort mit dem ihn immer wieder anregenden Blick auf die altehrwürdige Architektur der verschiedenen Universitätsgebäude ein anderes Manuskript abzuschließen, das unter dem Titel *Die Doppelhelix* bald einen
noch größeren Erfolg erleben und ebenfalls zu einem Klassiker und zu dem weltweit meistgelesenen Buch über Wissenschaft werden sollte.[1] Damit gelingt ihm die größtmögliche
Leistungssteigerung, wenn man der Ansicht von Richard Lewontin folgt, einem anderen, in den USA berühmten Biologen
der Harvard-Universität, der neben seiner wissenschaftlichen
Reputation auch ein Renommee als Intellektueller genießt.[2]
Worauf – so fragt Lewontin – kann jemand noch hoffen, der
schon zum Großen Wissenschaftler (mit groß geschriebenem
Anfangsbuchstaben) gesalbt worden ist? Darauf gibt er selbst
die Antwort – Erfolg zu haben als ein Großer Schriftsteller, wobei die beiden großen Gs an den Titel des Romans *The Great
Gatsby* von Scott Fitzgerald erinnern, dessen Wirkung Watson vermutlich nachstrebte. Sicher ist es kein Zufall, dass der
erstmals 1925 erschienene *Große Gatsby* erneut im Jahre 1953
auf den Buchmarkt kam.[3]

Lewontin bewundert an dem Autor der *Doppelhelix*, dass
Watson sich nicht auf den Lorbeeren der früh gelungenen
Arbeiten für den in jungen Jahren zuerkannten Nobelpreis
ausgeruht und vielmehr unruhig nicht nur nach neuen und
anderen, sondern nach neuartigen und andersartigen Herausforderungen gesucht hat. So gesehen stellt Jim ziemlich über-

zeugend das dar, was sein Freund Gunther Stent einmal den »faustischen Menschenschlag« genannt hat, mit dessen Hilfe die europäisch-amerikanische Wissenschaft im Allgemeinen und die Molekularbiologie im Besonderen entsteht. Was mit diesem Ausdruck gemeint ist, offenbart zum Beispiel der Monolog, mit dem Goethes Faust nach dem Vorspiel im Drama auftritt. Zum einen misst Faust seine Leistung nicht an der von anderen, sondern nur an den unendlichen Möglichkeiten, die seinen Fähigkeiten noch offen stehen. Und zum Zweiten ist der faustische Mensch auch bereit, für sein weiteres Vorwärtsstreben selbst das zu zerstören, was ihm bislang lieb und teuer und ans Herz gewachsen war, um das eher schwierige und im Zusammenhang mit unserem Helden wohl auch unpassende Wort »heilig« zu umgehen.

Genauso verfährt Watson mit der Wissenschaft bzw. mit ihren Akteuren in der *Doppelhelix*. Statt die Forschung als ehrfürchtige Suche nach ewigen Wahrheiten vorzustellen, die von selbstlosen, asketischen Mitgliedern der menschlichen Gesellschaft im fairen und offenen Gedankenaustausch ohne finanzielle Gier betrieben wird, stellt er den Alltag im Laboratorium dar, wie er ihn persönlich erlebt hat. Er hat ihn erfahren als trickreiches Gerangel um Anerkennung und Arbeitsraum, als angestrengtes Bemühen um Kompetenz, als ehrgeiziges Treiben randvoll mit unwissenschaftlichen Motiven, die vom nationalen Stolz bis zum *cherchez la femme* reichen und bei dem die meiste Zeit offenbar für den Weg zu oder von einer Kneipe, für den Besuch einer Party oder eines anderen Vergnügungsortes aufgewandt wird. Zwar haben Historiker immer schon davon geträumt, einmal zu erfahren, »wie es wirklich gewesen ist« (Theodor Ranke), aber obwohl – oder gerade weil – Watsons Bericht über die Entdeckung der Doppelhelix genau dies zu liefern scheint, bleibt die Zunft skeptisch. Biografische Texte sollten nämlich allein deshalb immer als irreführend angesehen werden, weil sie entlang den wissenschaftlichen Wegen einen erzählbaren Zusammenhang herstellen müssen, der in der Wirklichkeit nicht unbedingt bestanden haben muss. Wenn es dem Verfasser zusätzlich gelingt, einen durchgängigen Strang der Handlung zu erfinden, an dem man gerne mitgezogen hätte bzw. bei dem sich jeder leicht vorstellen kann, dass es sich tatsächlich so abgespielt haben könnte, dann ist er schon ganz nah an einem erfolgreichen Titel. Und das ist *Die Doppelhelix* wirklich, die übrigens lange gebraucht hat, um ihren endgültigen Titel zu bekommen.

Der fiktive Zusammenhang, der Watsons Buch so spannend und nachvollziehbar macht, ist die Vorgabe, dass die Suche nach der DNA-Struktur ein atemloses Wettrennen um den Nobelpreis war, das sowohl gegen Figuren wie Linus Pauling im Hintergrund als auch gegen Konkurrenten wie Maurice Wilkins und Rosalind Franklin in der Nähe geführt wird. Selbst wenn dies Jims jugendlich-ungestüme Sicht war, die anderen – Crick und Wilkins zum Beispiel – haben bei der mühsamen täglichen Arbeit im Laboratorium keineswegs von höheren Weihen geträumt. Dies ändert natürlich nichts an der besonderen Größe der gemeinsamen Entdeckung, die viele Betrachter des Modells – darunter Sydney Brenner – sogar von einer Offenbarung sprechen ließ.

Die Entdeckung der Doppelhelix hat unterschiedliche menschliche und wissenschaftliche Wirkungen gehabt, von denen eine ungeschminkt bekannt geworden ist: die von Jim. Wieso soll man sich auch nicht von einer solchen Entdeckung entzünden lassen und den Mut zu kühnsten Unternehmungen fassen? Warum soll er die Freude über die Doppelhelix und das Vergnügen an seinem Triumph verstecken? Wer die Doppelhelix nicht nur außen als Modell vorgeführt bekommt, sondern diese Urform der werdenden Dinge, so wie Jim, in seinem Inneren entdeckt und dabei das gestaltende Prinzip des Lebens derart plastisch vor Augen hat, muss doch existenziell so erschüttert sein, dass er sein Leben ändern muss. Und so leuchtet es ein, dass sich Jim im Moment des Auftauchens und Auffindens der Doppelhelix und in den Tagen ihrer Vorstellung vornimmt, in einigem zeitlichen Abstand die Geschichte der Entdeckung und seine persönlichen Erfahrungen detailliert zu erzählen. Er setzt sein Ziel dabei sehr hoch an, denn er will nicht nur einen sachlich informierenden Bericht, sondern einen auch literarischen Kriterien genügenden Text schreiben. Und *Die Doppelhelix* muss und kann an diesem Anspruch gemessen werden.

Das Attribut »literarisch« ist wichtig und wird von Watson ernst gemeint. Er will nicht das sensationelle Ergebnis und die im Normalfall wenig aufregenden Eigentümlichkeiten vieler der beteiligten Persönlichkeiten – von Rosalind Franklin bis Francis Crick – ausnutzen, um die Wissenschaft als einen gut verkäuflichen Jahrmarkt der Eitelkeiten vorzuführen, hinter dessen glänzender Fassade viele Niederträchtigkeiten ihren Platz finden. Er will etwas ganz anderes, schreiben, eine Erzählung, und damit ist eine literarische Kategorie gemeint.

Sein Bericht über die Doppelhelix soll ein Stück Literatur (»a work of literature«) werden, und während er in Harvard noch an seinem Lehrbuch arbeitet, kommen auch die ersten Kapitel des Buches zu Papier, das zunächst *Honest Jim* (»Der ehrliche Jim«) heißt. Dieser später verworfene Titel wird durch eine einseitige Eröffnungsszene verständlich, die als einzige Episode des Buches die Chronologie der Ereignisse durchbricht und darüber hinaus Jim – anders als im Text selbst – völlig passiv zeigt. Watson schildert hier zum Auftakt die Begegnung mit dem Briten Willy Seeds, einem ehemaligen Mitarbeiter von Wilkins, im Sommer 1955 auf einem Kletterpfad in den Schweizer Alpen. Doch statt anzuhalten, beschleunigt Seeds seine Schritte und ruft ihm eher verächtlich zu: »Wie geht es denn dem ehrlichen Jim?«

Noch bevor die eigentliche Erzählung beginnt, weist Jim Watson den Leser darauf hin, dass es auf den folgenden Seiten nicht um die Wahrheit geht – außer in einem poetischen Sinn –, und dass selbst unter Kollegen der Charakter des Erzählers angezweifelt wird. Da aber weder die Kollegen noch literarisch versierte Kritiker diese Elemente des erzählerischen Aufbaus hinreichend aufmerksam zur Kenntnis nehmen, wirft man ihm entweder eine Verzerrung der wissenschaftlichen

Wirklichkeit vor oder erfreut sich eher schlicht an seinen Klatschgeschichten über Kollegen.

Während das Manuskript Gestalt annimmt, befürchtet Watson, dass viele Biologen alles falsch verstehen werden und nur wissen wollen, wer wann welche Idee und welche Daten zu der Doppelhelix beigetragen hat. Darum spielt er zwischendurch mit dem Gedanken, seine Beschreibung des Weges zur Doppelhelix *Base Pairs* zu nennen, was mit einer Doppeldeutigkeit spielt, die im Deutschen nicht mit einer Wendung alleine wiedergegeben werden kann. Es kann nämlich sowohl »Basenpaare« als auch »Basispaare« heißen. Im ersten Fall wären natürlich die chemischen Bausteine der DNA gemeint, auf deren Paarung es letztlich ankommt, aber im zweiten Fall könnten die Forschergruppierungen gemeint sein, die sich um die Struktur der DNA bemühten – ein Basispaar waren natürlich Watson und Crick in Cambridge, und das zweite Basispaar setzte sich aus Wilkins und Franklin in London zusammen.[4] In beiden Fällen treffen zwei Menschen zusammen, die nicht zusammenpassen. Doch in einem Fall gelingt und im anderen misslingt die Kooperation, und zwar restlos. Das gibt dem Autor Gelegenheit, die Bedeutung des sozialen Elements in der Geschichte der Wissenschaft vorzuführen, die längst nicht mehr von großen Individuen, sondern von kleinen Gruppen gemacht wird.

Weil Watson ohne Crick hilflos gewesen wäre und weil er das weiß, fängt seine Erzählung nach dem Prolog in den Alpen mit Crick an, wobei streng genommen, dies nicht der Fall ist, denn der erste Satz der *Doppelhelix* lautet: »Ich habe Francis Crick nie bescheiden gesehen.« Die Erzählung beginnt also mit Jim selbst. Er ist übrigens schon früh sicher, einen guten Text zu Papier bringen zu können, weil er an das Rezept glaubt, dass ein guter erster Satz die Schleusen des Schreibens öffnet. Und ihm ist ein guter erster Satz eingefallen, nämlich die oben zitierte Eröffnung der Handlung. Jim Watson trifft Francis Crick – und schon ist der Leser mitten im Abenteuer, das zunächst viele Tiefen durchläuft, bevor es seinen Zenit erreicht.

Rosalind Franklin

Wenn von der doppelten Doppelhelix – dem Buch und dem Modell – die Rede ist, dauert es nicht lange, bis der Name Rosalind Franklin fällt, und es scheint offensichtlich, dass Watson durch seinen autobiografischen Bericht dem Bild großen Schaden zugefügt hat, das sich die Nachwelt von »Rosy« macht, wie Jim sie flapsig nennt. Für den Jim der frühen fünfziger Jahre in Cambridge ist die acht Jahre ältere Rosalind Franklin eine Frau mit einem eigensinnigen Kopf, die stur und in seinen Augen phantasielos an ihren Daten klebt und am molekularen Modellbau keinerlei Gefallen findet. Er lässt sie in seiner Erzählung Vorträge »in einem raschen, nervösen Stil« halten und konstatiert, »in ihren Worten war keine Spur von Wärme oder Frivolität«. Wie sollte das auch nach einem »jahrelangen sorgfältigen, leidenschaftslosen kristallographischen Training« der Fall sein, wundert sich Jim, der schließlich sogar eher alberne Machoattitüden an den Tag legt, als er anlässlich einer Beschreibung, die Rosalind von ihren Röntgen-Kristalldiagrammen gibt, ihr zuzuhören vergisst und sich lieber überlegt, »wie sie wohl aussehen würde, wenn sie ihre Brille abnähme und irgendetwas Neues mit ihrem Haar versuchte«.

Natürlich kann man diese Darstellung kritisieren, aber der 24-jährige Jim kommt eigentlich schlechter dabei weg als die 32-jährige Rosalind, wobei Jim selbst weiß, dass er nicht gut aussieht, wohl aber Rosalind, die als intelligente Frau schwerste Kämpfe zu bestehen hat, »um von den Wissenschaftlern anerkannt zu werden, die in Frauen oft nur eine Ablenkung von ernsthaftem Denken sehen«. So Watson im Epilog zur *Doppelhelix*, in dem er sich vor Franklins wissenschaftlicher Leistung ebenso verneigt wie vor der Frau selbst. Das Buch beginnt mit Crick und endet mit Rosalind Franklin, die unheilbar krank war und 1958 37-jährig starb – also bevor die Anerkennung aus Stockholm sie mit einschließen konnte.

Obwohl sie nicht zu den Nobelpreisträgerinnen gehört, liegen schon zwei Biografien von ihr vor, die beide ihren Namen und die drei berühmten Buchstaben – *Rosalind Franklin and DNA* – im Titel führen, wobei die jüngste Darstellung ihr sogar den Status einer »dark lady« der DNA zuerkennt. Das ist ein Ausdruck dafür, dass sich beide Biografen bemühen, Watsons literarischer Darstellung eine andere, möglicherweise nicht bloß poetische Wahrheit gegenüberzustellen. Rosalind Franklin wird als lebenslustige, elegante, höchst intelligente Frau geschildert, die in wohlhabenden Verhältnissen aufwächst und viele Jahre in Paris verbringt, bevor sie 1951 nach London zurückkehrt, um ihre unvergesslichen wissenschaftlichen Leistungen zu vollbringen, deren Höhepunkt in der Unterscheidung von zwei DNA-Formen (A und B) besteht, in deren Folge ihr das berühmte Röntgendiagramm mit dem legendären »helical cross« gelingt, ohne das die Doppelhelix viel länger auf ihre Erlösung hätte warten müssen.

Das Problem, das beide Biografien nicht lösen können, steckt in Franklins verkorkstem Verhältnis zu Maurice Wilkins, der als stellvertretender Direktor des Laboratoriums am King's College tätig war, an dem Rosalind Franklin ihre Stelle antrat. Die merkwürdigen Züge, die Jim an der jungen Forscherin wahrnimmt und schonungslos schildert, haben zwar offensichtlich nicht sehr viel mit der realen Rosalind Franklin zu tun. Sie zeigten sich aber in den Jahren, in denen sie unter Wilkins mehr litt als arbeitete. Franklin blühte erst wieder auf, als sie – nach der Doppelhelix – in London umziehen und einen neuen Arbeitsplatz einen Kilometer von Wilkins entfernt am Birkbeck College übernehmen konnte, an dem sie »bis wenige Wochen vor ihrem Tod ihre Arbeit auf einem hohen Niveau fortsetzte«, wie es am Schluss der *Doppelhelix* heißt.

Es bleibt unbegreiflich, wie Rosalind Franklin, die von ihren Biografen als intellektuell, idealistisch, lebhaft und erlebnisfähig geschildert wird, in ihrer Zeit und im Zusammenhang mit Wilkins die bedrohliche »dark lady« werden konnte, die Jim erlebt und dann auch in dieser Form in sein Buch aufgenommen hat. Man sollte ihm nicht vorwerfen, dass er als unerfahrener 20-Jähriger die schwierige Situation nicht meistern konnte, die mit der historischen Zeit – wir befinden uns im Nachkriegsengland – ebenso zu tun hat wie mit dem persönlichen Status. Das Gespräch zwischen Männern und Frauen ist ohnehin nicht leicht.

Wie schwer muss es erst zwischen einem unreifen 24-jährigen jungen Mann und einer reifen »dunklen Schönheit« gewesen sein? Wahrscheinlich hatte Jim – wie alle Männer – Angst vor Frauen mit solchen Eigenschaften, erst recht, wenn sie plötzlich in Männerwelten eindrangen. In einer Schlüsselszene der *Doppelhelix* ist in der Tat konkret von »Angst« vor Rosalind die Rede. Sie überkommt ihn, nachdem er in ihr Laboratorium eingedrungen ist, wo er nichts zu suchen hat. Nach dieser dramatischen Erfahrung versteht Watson sich plötzlich mit Wilkins, der auf einmal Zutrauen zu dem jungen Mann fasst, den er bislang eher als Ärgernis betrachtet hat. Wilkins und Jim bilden jetzt ein verschwörerisches Basispaar, und mit dem Austausch öffnet sich der Weg zur Lösung immer mehr. Beide Männer sind zusammen in die Welt eingedrungen, die die »dark lady« geschaffen hat.

Als er im Herbst 1965 britischen Boden betritt, hat Watson zwar den größten Teil des Manuskripts schon geschrieben, das in ihm seit einem Dutzend Jahren Gestalt annimmt und mit dem er nach der Überreichung des Nobelpreises tatsächlich beginnen kann, aber die Rückkehr an den Ort der großen Tat gehört mit zum Plan des Schreibens. Watson ist nämlich der Ansicht, dass seine Muttersprache nur in England die literarische Geschmeidigkeit und Raffinesse bekommt, die für das Buch erforderlich ist, das ihm vorschwebt. Er nutzt die Gelegenheit – nicht nur zur Zeit der Niederschrift in den sechziger Jahren, sondern auch später in den achtziger Jahren –, einige Monate in England zu verbringen, um das zu lernen, was er eher schlicht »word usage« nennt und man mit dem richtigen Gebrauch von Wörtern übersetzen könnte. Außerdem begeistert ihn die Lektüre der Romane von Graham Greene, vor allem *Das Ende einer Affäre* und *Das Herz aller Dinge*. Seine Vorbilder sind, wie bereits erwähnt, *Der Große Gatsby* von Scott Fitzgerald und Christopher Isherwoods hierzulande wenig bekannter Roman *Mr. Norris Changes Train*.

Die Lektüre bewältigt er im Winter 1965/66, für den die Harvard University ihrem neuen Star ein Freisemester, ein »sabbatical leave«, gewährt. Während der Freistellung bezieht er natürlich, wie alle anderen amerikanischen Professoren auch, kein Gehalt. Für diese Zeit stellt ihm die Guggenheim-Stiftung ein Stipendium zur Verfügung, das ihm ermöglicht, ohne finanzielle Sorgen letzte Hand an das Manuskript zu legen, mit dessen ersten Entwürfen er 1962 begonnen hat.

Nachdem Watson für seinen persönlichen Wissenschaftsbericht anfangs den Titel *Annals of Crime* (»Aus den Annalen des Verbrechens«) ins Auge gefasst hat, wie er allerdings wenig glaubhaft versichert, zirkuliert seit Mitte Dezember 1965 eine erste Fassung unter dem Titel *Honest Jim*, die potenziellen Verlegern und Freunden zur privaten Lektüre angeboten wird. Mit diesem Titel will er natürlich alles andere als einen eindeutigen Hinweis auf seinen Charakter geben, sondern eher das Zwiespältige ausdrücken, das andere bei seinem Auftreten empfinden. Der Titel bringt aber auch eine literarische Ambition zum Ausdruck, nämlich eine Anlehnung an die beiden erfolgreichen Romane *Lord Jim* von Joseph Conrad und *Lucky Jim* von Kingsley Amis. Es dauert allerdings noch eine gewisse Zeit, bevor aus dem ersten Entwurf die zum Druck bestimmte Fassung entsteht. Letztlich unterlässt er literarische Anspielungen und Anmaßungen und begnügt sich mit der Nennung dessen, worum es geht, um die Doppelhelix und ihre Entdeckung.

Andere Arten zu lehren

Aber der Autor Jim Watson muss auch seine Lehrverpflichtungen wahrnehmen, die für ihn weit mehr als eine lästige Pflicht sind. So ist er zum Beispiel weltweit unterwegs, um die Lehre von der neuen Biologie zu verbreiten. Unter anderem hält er beispielsweise ab Mitte Januar 1966 auf Einladung der Ford Foundation einen sechswöchigen Kurs in Kenia ab.

Um auch künftigen Generationen von Studenten zu ermöglichen, Spitzenforscher aus ihren Reihen hervorzubringen, versucht er darüber hinaus zu analysieren, worauf der Erfolg der europäischen Physik im frühen 20. Jahrhundert beruht, unabhängig von einzelnen hervorragenden Persönlichkeiten wie etwa Ernest Rutherford in England oder Arnold Sommerfeld in Deutschland. Ein Rezept für den Erfolg scheint es nach Watsons Überzeugung gewesen zu sein, dass die Lehrer ihre Studenten dazu brachten, möglicht bald auf eigenen Beinen zu stehen, um an neuen Orten ihre Forschungsrichtung zu verfolgen und ihre eigene Lehre auszuüben.

Als er in den sechziger Jahren zusammen mit dem später ebenfalls mit dem Nobelpreis ausgezeichneten Walter Gilbert die biologische Abteilung der Harvard University strukturiert, versuchen beide, diese Prinzipien in die Praxis umzusetzen: Sie verlangen nicht nur hervorragende Leistungen, sondern bestehen vor allem auf Selbstständigkeit in der Durchführung wissenschaftlicher Arbeiten. Dies fördern Watson und Gilbert, indem sie die zwar übliche, aber letztlich unlautere Praxis aufgeben, Institutsdirektoren oder Lehrstuhlinhaber auch dann noch als Autoren einer Fachpublikation zu nennen, wenn die darin berichteten Ergebnisse zwar in den von ihnen geführten Laboratorien erzielt worden, sie aber ohne ihr direktes Zutun zustande gekommen sind.

Abgesehen von dem falschen Anspruch, der da erhoben wird, verhindert die Aufführung der Professorennamen den Schritt zur Selbstständigkeit eines Studenten. Wer nämlich einen Artikel mit bekannten, einflussreichen Namen zur Veröffentlichung einreicht, wird meistens von den Gutachtern weniger Kritik bekommen und es leichter haben, ohne etwas dabei zu lernen. Das Ziel muss sein, sich unabhängig von jeder Protektion in der wissenschaftlichen Welt zu behaupten. Darum müssen die Studenten in Watsons Laboratorium ihre Ergebnisse ohne seine Namensnennung an die Fachzeitschriften schicken, alleine um ihre Publikation kämpfen und ihre Argumente vortragen.

Schon als Student hatte sich Watson gegen Veröffentlichungen gesträubt, die vor Trivialitäten strotzten, mit denen keine nachhaltige Einsicht verbunden war. Umso weniger ließ er als Dozent zu, dass seine eigenen Mitarbeiter überflüssige Ansammlungen von Daten produzierten, selbst wenn diese noch so sorgfältig erhoben und ausgewertet worden waren. Damit seinem Institut der Geldhahn nicht zugedreht würde, verlangte er natürlich auch Ergebnisse, die aber einem Konzept über die Natur entspringen mussten, statt bloß eine Ansammlung von Daten zu sein.

Um seine Studenten zu Höchstleistungen zu bringen, machte er sich möglichst rar und räumte ihnen nur wenig Zeit für ein Gespräch ein. Unter seinen Postdocs gab es fast so etwas wie einen Wettbewerb, wer von ihnen Watson die längste Redezeit abtrotzen konnte, die in Minuten gemessen wurde. Der Genetiker Benno Müller-Hill, der damals in Harvard vornehmlich mit Gilbert kooperierte und die stundenlangen Debatten mit ihm ebenso genoss wie die kurzen Zusammenstöße mit Watson, erinnert sich, dass Jims Erscheinen im Laboratorium so aufgefasst wurde, als ob der liebe Gott zu Besuch komme. Darin drückte sich die Bewunderung für einen Wissenschaftler aus, vor dem man nicht nur Respekt hatte, weil er mit einer Jahrhundertentdeckung eine Jahrhundertwissenschaft auf den Weg gebracht hatte, sondern auch weil er ein untrügliches Gefühl für die künftigen Entwicklungen der neuen biologischen Forschung zu haben schien. So wie er als Student die richtigen Lehrer (und anschließend die richtigen Themen und Methoden) gewählt hatte, wählte er als Lehrer jetzt die richtigen Studenten aus und zeigte ihnen, wo sie am besten ihr Glück probieren konnten. »Jim hat unverschämt oft Recht gehabt«, wie Müller-Hill meint, um sich bis heute über diese wahrscheinlich an keiner Universität erlernbare Fähigkeit zu wundern und zu freuen. Man konnte sich auf Watsons Worte verlassen, und deshalb brauchte er nicht so viele zu machen.

Die Publikation der »Doppelhelix«

Rückblickend könnte man sagen, dass Watson mit dem Zeitpunkt, zu dem die erste Auflage seiner *Molekularbiologie des Gens* erschien, Glück hatte, denn mit dem Jahr 1965 sind die Umrisse der Molekularbiologie erkennbar, die heute als klassisch bezeichnet wird. Man könnte aber auch die Vermutung äußern, dass er dies weniger dem Glück als seinem souveränen Überblick verdankte, der ihn zum richtigen Zeitpunkt mit einem Lehrbuch auf den Markt kommen ließ, ohne riskieren zu müssen, etwas zu produzieren, das schon beim Erscheinen veraltet ist. Diese Situation wäre eingetreten, wenn er fünf Jahre vorher dasselbe versucht hätte. Doch während sich die Molekularbiologie zwischen 1960 und 1965 ungeheuer dynamisch entfaltete, trat zwischen 1965 und 1970 eher eine Art Verschnaufpause ein, die viele schon an so etwas wie das Ende der Molekularbiologie denken ließen. François Jacob etwa zog sich ein wenig aus dem Laboratorium zurück, um eine Geschichte der Genetik zu schreiben – *Die Logik des Lebendigen* –, deren französische Originalversion 1970 erschienen ist. Und Gunther Stent hielt an der University of California in Berkeley Vorlesungen über »The Coming of the Golden Age«, in dem er Aufstieg und Fall der Molekularbiologie schilderte und das Ende des Fortschritts verkündete.

Doch heute lässt sich sagen, dass die Jahre bis 1970 so etwas wie die Ruhe vor dem Sturm waren, der sich hurrikanartig entlud, als die Gentechnik entwickelt wurde und sich das Gebiet der Biowissenschaft explosionsartig in ihrem Gefolge erweiterte, um ab der Mitte der siebziger Jahre eine besondere Wirkung in Wissenschaft und Gesellschaft auszuüben. Niemand – Watson mit eingeschlossen – konnte diese umwälzende Neuerung der Genetik vorhersehen, die den Zeitpunkt höchst unglücklich erscheinen lässt, zu dem die zweite Auflage der *Molekularbiologie des Gens* erschien, nämlich 1970. Im Vorwort dieses sich wieder sensationell gut verkaufenden Buches fragt Watson, ob seine alten Einleitungen noch nötig sind, denn inzwischen würde man von der Doppelhelix doch schon in der Grundschule (»primary school«) hören.

Tatsächlich dringen in den späten sechziger Jahren die Neuigkeiten aus den biologischen Laboratorien in die Schulbücher und in die populärwissenschaftlichen Zeitschriften vor. In dem viel beschworenen Jahr 1968 erscheint *Die Doppelhelix* in dem

New Yorker Atheneum Verlag – die deutsche Übersetzung kommt ein Jahr später auf den Markt – und wird unverzüglich ein riesiger Presse- und Verkaufserfolg.

Auf Empfehlung von Freunden hatte Watson sein an mehreren Stellen abgemildertes Manuskript im Herbst 1966 zuerst dem angesehenen Verlag der eigenen Universität angeboten, der Harvard University Press. Entscheidungsfindungen in Verlagen sind aber nicht leicht, vor allem wenn große Namen im Spiel sind. Der Verlag beschließt, den Text nur zu publizieren, wenn Crick und Wilkins, über die sich Watson in seinem Buch ebenso despektierlich äußert wie über sich selbst, keinen Protest erheben. Das tun sie aber – und diese Chance lässt sich Thomas Wilson nicht entgehen, der von der Harvard University Press nach New York zu Atheneum gewechselt ist und nun mit Watsons Buch für seinen neuen Verleger einen Bestseller an Land ziehen kann. Wilson weiß, dass die zahlreichen Gutachten, die man in Harvard eingeholt hat, schwanken zwischen dem höchsten Lob für ein dramatisches Buch voller menschlicher Gefühle und der schlimmsten Beschimpfung für eine unehrenwerte Offenlegung kollegialen Stumpfsinns. Aber er vermutet, dass die bisweilen unfairen Attacken auf Mitstreiter im Labor höchstens die Lust der Leser auf die Lektüre steigern.

Gewiss hat Harvard University Press seine Entscheidung später bereut, da die Einnahmen exorbitant stiegen, als die BBC das Buch als »Life Story« mit Jeff Goldblum in der Rolle von Jim Watson verfilmte. Heute steht längst fest, dass der Bericht über *Die Doppelhelix* nicht nur Literatur ist, sondern sogar zu den Klassikern seiner Gattung gezählt werden muss. Er ist ein autobiografisches Meisterwerk unter anderem deshalb, weil Watson sich zwar den Blicken der Leser aussetzt, aber auf psychologische oder philosophische Reflexionen verzichtet, um die Auslegung des Lesers nicht zu beeinflussen. Und was die Wahrheit des Textes angeht, so macht er eines deutlich: Ein Wissenschaftler ist kein Apparat, der einen anderen Apparat bedient und dabei Entdeckungen produziert. Wissenschaft ist ein buntes, lebendiges Hin und Her von Ideen und Versuchen, ein rascher Wechsel von Hoffnung und Enttäuschung und eine Fundgrube voller menschlicher Dramatik.

Das Verständnis der »Doppelhelix«

Die Entdeckung der Doppelhelix und die Publikation des gleichnamigen Buches wirken in das Leben und die Literatur hinein. Die vielleicht markanteste Schilderung des Eindrucks, den Modell und Buch außerhalb der Fachwelt hinterlassen, findet sich in dem Roman *Die Prozedur* des Niederländers Harry Mulisch.

Hauptperson des Buches ist ein Chemiker namens Victor Werker, dem es – in der Fiktion – gelungen ist, Leben in Form eines kuriosen »Eobionten« aus einem Reagenzglas hervorgehen zu lassen, ohne vorher etwas dergleichen hineingetan zu haben. Mulisch lässt seinen Helden etwa zeitgleich mit der Doppelhelix auf die Welt kommen, damit er zur rechten Zeit im lesefähigen Alter ist. Im Roman schildert Werker seinen Lebenslauf und lässt den Leser unter anderem an seiner Entscheidung für ein Studium der Naturwissenschaften teilhaben. Dort heißt es:

Was sollte ich studieren? Ägyptologie? Mein Leben als Konservator des *Museums für Altertum* in Leiden verbringen, wo ich regelmäßig hintrampte? In einem staubigen Hinterzimmer mit einer Pinzette kleine Papyrusschnitzel auf eine Glasplatte legen und versuchen, daraus schlau zu werden? Vielleicht Grabungen in Oxyrinchos unternehmen? Wer nicht so recht weiß, was er studieren soll, wählt meistens Jura, aber so ernst war meine Lage nicht – und die Lösung des Problems kam im richtigen Moment. 1968, als die Revolution in Amsterdam und Paris ihren Höhepunkt erreicht hatte, ich war sechzehn, fiel mir das soeben erschienene Buch von James Watson in die Hände: *The Double Helix*, der Bericht von der grandiosen Entdeckung, die er zusammen mit Crick gemacht hatte. Da gab es auf einmal alles, was ich wollte.

Und er erläutert, wie dies gemeint ist:

> Hier handelte es sich (…) um den Kern allen Lebens, meines eingeschlossen. Nie zuvor hatte ich ein so spannendes Buch gelesen; ich verstand kaum die Hälfte, aber das reichte. Diese Forschung auf höchstem Niveau, die Irrwege, die Überraschungen, die Spannung, die Euphorie – und das alles in einer Atmosphäre von Freundschaft, aber auch von Intrigen. Offenbar muss man eine solche Arbeit zu zweit machen: Die beiden stellten selbst auch so etwas wie eine Doppelhelix dar.

Nach der Lektüre beschließt Werker, Chemie zu studieren, um von dieser Wissenschaft aus das Leben zu verstehen, wie Jim Watson es – ohne das dazugehörige Studium – getan hat. Im weiteren Verlauf seines Lebens wird Werker durch seine wissenschaftliche Arbeit berühmt, was mit dem Satz ausgedrückt wird: »Ich bin der Entdecker des Eobionten, so wie Fleming der Entdecker des Penizillins ist und Watson der des DNA-Moleküls.«
Diese Aussage ist nicht korrekt, denn Watson hat sicher nicht das DNA-Molekül, sondern höchstens dessen Aufbau und Struktur entdeckt, aber dies ist im Vergleich zu einem anderen Fehlschluss, der Mulisch kurz danach unterläuft und der einen massiven Irrtum propagiert, eher irrelevant. Nachdem er seinem Helden Werker gestattet hat, seine Leistung mit der von Watson und Fleming zu vergleichen und sich dabei dem Vorwurf der Selbstüberschätzung auszusetzen, versucht Mulisch, die Dinge wieder zurechtzurücken, indem er genauer auf Watson eingeht:

> Genau betrachtet ist Watson übrigens nicht nur der Mann, der die Doppelhelix entdeckt und dafür zusammen mit Crick [und Wilkins] den Nobelpreis bekommen hat, sondern zudem Autor

des einmaligen Buches, das er über diese Entdeckung geschrieben hat. Nicht, dass er dafür auch den Nobelpreis für Literatur verdient hätte

Der letzte Satz wird nicht zu Ende geführt, und Mulisch ringt sich – durch sein Sprachrohr Werker – zu einer katastrophalen Fehleinschätzung durch:

> Wie dem auch sei, wenn Watson und Crick die Struktur der DNA nicht entschlüsselt hätten, dann hätte es innerhalb der nächsten zwei, drei Jahre jemand anders getan – … aber der hätte nicht anschließend dieses Buch geschrieben. Für meine [eigenen Forschungen] gilt das gleiche; aber wenn Kafka nicht den *Prozess* geschrieben hätte, dann wäre dieser Roman bis in alle Ewigkeit ungeschrieben geblieben. Kurzum, es ziemt uns, bescheiden zu sein.

Hinter diesem Vorurteil steckt die offenbar unverrückbare Ansicht, dass es zwar besondere (»geniale«) Menschen sind, die Kunst machen, dass die Wissenschaft aber durch austauschbare (anonyme) Wesen vorangetrieben wird: Es sind nicht die Menschen, die Wissenschaft machen. Es ist vielmehr die Wissenschaft, die Menschen (berühmt) macht – und Watson liefert genau das geeignete Beispiel, wie es scheint.

Das Seltsame an der zitierten Stelle bei Mulisch besteht darin, dass er so schreibt, obwohl er *Die Doppelhelix* sehr hoch einschätzt. Dabei ist der Vergleich zwischen der Publikation von 1953, in der die Struktur des Erbmaterials zum ersten Mal beschrieben worden ist, und Werken der Kunst ursprünglich verwendet worden, um Watsons autobiografisches Buch von 1968 abzuwerten.

Dem kürzlich verstorbenen Biochemiker Erwin Chargaff, der selbst eine wichtige Rolle auf dem Weg zur Entdeckung der Doppelhelix gespielt hat und in Watsons Bericht auftaucht, gefiel die Buchpublikation der *Doppelhelix* überhaupt nicht, und er verwarf sie noch im Erscheinungsjahr aus grundsätzlichen Überlegungen. Chargaff verbreitete in einer Rezension das beliebte Gerücht, dass Naturwissenschaftler uninteressante Menschen sind, die im Vergleich zu Künstlern ein langweiliges, ereignisarmes Leben führen. Dies ist – nach Chargaffs Ansicht – darin begründet, dass es einen zentralen Unterschied gibt zwischen den stets einmaligen Schöpfungen von Künstlern und den oft banalen Hervorbringungen von Naturwissenschaftlern. Und an dieser Stelle taucht in aller Deutlichkeit das Argument auf, dessen Nachhall drei Jahrzehnte später bei Mulisch zu lesen ist. *Timon von Athen* - so Chargaff – wäre nie geschrieben, das Bild *Les Desmoiselles d'Avignon* wäre nie gemalt worden, wenn Shakespeare und Picasso nicht existiert hätten. Aber von welchen naturwissenschaftlichen Errungenschaften könne denn Gleiches behauptet werden? Ist es nicht so, dass es Impfstoffe gegen die Tollwut auch ohne Pasteur und ein Atommodell auch ohne Niels Bohr gegeben hätte?

Chargaffs und Mulischs Aussagen spiegeln ein gängiges Phänomen wider: Viele Forscher glauben an die Einmaligkeit künstlerischer Schöpfungen und an die Zufälligkeit unabänderlicher wissenschaftlicher Entdeckungen. Immerhin steigert Mulisch die Höhe des Vergleichs, denn während Chargaff das schwächste Stück Shakespeares heranzieht, um der Arbeit von Watson und Crick auch nur den kleinsten Anspruch auf Qualität zu nehmen, wählt Mulisch immerhin ein Hauptwerk von Kafka, um die Präsentation der Doppelhelix in den Blick zu bekommen.

Verwirrend bleibt, dass weder Mulisch noch andere Literaten sogar drei Jahrzehnte nach Chargaff nicht gemerkt haben, dass der angestellte Vergleich nicht nur falsch, sondern sinnlos ist. Da werden Dinge miteinander verglichen, die nicht einmal im Ansatz zu vergleichen sind: ein Roman bzw. ein Theaterstück auf der einen und das Ergebnis einer wissenschaftlichen Untersuchung auf der anderen Seite. Der *Prozess* ist ein Roman, *Timon von Athen* ist ein Drama, und die Doppelhelix ist eine Struktur. Das eine sind Werke, und das andere ist ein Inhalt, und wenn beides verglichen wird, kann nur Unsinn herauskommen.

Trotzdem hält sich seit Jahrzehnten hartnäckig dieses dumme Vorurteil. Vermutlich muss hier die Psyche zur Erklärung herangezogen werden. Mulisch lässt seinen Helden Werker am Ende des Zitats etwas von Bescheidenheit murmeln, und das heißt doch wohl, dass sich Wissenschaftler nicht einbilden sollen, die kreative Höhe von Dichtern und bildenden Künstlern zu erreichen. Offenbar wehren wir uns gegen das Eingeständnis, dass auch Wissenschaft schöpferisch und kreativ sein kann. Wir scheinen gerne falschen Trost bei dem Gedanken zu suchen, dass die Wissenschaften nur das entdecken, was schon da ist, ohne etwas zu erschaffen, während die Künste das erschaffen, was vorher nicht da war, ohne etwas zu entdecken.

War die Doppelhelix immer schon so, wie sie heute ist? Und war sie schon da, bevor Watson und Crick sie 1953 beschrieben haben?

Angenommen, jemand sagt, die Doppelhelix gab es schon vor Watson und Crick, dann würde man gerne wissen, wo sie denn damals war? Die Antwort kann nicht »in der Natur« oder »in einer Zelle« heißen, denn die Doppelhelix ist kein konkret gegebenes DNA-Molekül. Sie ist eine Abstraktion, als Symbol gefasst, dessen Auftauchen den langwierigen Bemühungen vieler Biowissenschaftler, Physiker und Kristallographen zu verdanken ist. In der natürlichen Welt – in den Zellen der lebendigen Körper – gibt es nicht so etwas wie ein DNA-Molekül, und es gibt erst recht nicht die Doppelhelix, die aus der Literatur bekannt ist und ihren ästhetischen Reiz als Symbol ausübt.

Es ist einfach falsch zu sagen, die Struktur der DNA war, was sie war, bevor Watson und Crick sie vorlegten. Es ist vielmehr richtig zu sagen, dass die Doppelhelix sowohl Schöpfung als auch Entdeckung ist; der Bereich ihres Daseins ist nicht die Natur, sondern die Gedankenwelt und Literatur der Naturwissenschaft. Mit anderen Worten, der Unterschied zwischen Entdeckung und Schöpfung hat in der Naturwissenschaft wenig philosophische Bedeutung. Naturwissenschaftler und Dichter repräsentieren die gleiche Höhe der Kultur – alles andere wäre falsche Bescheidenheit.

Menschen und Moleküle

Viele Freunde rieten Jim ab, das Manuskript zu veröffentlichen, wobei sie als Argument anführten, dass sich niemand für das Leben eines Wissenschaftlers interessiert, so wie es Chargaff dann öffentlich aussprach. Der eingangs erwähnte Lewontin hat zwar den literarischen Wert der Buchpublikation der *Doppelhelix* gelobt, aber an ihrem Verkaufserfolg gezweifelt. Um dies zu begründen, empfahl er Jims Erzählung als wissenschaftliches Gegenstück zu der damals ebenfalls in den Buchhandlungen ausliegenden Schilderung zu sehen, die Françoise Gilot von ihrem Leben mit Picasso gegeben hat. In beiden Fällen – so Lewontin – würden dem Leser kreative Menschen vorgeführt, und zwar nicht in großen und edlen, sondern in kleinen und manchmal vulgären Augenblicken. Offen bleibe aber die Frage, ob das Interesse an Perutz, Kendrew und Crick, die in Watsons Buch mit ihm zusammen vorkommen, ebenso groß sei wie die Neugierde auf Matisse, Cocteau und Braque, die bei Gilot und mit Picasso auftreten. Lewontin prophezeite einen Riesenerfolg für Gilot und bescheidene Verkaufszahlen für Watson – und irrte sich gewaltig.

Während *Mein Leben mit Picasso* kaum über die erste Auflage hinauskam und bald verramscht wurde, entwickelte sich *Die Doppelhelix* erst zu einem Best- und dann zu einem Longseller, der bis heute in Buchhandlungen zu finden ist und sowohl verkauft als auch gelesen wird (wenn der dazugehörige Film auch nicht so oft zu sehen ist, was Watson wenig kümmert, weil er sich in ihm nicht gut dargestellt findet).

Es gibt sicher viele Möglichkeiten, diesen Erfolg zu erklären, wobei nicht zuletzt die wunderbare Sprache erwähnt werden sollte, derer sich Watson bediente. Nicht richtig wäre es sicher,

die Beliebtheit der *Doppelhelix* auf die Raffinesse zurückzuführen, mit welcher der Autor seinen Lesern wissenschaftliche Details zumutet und vorsetzt. Wenn er etwa erklärt, warum Paulings Versuch, eine Tripelhelix zu konstruieren, am
Ziel vorbeigeht, schreibt er:

> Niemand hatte je daran gezweifelt, dass die DNA eine mäßig
> starke Säure war. So mussten sich unter physiologischen Bedin-
> gungen immer positiv geladene Ionen wie Natrium oder Magne-
> sium in der Nähe herumtreiben und die negativ geladenen Phos-
> phatgruppen neutralisieren. All unsere Spekulationen, ob die
> Ketten von zweiwertigen Ionen zusammengehalten wurden, hät-
> ten keinen Sinn gehabt, wenn irgendwelche Wasserstoffatome
> fest mit den Phosphatgruppen verbunden gewesen wären. Und
> doch war Linus – zweifellos der schlaueste Chemiker auf der gan-
> zen Welt – zu dem entgegengesetzten Schluss gelangt.

Trotz aller Schwierigkeiten im chemischen Detail verbirgt sich
die Genauigkeit des Arguments nicht unter einer Decke schwie-
rigster Begriffe, sondern behilft sich stattdessen mit unkonventionellen Ausdrücken wie »herumtreiben«. Was dann aber
wirklich unkonventionell wird, ist Jims Erläuterung, weshalb
er trotz seiner Verehrung für Pauling nicht glaubt, etwas in
der Arbeit übersehen zu haben. Das Modell, das der große Chemiker vorstellt, ist keine Säure im herkömmlichen Sinn. Nun
könnte zwar – so Jims Überlegung – Pauling zu einem ganz
anderen und vielleicht besseren Verständnis dieser Eigenschaft
(Säure) gekommen sein, aber

> in einem solchen Fall hätte Linus zwei Artikel geschrieben: einen,
> um die neue Theorie zu beschreiben, und den zweiten, um zu zei-
> gen, wie er sie zur Aufdeckung der DNA-Struktur benutzt hatte.

Hier wird unmittelbar das Menschliche von Wissenschaft wahr-
nehmbar, und deshalb wird Watsons Buch, dessen Hauptperson Crick sich erst spät und zögernd öffentlich dazu geäußert

hat, geliebt und gelesen. Genau genommen hat Crick damit bis 1974 gewartet, als *Nature* meinte, die 21. Wiederkehr des Tages feiern zu müssen, an dem die schönste aller Molekülstrukturen das Licht der wissenschaftlichen Welt erblickt hatte.

Crick schildert in seiner persönlichen Sicht der Dinge erneut Jims ursprüngliche Angst, dass sich die Doppelhelix unter dem Ansturm neuer Fakten in Luft auflösen könnte. Er geht aber vor allem auf die Frage ein, ob man die Doppelhelix auch entdeckt hätte, »wenn Watson durch einen Tennisball getötet worden wäre«. Crick beteuert zwar: »Ich wäre nie alleine auf die Lösung gekommen«, aber er will sich nicht dem Gedanken anschließen, dass Wissenschaftler ähnlich individuell unverwechselbar und unersetzbar sind wie Künstler oder Schriftsteller. Für Crick ist es nicht so wichtig, wie ein Werk oder ein Ergebnis zustande kommt. Für ihn ist wichtiger, was es bewirkt, und um dies auszudrücken, dreht er den Spieß wunderbar um: »Bevor ich glaube, dass es ohne Watson und Crick die DNA-Struktur nicht gäbe, denke ich lieber, dass es ohne die DNA-Struktur Watson und Crick nicht gäbe«

Ohne Watson gäbe es wahrscheinlich doch die Doppelhelix, wenn auch weder mit den gleichen Worten noch mit der Plötzlichkeit, mit der sie aufgetaucht ist, und wahrscheinlich auch nicht mit dem Flair des Perfekten, den die Struktur bis heute ausstrahlt. Ohne ihn gäbe es aber ganz sicher nicht die Buchpublikation *Die Doppelhelix*, mit deren Erscheinen er eine schlechte Erinnerung verbindet. Nachdem einige Kapitel des Manuskripts als Vorabdruck in *The New Yorker* erschienen waren und Jim allmählich Prominentenstatus bekam – in einer populären amerikanischen Talkshow trat er gemeinsam mit Harry Belafonte auf –, wurden auch die großen Nachrichtenmagazine auf die neue Wissenschaft und ihren populärsten Vertreter aufmerksam. Als *Die Doppelhelix* dann auf der Bestsellerliste der *New York Times* stand – wo sie sechzehn Wochen blieb –, bat das *Time*-Magazin Watson zu einem Interview, und man teilte ihm mit, es ginge dabei um eine Titelgeschichte. Jim fieberte dem Tag des Erscheinens entgegen – aber als es so weit war, blickte ihm statt seines Konterfeis das Porträt von »Danny the Red« – von Daniel Cohn-Bendit – von den Verkaufsständen entgegen. Die politischen Unruhen von Paris mit ihren Barrikaden hielten die Welt mehr in Atem als die Entdeckung der Doppelhelix mit ihrem wissenschaftlichen Aufruhr.

Wirft man einen letzten Blick auf den Anfang des Buches zurück, so entdeckt man, dass es einer Dame namens Naomi Mitchison gewidmet ist, die aber in dem geschilderten Geschehen nicht auftaucht. Es ist also nicht unmittelbar ersichtlich, was Jim damit beabsichtigt. Naomi Mitchison ist die 1897 geborene Tochter des in Fachkreisen berühmten Physiologen John Scott Haldane, der in Oxford gewirkt hat, und damit zugleich die Schwester des legendären Genetikers John Burdon Sanderson Haldane, der gewöhnlich als JBS Haldane geführt wird und unter diesem Namen auch zahlreiche populäre Texte *(Daedalus)* über seine Wissenschaft geschrieben und sich schon 1924 wortstark über die Zukunft der Wissenschaft geäußert hat *(Science and the Future)*. JBS Haldane war übrigens mit dem Schriftsteller Aldous Huxley befreundet, der das Leben und Wirken von Naomis Vater als Vorlage für seinen Roman *Kontrapunkt des Lebens* benutzt. Es ist sicher Zufall, dass dieses Buch in Jims Geburtsjahr erscheint. Er liest es, als er gerade seinen Triumph über die Entdeckung der Struktur der Doppelhelix feiert, und leiht es dann einem Mädchen, ohne dass dies Folgen zeitigt. Kommentarlos schickt sie es ihm zurück, während er mit *Genes, Girls, and Gamow* beschäftigt ist, dem Buch, in dem sowohl Naomi als auch ihr Wohnsitz zu sehen sind.

Die Haldanes sind Abkömmlinge des englischen Adels, und so residiert die »Nou« genannte Naomi auch nach ihrer Heirat mit einem Freund ihres Bruders in angemessenen Häusern, die eher Schlössern als Villen gleichen. Naomi hat fünf Kinder, von denen eines – Avrion – so alt ist wie Jim Watson und sich ebenfalls in der Biologie – genauer: in der Immunologie – umtut. Jim ist gerne Gast etwa auf dem schottischen Schlösschen, das Carradale House heißt und mit gotischen Türmchen verziert ist. Er fährt in den fünfziger Jahren sogar mit Christa dorthin, wobei er mit Spannung erwartet, wie das junge Mädchen, das er damals noch heiraten will, auf die feste Überzeugung Naomis reagiert, welche die Ehe für »Prostitution in den eigenen vier Wänden« hält. Offenbar nimmt Christa diese Ansicht gelassen hin, aber sein Besuch mit ihr im Carradale House im Sommer 1955 bleibt die letzte gemeinsame Zeit, die er mit ihr verbringt.

Die Tage mit Naomi müssen also eher verwirrend für den jungen Jim gewesen sein, was die Frage erneut in Erinnerung bringt, warum er der großen schottischen (in Edinburgh geborenen) Dame seine *Doppelhelix* widmet. Ein Grund könnte in dem vornehmen Ambiente und der noblen (und für Jim sicher nobelpreiswürdigen) Adelseleganz liegen, die sie umgab und von der Jim so fasziniert war, dass er sie für erstrebenswert hielt. Ein anderer Grund könnte auch die Tatsache sein, daß Naomi selbst geschrieben und damit versucht hat, »um ihren Geist von den emotionalen Dämonen zu befreien, die sonst die schmale Linie destabilisiert hätten, die ihre Rolle als abgehobene Herrin eines Landguts von der einer traktorfahrenden bodenständigen Frau abgrenzte« – die sie auch war, wie Watson in seinem *Genes, Girls, and Gamow* versichert.

Es ist denkbar, dass Watson beim Schreiben das gleiche Ziel im Sinn hatte, nämlich das Vertreiben der Dämonen, die ihn umbarmherzig zwischen seiner Pflicht als Wissenschaftler und seinem Wunsch, als Schriftsteller zu reüssieren, schwanken ließen. Vielleicht drückt die Widmung des 40-jährigen Autors für Naomi Mitchison die Sehnsucht aus, mit der inneren Unruhe und Zerrissenheit fertig zu werden, die ihn nur ausfüllten und nicht erfüllten. Er wendet sich einer fremden, älteren Frau zu, weil er keine jüngere kennt, die er sein Eigen nennen kann. Aber das dauert zum Glück nicht mehr lange. 1968 erscheint nicht nur *Die Doppelhelix*, sondern auch Elizabeth – und sie bleibt bei ihm.

Der Direktor und sein Laboratorium

Tu nie etwas, das dich langweilt.

Als *Die Doppelhelix* im Februar 1968 erschien, markierte sie nur den ersten Höhepunkt eines Jahres, das nicht nur für die westliche Welt von Berkeley bis Berlin, sondern auch für Watsons private Umgebung voller aufregender Ereignisse und ungewöhnlicher Neuanfänge sein sollte (mit einer noch zu erwähnenden traurigen Ausnahme). Die dem Buch sich anschließende private »Hoch-Zeit« sollte bereits im März folgen, als Jim an ein lang ersehntes Ziel kommt und mit der noch nicht ganz 20-jährigen Elizabeth (Liz) Lewis keine künstlerische, sondern eine konkrete Doppelhelix bilden und Hochzeit feiern kann. »She is 19 and mine«, schreibt der 40-Jährige über seine Frau stolz und glücklich aus den Flitterwochen, die einer merkwürdigen Trauungszeremonie folgen, über die wir zunächst neutral berichten, um dann doch ein wenig unsere Verwunderung darüber zu äußern. Übrigens nennt Watson seine Frau bis zum heutigen Tag »a very sweet peach«.

Im März 1968 nutzt Watson die einwöchigen Frühlingsferien der Harvard University aus, um an dem berühmten Salk Institute der Universität von San Diego an einem Treffen von Krebsforschern und Journalisten teilzunehmen, auf dem es um den unbefriedigenden Zustand der Tumorforschung geht – unbefriedigend sowohl für die Wissenschaft als auch für die Öffentlichkeit. Damit ist ein Thema angesprochen, mit dem sich Watson bis heute beschäftigt und für das er sich zeitlebens engagieren wird. Trotz der Brisanz der Diskussion und seines großen Interesses an der Sache macht er sich aber noch vor dem Ende der Zusammenkunft aus dem Staub, um Liz am Flughafen abzuholen und sie hier im äußersten amerikanischen Südwesten und weit weg von ihrer beider Heimat zu heiraten.

Watson und seine Frau Liz im Frühjahr 1968

Abgesehen von den Eltern der jungen Elizabeth sind nur der aus London stammende Universalgelehrte (»polymath«) und Autor Jacob Bronowski und dessen Sekretärin Silvia über die Pläne informiert. Sie helfen auch mit, eine abendliche Trauungszeremonie im allerkleinsten Kreis zu arrangieren und eventuell nach der Schließung des Ehebundes doch noch ein paar Freunde auf einer Hotelterrasse mit Blick über den Pazifischen Ozean einzuladen.

In einer netten Kirche in La Jolla, einem kleinen, vornehmen Vorort von San Diego, geben sich am 28. März 1968 um 9 Uhr abends Liz und Jim das Jawort – nachdem sie zuvor am Nachmittag alle nicht unbedingt erquicklichen Formalitäten erledigt haben, die in den USA von den Behörden verlangt werden. Als die »newly weds« von der Kirche in das Hotel kommen, in dem Liz und Jim kurzfristig zu einem kleinen Empfang gebeten haben, treffen sie auf die zwar eingeladenen, aber nicht informierten Mitarbeiter des Salk-Instituts. Es bedarf einiger Mühe, sie zu überzeugen, dass Jim nicht schon wieder seinen Schabernack mit ihnen treibt und ihnen nur vorgaukelt, das erreicht zu haben, was alle ihm wünschen, nämlich ein glücklicher Ehemann zu sein. Doch die Heirat hat tatsächlich stattgefunden, und sie hat sogar märchenhafte Züge. Die beiden haben wirklich ihr Glück gefunden und wohnen auch heute noch in einem Haus am Meer, wie man es sonst nur aus Märchen kennt. Im riesigen Garten, der zum Haus gehört, steht eine künstlerische Darstellung der Doppelhelix, bei der zwei einzelne Linien in der Höhe zusammenfinden, um als Paar weiterzuwirbeln, ohne dabei die Bodenhaftung und mit ihr die Stabilität zu verlieren. »Ballybung« haben Liz und Jim das Haus getauft, wobei sich dieses eigenwillige Wort von der alten Bezeichnung »Bungtown« für den Ort ableitet, an dem dieses Traumhaus mit der Lebensspirale steht. Die erste Silbe des Wortes »Bungtown« selbst lässt – Lexika und Fachleuten zufolge – erkennen, dass hier einmal Fässer hergestellt wurden.

Dieser Ort heißt Cold Spring Harbor, und dass Liz sich hier mindestens ebenso zu Hause fühlt wie Jim, zeigt sich daran,

Doppelhelix auf dem Cover des *Annual Report* 2000 vom Cold Spring Harbor Laboratory: *Spirals Time – Time Spirals*. Skulptur von Charles A. Jencks vor Ballybung

dass sie sich intensiv um die architektonische Geschichte des Laboratoriums und seiner »Häuser für die Wissenschaft« gekümmert und sie – verwoben mit Watsons Essays über die Höhepunkte der Genetik im 20. Jahrhundert – in Buchform präsentiert hat.

Doch wie hat Jim die Frau kennen gelernt, die denselben Vornamen trägt wie seine Schwester und ihm in den siebziger Jahren zwei Söhne – Rufus und Duncan – schenken wird?[1]

Jim und Liz begegnen sich zum ersten Mal 1967. Sie stammt aus Providence (Rhode Island), ist Absolventin des Bostoner Radcliffe College und hat nebenbei praktische Erfahrungen in einem Kurs an der New York School of Interior Design gesammelt. Sie hat vor, an der Columbia University Architekturkurse für Fortgeschrittene zu belegen (die sie später mit einem Master abschließt). Im Frühjahr 1967 sucht sie einen Aushilfsjob an der Harvard University, und sie findet ihn in Jims Büro, wo sie ein paar Nachmittage die Woche Sekretariatsarbeiten erledigt. Kurz bevor Liz in die Sommerferien nach Montana aufbricht, fasst sich der Professor – Jim – ein Herz und fragt die junge Mitarbeiterin, deren blaue Augen es ihm angetan haben, ob sie Lust habe, ihn zu einer Cocktailparty zu begleiten, bei der sich der gesamte Lehrkörper der Harvard University bewundern lasse. Liz begleitet ihn nicht nur, sondern steigt anschließend auch in Jims (vor kurzem gebraucht gekauften) Sportwagen der Marke MG, mit dem die beiden in das Zentrum von Boston fahren, um erst ins Kino und dann ein wenig bummeln zu gehen.

Jim ist verliebt, und er kann es den Sommer über kaum erwarten, das schöne Gesicht wiederzusehen, das ihn beim Abschied viel versprechend angelächelt hat. Er ist überglücklich, als Liz ihm aus ihren Sommerferien eine Postkarte schickt, und im Herbst 1967 geht er einen Schritt weiter, indem er Liz mit nach Hause zu seinem Vater nimmt und sie ihm vorstellt. Es bedarf noch mehrerer gemeinsamer Abendessen, und es dauert bis Weihnachten, bevor er den Mut findet, sie erst vorsichtig bei der Hand zu fassen und dann mutig um ihre Hand anzuhalten. Und dann, Ende März 1968, bildet ein warmer kalifornischer Frühlingsabend die Kulisse für ein Happyend mit anschließenden Flitterwochen in Mexiko.

Warum lässt sich Jim kirchlich trauen? Eigentlich hält er wenig von der Religion, und gerne zitiert er Crick, der im Christentum einen Fehler aus der Vergangenheit sieht und an einem Wettbewerb teilgenommen hat, um die Frage »Was soll mit unseren Kirchen geschehen?« mit dem Vorschlag zu beantworten, sie in Badeanstalten umzuwandeln. Während Crick die Gotteshäuser radikal beseitigen will, wählt Jim eines aus, um in ihm zu heiraten. Vermutlich hat ihn, wider jegliche Rationalität, die Liebe zu Liz zu der Überzeugung gelangen lassen, beim Heiraten dürfe es nicht nur sachlich und bürokratisch zugehen – was sie wohl immer gewusst haben wird.

Eingreifen in Cold Spring Harbor

Einige Monate nach der Hochzeit –, am Ende des Frühjahrstrimesters 1968 der Harvard University – fahren Jim und Liz nach Cold Spring Harbor, um dort den Sommer zu verbringen. Es handelt sich aber nicht um Ferien, denn Watson findet dort mehr Arbeit, als einem einzigen Menschen zugemutet werden kann. Er ist deshalb so gefordert, weil das seit 1890 bestehende und für amerikanische Verhältnisse altehrwürdig Laboratorium in Cold Spring Harbor seit dem Frühjahr 1967 in einer schweren Krise steckt, die einen besonderen Schritt erfordert, um aus ihr herauszukommen. Der damals amtierende Direktor des Laboratoriums, der aus Oxford stammende Biologe John Cairns, war von seinem Posten zurückgetreten, weil es ihm und dem für den wissenschaftlichen und finanziellen Betrieb zuständigen Kuratorium nicht gelang, ausreichend Geldmittel zu beschaffen, um guten Wissenschaftlern gute Gehälter zu garantieren und sie langfristig an das Laboratorium zu binden.

Angefangen hatte die Krise im Jahre 1963, als sich die Carnegie Institution of Washington aus Cold Spring Harbor zurückzog, nachdem sie dort seit 1904 als Schirmherrin fungiert hatte – vor allem durch die Finanzierung einer »Station for Experimental Evolution«, die nach und nach seit den vierziger Jahren in ein »Department for Genetics« übergegangen war.

Jim Watson in einer Aufnahme vom Juli 1967

Weil dieser Verlust nicht so einfach zu ersetzen war, konnte Cold Spring Harbor mit seinem mageren Budget zeitweise nicht einmal seinen eigenen Direktor bezahlen. Viele Mitarbeiter ertranken außerdem in einem bürokratischen Chaos ohnegleichen, das dadurch bedingt war, dass die wenigen Finanzmittel von vielen Institutionen stammten, die jeweils auf eigenen Verfahren zur Vergabe bestanden. Zu allem Überfluss kamen Cairns und der Vorsitzende des Kuratoriums, der in New York an der Rockefeller University tätige Nobelpreisträger Edward Tatum, persönlich nicht miteinander zurecht, und so behinderten sich die wichtigsten Leute gegenseitig.

Es ist leicht verständlich, dass Tatum in dieser Situation seinen Direktor nicht zu halten versuchte. Stattdessen plante er, dessen Posten dem an der Universität von Dallas arbeitenden deutschen Genetiker Carsten Bresch anzubieten, der mit Bakteriophagen arbeitete und bereits 1964 ein erstes Lehrbuch der neuen Genetik vorgelegt hatte, *Klassische und molekulare Genetik*, das in den kommenden Jahren noch viele Auflagen erlebte, aber nicht so zupackend an die Darstellung des Lebens von der Ebene der DNA aus heranging, wie es Watson in seinem Klassiker getan hatte.

Zwar hatte der frisch verheiratete Watson in Harvard alle Hände voll zu tun, aber der Gedanke war ihm vollkommen unerträglich, dass jemand die Leitung des Cold-Spring-Harbor-Laboratoriums übernahm, der keine emotionale Bindung an diesen Ort des wunderbaren wissenschaftlichen Erlebens hatte und dieses Amt nur als eine nützliche Zwischenstufe für die Rückkehr nach Deutschland ansah, wo Bresch tatsächlich Karriere machen wollte (und verdienterweise an der Universität Freiburg auch gemacht hat). Darum bot Watson dem Kuratorium, dem er seit einigen Jahren auf Bitten Cairns als Berater angehörte, sich selbst für diesen Posten an, aber auf ungewöhnliche Weise. Er könne doch – so sein Vorschlag – Professor in Harvard bleiben – und somit auch von dort weiter sein Gehalt beziehen –, während er auf einer Art Teilzeitbasis versuche, die Dinge in Cold Spring Harbor zu richten und voranzutreiben.

Zwei Drittel eines Jahres würde er in Harvard verbringen und ein Drittel in Cold Spring Harbor, wobei er damit nicht nur die Sommerzeit, sondern wenigstens ein paar Tage in jedem Monat meinte.

Watsons Plan bestand zum einen darin, auf Long Island eine Arbeitsgruppe aufzubauen, die sich mit der Biologie von solchen Viren beschäftigen sollte, die Tumoren auslösen können – ein Gebiet, das damals zum ersten Mal den wissenschaftlichen Methoden zugänglich wurde und das in Watsons Augen die besten Möglichkeiten zum Verständnis von Krebs bot. Zum andern wollte er sich um ausreichende Geldmittel bemühen, damit Cold Spring Harbor auch einem Direktor ein akzeptables Gehalt zahlen könne. Wenn beides gelungen sei, wäre es sogar möglich, dass er ganz von Boston nach New York übersiedelte, wobei er sich auf jeden Fall verpflichten würde, die nächsten fünf Jahre für das Laboratorium zu rackern, das schnell und dringend viel Bargeld von den wirklich Reichen benötigte – »quick a lot of solid cash from the real rich« –, wie er vertraulich seinem Freund Max Delbrück schrieb. Er dachte dabei zum Beispiel an die Ford Foundation, die ihn so oft auf Weltreisen geschickt hatte, um die Lehre von der neuen Biologie zu verbreiten (und von der bekannt war, dass sie viele Millionen Dollar etwa für die Förderung des Balletts zur Verfügung stellte).

Viren

Mit Viren meint man Gebilde, die kleiner als Bakterien oder andere Zellen sind, denen es gelingt, in sie einzudringen, und die anschließend den Apparat der Zellen übernehmen, um die eigene Vermehrung voranzutreiben, in deren Verlauf der Wirt vernichtet wird. Viren sind also infektiöse Agenzien. Sie stellen eine merkwürdige Mischform in dem Sinne dar, dass sie auf sich allein gestellt nicht leben können (also tote Materie sind), dass sie aber im Inneren einer passenden Zelle sehr wohl leben und sich fortpflanzen. Viren lassen sich durch die Wirtszellen unterscheiden, in die sie Einlass finden. Man spricht von bakteriellen, pflanzlichen und tierischen Viren, wobei vor allem die zuletzt genannten das Interesse von Watson beanspruchen, weil von ihnen das Tumorwachstum bzw. die Krebsbildung ausgehen kann, die er bekämpfen und verhindern möchte.

Nicht erkannt wurde lange Zeit, dass viele Viren sich in den von ihnen infizierten Zellen nicht gleich vermehren, sondern erst einmal einnisten. Die Viren verfügen über die molekularen Möglichkeiten, ihr genetisches Material in das der Zelle zu integrieren, was mit der Zerstörung von zellulären Genen einhergehen (und so zu Krebs führen) kann. Obwohl das erste bekannte Tumorvirus bereits 1912 isoliert werden konnte – es ist nach seinem Entdecker, dem Amerikaner Peyton Rous, als Rous Sarkoma Virus bekannt –, haben viele Molekularbiologen bis in die Mitte der fünfziger Jahre hinein nicht daran geglaubt, dass Viren Krebs auslösen können. Schließlich konnten in den Tumorzellen einfach keine Viruspartikel gefunden werden. Erst als sich nachweisen ließ, dass die Viren ihre Gene in den Chromosomen der Zelle zunächst verstecken und dann wieder aktivieren können, änderte sich die Einstellung mit der Folge, dass man heute eher fassungslos vor einer unglaublichen Vielfalt von Viren steht, die alles mögliche auslösen können, von Erkältungen über Warzen und Lippenbläschen bis hin zu Kinderlähmung, Krebs und die Immunschwächekrankheit AIDS.

Unabhängig von ihrer Rolle als pathogene Partikel haben die Viren große Bedeutung als Werkzeug der Molekularbiologie erlangt (was Watson früh erkannt und seinen Mitarbeitern in Cold Spring Harbor ans Herz gelegt hat). Mit ihrer Hilfe konnten Wissenschaftler das innere Funktionieren von tierischen und anderen Zellen erkunden. Lange vor den Tagen der Gentechnik waren es die Viren, mit deren Hilfe studiert werden konnte, wie einzelne Gene ihre Wirkung entfalten. Spannend bleibt dabei vor allem, dass sich heute viele Viren in jedem molekularen Detail erkennen (und in einigen Fällen sogar schon nachbauen) lassen. Virologen und andere Biologen können jedes Molekül in jeder Einzelheit erklären, aber sie müssen noch lernen, ein Virus zu verstehen. Bei allen Fortschritten der modernen Biologie – selbst die winzigsten und offenkundig einfachsten Organismen bzw. Lebensformen bleiben geheimnisvoll und sorgen immer für Überraschungen.

Watson erläutert am 4. 7. 1967 während einer Nobelpreisträger-Tagung in Lindau die Möglichkeiten der zukünftigen Krebsbekämpfung

Watson beschloss, nicht zu kleckern, sondern zu klotzen (»to play it big«), und fasste den kühnen Plan, in den nächsten fünf Jahren Spenden in Höhe von fünf Millionen Dollar für Cold Spring Harbor zu sammeln. Dabei hoffte er, die potenziellen Geldgeber dadurch spendenwillig zu machen, dass er sie von der Notwenigkeit einer besseren Krebsforschung überzeugte, die in diesem Laboratorium betrieben werden könnte, wenn man sich ausreichend gut gerüstet auf die Erforschung von Viren konzentrierte, die Tumorwachstum auslösen. Dass es solche Tumorviren gibt, war bislang nur in Tierversuchen einigermaßen zuverlässig erwiesen. Aber Watson hatte nicht den geringsten Zweifel, dass Menschen in dieser Frage nicht aus der evolutionären Reihe ausscheren und dass es ausgerechnet für ihre Zellen keine Krebs auslösenden Viren geben würde. Aufgabe der Wissenschaft war es, sie erst ausfindig zu machen, um dann mit ihrer Hilfe zu verstehen, wie eine normal wachsende Zelle in eine bösartig wuchernde transformiert wird. Das Cold-Spring-Harbor-Laboratorium sollte der Ort werden, an dem diese Jahrhundertaufgabe in Angriff genommen und vielleicht gelöst würde.

Watson war also voller Ideen und Optimismus, als er seinen unkonventionellen Vorschlag mit der Aussicht machte, das nahezu bankrotte Laboratorium in ein Zentrum für Krebsforschung (»a major center for basic cancer research«) zu verwandeln, das in der Lage sei, attraktive Gehälter zu zahlen. Seine einzige Sorge bestand darin, dass das zuständige Kuratorium meinen könnte, er habe den Verstand verloren, denn eine Dynamik mit solchen Zahlen und umfassenden Plänen war in Cold Spring Harbor ungewohnt.

Doch das Kuratorium unter seinem neuen Vorsitzenden, dem New Yorker Genetiker Bentley Glass, rang sich zu dem Entschluss durch, dem Entdecker der Doppelhelix eine Chance zu geben. Man bot ihm eine unbezahlte Stellung in Cold Spring Harbor an, falls ihm die Harvard University dies erlaube, was die dortige Leitung großzügig mit der Bitte gewährte, darunter die Lehre nicht leiden zu lassen. Im Februar 1968 – wiederum dieses schicksalsträchtige Jahr und ein entscheidender Schritt – wurde Watson offiziell Direktor des Cold Spring Harbor Laboratory for Quantitative Biology (CSHLQB), und damit war die Bühne für eine der erfolgreichsten Geschichten der modernen Wissenschaft frei.

Als Jim mit Liz im folgenden Sommer auf Long Island ankam, bestand – nach dem eigenhändigen Ausmisten von unbrauchbaren Zeitschriften, die durch aktuellere zu ersetzen waren –, seine erste Amtshandlung darin, seinen Vorgänger zu bitten, als Forscher in Cold Spring Harbor zu bleiben. Watson verlieh dieser Bitte dadurch Nachdruck, dass er Cairns die Möglichkeit bot, weiter in dem eleganten, großräumigen Haus Airslie zu wohnen, das den Statuten zufolge für den Direktor vorgesehen war. Jim selbst könne ja mit seiner Frau ein kleines Haus, das Osterhout Cottage, beziehen, da sein Hauptwohnsitz in Cambridge/Massachusetts bliebe, wo er am Appian Way, in der Nähe des Harvard Square, schon seit längerer Zeit eingerichtet sei. Hier wohnte Jim – wie bekannt – mit seinem Vater,

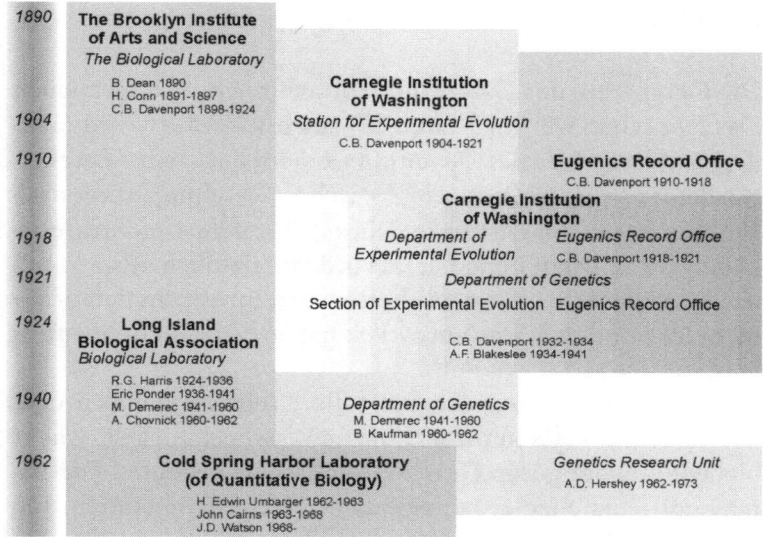

Die Geschichte des Laboratoriums von Cold Spring Harbor

der 1968 – also in dem Jahr des großen Wandels – unmittelbar nach dem Umzug nach Cold Spring Harbor starb. Dadurch ergab sich für Jim wieder eine neue Situation, denn James Watson senior hatte seine Frau um zwölf Jahre überlebt. Jims Mutter war bereits 1957 gestorben, weshalb sie nur die Anfänge des ruhmreichen Aufstiegs ihres Sohnes miterleben konnte. Angemerkt sei an dieser Stelle, dass Jim Watson der Universität von Chicago Mittel bereitstellte, um seiner Mutter zu Ehren eine nach ihr benannte Vorlesungsreihe zu ermöglichen – die »Jean Mitchell Watson Lecture«, zu der die Abteilung für Ökologie und Evolution seit 1996 einlädt. Zu den bisherigen Rednern zählten Wally Gilbert und Edward O. Wilson, der 1998 seine Ansichten über »Die Vielfalt des Lebens« vorstellte, nachdem Watson selbst die »University-of-Chicago-Medal« verliehen worden war. Für das Jahr 2001 war Sydney Brenner eingeladen, doch nach den Ereignissen des 11. September war niemandem zum Feiern zumute.

Die Geschichte von Cold Spring Harbor

Die Geschichte des Osterhout Cottage reichte lange zurück. Das Häuschen war im frühen 19. Jahrhundert errichtet worden und hatte Charles Davenport, einem der ersten Direktoren der hier eingerichteten biologischen Forschungsstation, als Wohnung gedient. Durch den Rückblick auf die Geschichte des Laboratoriums auf Long Island wird verständlich, warum sich die amerikanische Wissenschaft so erfolgreich in den etwas mehr als hundert Jahren entwickelt hat, in denen es Cold Spring Harbor gibt.

Hingewiesen sei zunächst auf die Ureinwohner von Cold Spring Harbor, die in ihrer Sprache Wawepex hießen, was so viel wie »an der guten Quelle des Wassers« bedeutet. Die ersten englischen Siedler leiteten dann daraus den heutigen Namen (»Cold Spring«) des Hafens ab, den sie dort anlegten. Angedeutet sei auch, dass im Verlauf des 19. Jahrhunderts sich erste Spuren des Industriezeitalters in dieser noch stadtfernen Gegend zeigten, wobei eine Familie namens Jones federführend war und ihren Weg nach Cold Spring Harbor fand. Sie errichteten und betrieben Textilfabriken, organisierten den Schiffsbau und begannen sogar mit dem Walfischfang. Zuletzt wurde einer von ihnen, John D. Jones, Präsident einer großen Versicherungsgesellschaft, der Atlantic Mutual Insurance Company. Allmählich war die Familie reich genug, um für das Gemeinwohl – die »community« – tätig zu werden. John D. Jones half 1890 maßgeblich bei der Gründung des Biological Laboratory in Cold Spring Harbor, indem er Land und Geld zur Verfügung stellte.

Damals wurden nicht nur in den USA, sondern weltweit viele zoologische Forschungsstationen an den Küsten eingerichtet in der Hoffnung, im Meer die Evolution des Lebens genauer erkennen zu können, die seit dem Erscheinen von Darwins Buch *Über die Entstehung der Arten* 1859 zum Leitgedanken der meisten Biologen geworden war. Zum andern entdeckten viele Amerikaner damals ihre Freude an der Freizeit in der Na-

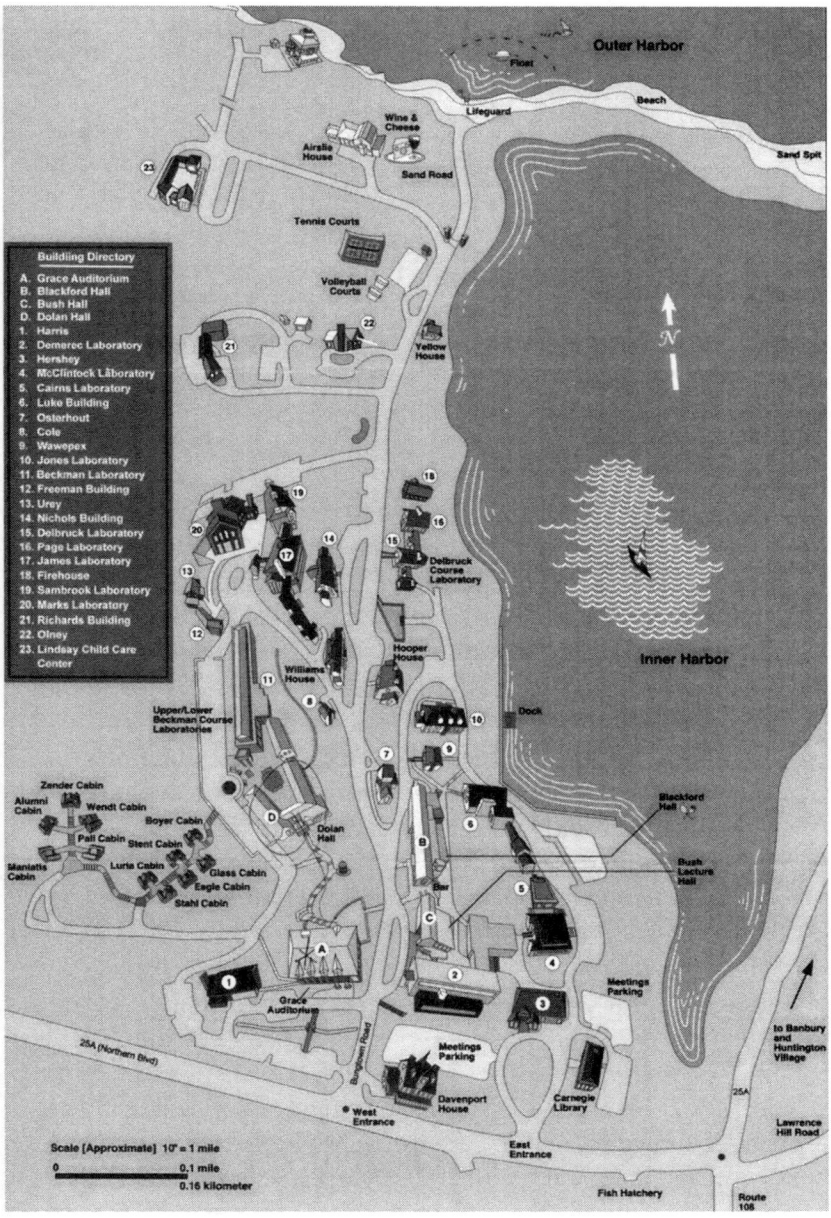

Ein Plan von Cold Spring Harbor heute

tur (»outdoor activity«), und das konzentrierte sich vorwiegend auf die Erhaltung der Tier- und Pflanzenwelt (»wildlife conservation«).

Das seinerzeit völlig unideologische Bemühen, die Vielfalt des natürlichen Lebens zu bewahren, führte unter anderem zu der Einrichtung von zahlreichen Fischbrutanstalten (»fish hatcheries«), und eine solche Anlage wurde von einem wohlhabenden Fischhändler aus Brooklyn namens Eugene Blackford finanziert und in der Nähe von Cold Spring Harbor eingerichtet. Auf seinem Gelände trafen sich die ersten Studenten des oben erwähnten Biologischen Laboratoriums, bevor sie in das damals bereits in Auftrag gegebene und bald fertige erste Laborgebäude einziehen konnten, das es nach zahlreichen Umbauten bis heute noch gibt und mit seinem Namen – »Jones Laboratorium« – an den Präsidenten der Versicherungsgesellschaft erinnert, mit dem vieles angefangen hat. Auch der Fischhändler Blackford ist bis heute in Cold Spring Harbor unvergessen geblieben, denn wer nach getaner Arbeit im Laboratorium zu Abend essen möchte, kann eine Mahlzeit in der so genannten Blackford Hall einnehmen, die am Eingang des Areals liegt.

Eugene Blackford ist auch deshalb wichtig für die Entwicklung in Cold Spring Harbor, weil er im Kuratorium des in seiner Heimatstadt Brooklyn angesiedelten Instituts für die Künste und Wissenschaften (The Brooklyn Institute of Arts and Sciences) saß und eine Kooperation mit der Familie Jones und der von ihr gegründeten Wawepex-Gesellschaft anregte, die sich um die Förderung der Wissenschaft in Cold Spring Harbor kümmern und Geld für wissenschaftliches Arbeiten bereitstellen wollte. So konnte das Biologische Laboratorium im Juli seinen Lehrbetrieb aufnehmen, wobei es vor allem die Sommermonate waren, die Studenten und Lehrer und nach der Fertigstellung der ersten Forschungsgebäude auch prominente Wissenschaftler nach Long Island lockten. Im Sommer 1898 kam der in Harvard ausgebildete Charles Davenport zu Besuch, um fünfundzwanzig Jahre dort zu bleiben und die nach 1900 wiederbelebte und aufstrebende Wissenschaft der Vererbung – die Genetik mit ihren wiederentdeckten Mendelschen Regeln – in Cold Spring Harbor zu etablieren.

Neben dieser wissenschaftlichen Orientierung ist Davenport für eine weitere Neuerung verantwortlich, die langfristig Wirkung zeigte. Schon in seinen ersten Berichten, die er als Direktor an das Kuratorium des Laboratoriums schreibt, beklagt er die Tatsache, dass es neben den Sommerkursen kein ganzjähriges Forschungsprogramm gibt. Ohne ein solches Angebot könne man kaum erwarten, wissenschaftlich ergiebige Beiträge zu liefern.

Das Kuratorium stimmt nicht nur zu, sondern unterstützt auch den Direktor in seinem Plan, und nach sechs Jahren ist man am gemeinsamen Ziel. 1904 gelingt es Davenport, die wohlhabende Carnegie Institution in Washington dazu zu bewegen, mit ihren Geldmitteln eine »Station für Experimentelle Evolution« in Cold Spring Harbor aufzubauen und unter ihrer Schirmherrschaft zu betreiben. Zu den Eröffnungsfeierlichkeiten am 11. Juni reist sogar Hugo de Vries, der niederländische Wiederentdecker der Mendelschen Gesetze, an. Er beschließt seine Grußrede mit dem Wunsch, dass die Wissenschaft in Cold Spring Harbor »ein Segen für die Menschheit« werden möge.

Leider hat Davenport dies allzu wörtlich genommen, denn in den folgenden Jahren beginnt er, sich intensiv um die Verbesserung des menschlichen Erbguts zu kümmern und konkrete Vorschläge für eine Eugenik zu machen, was aber aufgrund fehlender Grundlagenkenntnisse schief geht. Diese nicht zu den Vorzeigestücken gehörende Vergangenheit des Laboratoriums wird erst offen gelegt, als Jim Watson schon die Direktion von Cold Spring Harbor übernommen hat.

Das Engagement der Menschen, die in der Umgebung des Laboratoriums wohnen und eine Gemeinschaft (»community«) bilden, wächst. 1924 entsteht die Long Island Biological Association (LIBA), die es sich zum Ziel setzt, die Forschung in Cold Spring Harbor zur Blüte zu bringen, indem neue Laboratorien

und Wohnungen für die Wissenschaftler gebaut werden, die
das ganze Jahr – und nicht nur den Sommer über – dort arbeiten und leben wollen. Als das Laboratorium 1940 seinen fünfzigsten Gründungstag feiert, gibt es inzwischen auch Anerkennung aus aller Welt.

Die internationale Reputation ist einer Initiative von Reginald Harris zu verdanken, der zeitgleich mit der Gründung der
LIBA Direktor in Cold Spring Harbor geworden ist. Im Jahre
1933 lädt Harris zu dem ersten der inzwischen weltberühm-
ten Symposien ein, die offiziell Cold Spring Harbor Symposia
on Quantitative Biology heißen und deren Vorträge von Anfang an gesammelt und in einer eigens dafür eingerichteten
Druckerei, der Cold Spring Harbor Laboratory Press, in Buchform erschienen: Es handelt sich um unverwechselbare, groß-
formatige rote Bände mit goldenen Lettern, an denen sich die
ungeheuer dynamische und spannende Geschichte der Lebenswissenschaften seit diesen Tagen ablesen lässt. Legendär geworden sind die Bände der Jahre 1941 und 1951, in denen erst
»Gene und Chromosomen« im verfügbaren Detail und dann
»Gene und Mutationen« in allen damals bekannten Feinheiten erörtert werden.

Das, was die Cold-Spring-Harbor-Symposien besonders auszeichnet, steckt in dem heute eher ungebräuchlichen Ausdruck
einer »Quantitativen Biologie«, womit Harris genau das
meinte, was Watson im britischen Cambridge erlebt hatte und
was nun Molekularbiologie hieß. Bei der Eröffnung des ersten
Symposiums am 1. Juli 1933, zu dem dreißig Teilnehmer geladen waren, um »Oberflächenphänomene« zu diskutieren, hatte
Harris betont, dass es ihm auf die Zusammenarbeit von Biologen, Physikern, Chemikern und Mathematikern ankam, um
eine enge Verbindung zwischen den etablierten Disziplinen
der Grundlagenforschung und der neuen Biowissenschaft herzustellen, die nur auf diese Weise so exakt werden könne wie
ihre großen Vorbilder.

Harris' Idee hatte Bestand über seinen allzu frühen Tod im
Jahre 1936 hinaus. Sie setzte sich langfristig in dem Sinne

durch, dass die gesamte Institution Anfang der sechziger Jahre den Namen übernahm, der ursprünglich nur den Symposien gegeben worden war. Aus dem Biologischen Laboratorium und der von der Carnegie Stiftung unterhaltenen Zweigstelle für Experimentelle Evolution wurde 1963 das Cold Spring Harbor Laboratory for Quantitative Biology. Unter Watsons Einwirkung wurde der Name 1970 abgekürzt, und seitdem heißt diese Forschungsstätte Cold Spring Harbor Laboratory (CSHL), wobei es nun üblich geworden ist, die drei Buchstaben mit einer Doppelhelix zu umrunden. Die Molekülstruktur soll dabei nicht nur ihre Schönheit zeigen, sondern auch das Ziel deutlich machen, das man in Cold Spring Harbor verfolgt und das Watson zum 100. Gründungstag des Laboratoriums folgendermaßen ausgedrückt hat: »In Cold Spring Harbor geht es intellektuell um das Verstehen das Gens«, so wie es Schrödinger in *Was ist Leben?* vorgeschlagen und für Erfolg versprechend erklärt hat.

Logo von Cold Spring Harbor mit Doppelhelix

Zwischen den beiden genannten Eckdaten findet ein zunehmender Einfluss der genetischen Wissenschaften statt, was auch darin zum Ausdruck kommt, dass zu Beginn der vierziger Jahre ein Genetiker, Milislav Demerec, die Direktion übernimmt. Zunächst widmet er seine Aufmerksamkeit den Pflanzen, dann der Fruchtfliege Drosophila. Er veranstaltet auch das erste Symposium zur Genetik (über »Gene und Chromoso-

men«), wobei auf Chemie spezialisierte Wissenschaftler, die an
der DNA interessiert waren, mit biologisch orientierten Forschern zusammentrafen und man herausfand, dass es Fragen
gab, die nur im gemeinsamen Bemühen eine Antwort finden
konnten. Zu den Teilnehmern gehörte auch Sewall Wright,
der anschließend in Chicago die Vorlesungen hielt, in denen
auch Jim als junger Student saß.

Während es Harris noch notwendig erschien, dass die Teilnehmer einen Monat bis sechs Wochen zusammenblieben, um
sich auszutauschen, kürzte sein Nachfolger Demerec die Dauer
der Zusammenkunft auf zwei Wochen. Das gilt bis heute als
Richtschnur, obwohl es längst Meetings gibt, für die kaum
mehr als ein Tag in Anspruch genommen wird.

Ausschlaggebend für den Erfolg von Symposien sind gewiss
nicht nur die Rasanz und die Qualität der Vorträge. Entscheidend ist eher die Gestimmtheit, die sich auf die Teilnehmer
überträgt – und darin hat sich Cold Spring Harbor von Anfang
an meisterhaft bewährt. Die wissenschaftliche und intellektuelle Atmosphäre war und ist ansteckend an diesem Ort, wie
sich zum Beispiel deutlich zeigte, als im Anschluss an das
Symposium von 1941 viele Genetiker dort blieben, um Experimente mit Drosophila oder mit Mais durchzuführen.

Zu den Zurückbleibenden zählte unter anderem Barbara
McClintock, die aus Missouri kam und von nun an auf Long
Island verstehen wollte, welche Mechanismen bei der Vererbung der Maispflanzen all die Besonderheiten hervorbrachten,
die sie auf den Feldern beobachten konnte. In Cold Spring
Harbor entwickelte sie ihr »Gefühl für den Organismus« – so
der Titel einer Biografie von Evelyn Fox Keller –, ohne dessen
Hilfe ihr die Einsichten nicht gelungen wären, die ihr am Ende
ihres Lebens noch den Nobelpreis einbringen würden. Barbara
McClintock war davon überzeugt, dass das Leben alle Forscher
narrt, die sich nur mit dem Verstand darauf einlassen.

Große Namen in Cold Spring Harbor:
Max Delbrück, Alfred Hershey, Barbara McClintock

Es gibt zwar viele berühmte Wissenschaftler mit großen Namen, die ihre Spuren in Cold Spring Harbor hinterlassen haben, aber auf die Frage, welche sich davon am stärksten in Watsons Gedächtnis eingeprägt haben, wird er – außer seinem Lehrer Salvador Luria – die Namen von seinen Kollegen Max Delbrück und Alfred Hershey nennen, die alle drei zusammen den Nobelpreis für Physiologie und Medizin des Jahres 1969 bekommen haben. Darüber hinaus darf Barbara McClintock nicht vergessen werden, deren Biografie *Ein Gefühl für den Organismus* gerade in dem Jahr erschienen ist (1983), als sie in Stockholm den Nobelpreis entgegennehmen durfte.

Delbrück, Luria und Hershey gründeten in den vierziger Jahren die Phagengruppe, die am Anfang der stürmischen Entwicklung steht, in deren Verlauf die moderne Biologie entstanden ist. *Phage and the Origin of Molecular Biology* heißt dann auch ein 1966 in Cold Spring Harbor erschienenes und unter anderem von Watson herausgegebenes Buch, das Delbrück zu seinem 60. Geburtstag gewidmet ist und die intellektuelle Rolle deutlich macht, die der in Berlin geborene und ursprünglich als Physiker ausgebildete theoretisch orientierte Wissenschaftler gespielt hat. Delbrück hatte in den dreißiger Jahren zeigen können, wie sich die Konzentration von bakteriellen Viren ermitteln lässt. Er hat dann weiter – zusammen mit Luria – den Nachweis erbracht, dass Bakterien Gene haben, die sich so ändern, wie es Darwin in seiner Theorie der Evolution vorgestellt hat. Darüber hinaus hat er die Fähigkeit dieser Viren zur Rekombination nachweisen und sie somit für die genetische Forschung »hoffähig« machen können.

Was Watson bei seiner Vaterfigur Delbrück zudem bewunderte, waren dessen literarische Bildung und sein behutsamer Umgang mit der Sprache, wobei er auf Ironie nicht verzichtete. So meinte Delbrück, dass wissenschaftlicher Erfolg von der Evolution lernen könne. Zwar müssen man möglichst alle Experimente reproduzierbar machen, aber allzu streng dürfe man nicht vorgehen, weil sonst nichts Neues zustande käme. Delbrück empfahl den Genetikern daher das Prinzip der kontrollierten Schlampigkeit (»the principle of limited sloppiness«) als Erfolgsrezept, mit dem auch das geeignete Übergehen von so genannten Tatsachen gemeint ist. Durch Delbrück und seine Sommerkurse auf Long Island nach dem Zweiten Weltkrieg lernte Watson die mannigfaltigen Möglichkeiten kennen, die ein Ort wie Cold Spring Harbor bot – Unterhaltungen über Wissenschaft ohne Zeitdruck und ohne Ablenkung mit weitem Blick über das Meer und bei warmen Abenden an weiten Stränden. Ein Ort, an dem sich eine Familie der Wissenschaft bilden kann, in der Alter keine Rolle spielt und soziale Hierarchien unbekannt bleiben.

Anders als Delbrück erzielte der in Cold Spring Harbor vor Ort wohnende Hershey seine Wirkung ohne Charisma. Er verreiste nur ungern, redete wenig und genoss vor allem das, was man in seinem Sinne den »Hershey Himmel« (»Hershey Heaven«) nannte. Damit meinte er ein Experiment, das er verstand und ihm immer dieselbe Antwort gab, wenn er es wiederholte. Ein Experiment kennen, das klappt, und zwar jeden Tag – wenn dies der Fall war, dann war Hershey zufrieden und arbeitete unermüdlich. Sein Hauptinteresse galt zuletzt einem bakteriellen Virus, das als Phage Lambda bekannt ist. Als Cold Spring Harbor zu diesem Thema ein Buch vorlegen wollte, wurde Hershey gebeten, die Herausgeberschaft zu übernehmen. Er machte sich an die Arbeit und feuerte seine Mitautoren zu Höchstleistungen an, wobei es vorkam, dass er seine mahnenden Briefe mit dem Zusatz enden ließ, »schlafen können wir später«.

Untrennbar mit Cold Spring Harbor verbunden ist vor allem Barbara McClintock, die einundachtzig Jahre alt werden musste, bevor die wissenschaftliche Welt in Stockholm erfuhr, was sie bereits vierzig Jahre zuvor verstanden hatte, als sie auf einem Symposium in Cold Spring Harbor über die »Organisation der Chromosomen und die Aktivität der Gene im Mais« berichtete und ihre wahrhaft sensationelle Einsicht vorstellte, dass es bewegliche genetische Elemente gibt. Was heute »springende Gene« heißt und zum Standardwissen der Genetik gehört, wollte damals niemals glauben, da man fest davon überzeugt war, dass Gene unverrückbare Orte auf den Chromosomen einnehmen. Die Männerwelt blieb lange Zeit unbeweglich und sperrte sich gegen die Einsichten in die Beweglichkeit der Gene, zu der es der weiblichen Intuition bedurfte, um auch ohne molekularen Nachweis zu verstehen, was im Inneren der Zellen geschieht. Barbara McClintock hatte gelernt, »ein Gefühl für den Organismus« zu entwickeln. In ihrer Nobelpreisrede empfahl sie, in den Genen nicht nur einzelne Instruktionen zum Anfertigen von Molekülen, sondern in ihrer Gesamtanlage ein sensitives Zellorgan zu sehen, mit dem die Umgebung erkundet und auf sie reagiert wird.

Der Reiz der Abgeschiedenheit

Dass Cold Spring Harbor die Forschungsstätte für die neue Genetik werden konnte, verdankt das Laboratorium maßgeblich Max Delbrück. Er beschloss, ab Sommer 1945 einmal im Jahr einen Kurs anzubieten, in dem interessierten Studenten die Fortschritte vermittelt wurden, die ihm und anderen Wissenschaftlern während des Zweiten Weltkriegs gelungen waren, als sie ihren genetisch orientierten Blick von komplizierten Organismen wie Fliegen und Pflanzen weg und hin zu einfachen Gebilden wie Bakterien und Viren gewendet hatten. Seit 1939 wusste man, dass man quantitative Biologie – im Sinne der Cold-Spring-Harbor-Symposien – mit den kleinsten Konstrukten des Lebens treiben konnte, den Viren, die Bakterien fressen und daher Phagen heißen. Zusammen mit Emory Ellis hatte Delbrück im ersten Jahr des Zweiten Weltkriegs einen Weg gefunden, um diese Grenzgänger zwischen Leben und Nichtleben genau zählen und ihre Konzentration ermitteln zu können. Mit diesen präzisen Vorgaben konnten die Phagenforscher daran gehen, das Wechselspiel von Bakterien und Viren genauer zu analysieren. Dabei traten nicht nur die gleichen Veränderungen bzw. Mutationen auf, wie man sie von den Fliegen und Pflanzen kannte – woraus der Schluss gezogen werden konnte, dass einfache Viren genauso über Gene verfügen wie komplizierte Fliegen. Dabei gelang es sogar, diese

Qualität zu quantifizieren und die Häufigkeit der Veränderungen – die Mutationsrate – präzise zu bestimmen.

Wenn man nach 1945 die Genetik möglichst rasch voranbringen und den gerade erreichten Schwung der Forschung beibehalten wollte – so Delbrücks Überlegung –, mussten möglichst viele Wissenschaftler lernen, geeignet mit Bakterien und Viren zu experimentieren. Da es an den Universitäten dafür noch keine Kurse gab – und auf absehbare Zeit auch nicht geben würde –, musste eine andere Art der Lehre geschaffen werden. Die Sommerkurse in Cold Spring Harbor schienen ihm die geeignete Möglichkeit zu bieten.

Schon in Kriegszeiten hatte sich Delbrück mit Watsons späterem Lehrer Luria in der Abgeschiedenheit von Long Island getroffen, um mit den kleinen Experimenten fortzufahren, mit denen sie hofften, der Natur der Gene auf die biophysikalische Spur zu kommen. Dabei wussten die beiden genau, dass sie mit ihren unscheinbaren Fortschritten langfristig mehr in der Welt bewegen würden als alle Politik und Kriegstreiberei zusammen. Und sie konnten diesen Einfluss gewinnen, ohne ihr Laboratorium zu verlassen, ohne vom Schreibtisch aufzusehen, an dem sie ihre genetischen Ergebnisse notierten und zur Veröffentlichung vorbereiteten.

Man könnte sagen, dass Cold Spring Harbor in jenen Tagen so etwas wie der ideale Elfenbeinturm der Biowissenschaft war, und Delbrück liebte diesen Ort ebenso wie Jim später. Als der Begriff vom Elfenbeinturm[2] im modernen Sinne zum ersten Mal verwendet wurde, diente er als Symbol sowohl für die sittliche Reinheit als auch für die selbstgewählte Isolation eines Künstlers bzw. Wissenschaftlers, »der in seiner eigenen Welt (nur seinem Werk) lebt, ohne sich um Gesellschaft und Tagesprobleme zu kümmern«, wie zum Beispiel im Brockhaus nachzulesen ist. Dieser Elfenbeinturm ist eine Erfindung des 19. Jahrhunderts und geht auf den französischen Schriftsteller und Literaturkritiker Charles-Augustin Sainte-Beuve zurück, der damit das Werk des zeitgenössischen Dichters Alfred Comte de Vigny meinte. In dessen Texten treten Ausnahmeerscheinungen (Genies) auf, die innerhalb einer verständnislosen, weil materialistisch orientierten Gesellschaft keinen Platz finden und sich deshalb – in einer eher melancholischen Gestimmtheit – von ihr entfernen. Sie ziehen sich in einen Elfenbeinturm zurück, wie Sainte-Beuve es elegant und einprägsam ausgedrückt hat. Dabei wird dieses Wort positiv verwendet, weil Sainte-Beuve keinen anderen Weg sah, auf dem ein wirksames dichterisches Werk entstehen konnte.

Und was für die Kunst gilt, wird auch für die Wissenschaft zutreffen. Elfenbeintürme dieser Art hat es vor allem in der Epoche der Naturwissenschaft, die Delbrück selbst erlebt hat, gegeben – zum Beispiel in Göttingen und Kopenhagen. In der dänischen Hauptstadt etwa gab es das zur Zeit des Ersten Weltkriegs geplante Niels-Bohr-Institut, das sein Gründer ausdrücklich als Hafen für einige höchst intellektuell veranlagte Mitglieder der Spezies »Homo scientificus« im Sinne J. Robert Oppenheimers verstand, die mit ihren Schrullen in der bürgerlichen Gesellschaft nicht leicht zurechtkamen und auf Unverständnis stießen.

Vielleicht ist es gerade die dankbare Erfahrung eines schützenswerten Elfenbeinturms, durch die Forscher, für die dieser Raum geschaffen wurde, bewogen werden, aus diesem isolierten Ort auszutreten, wenn die Gesellschaft sie für eine konkrete Aufgabe braucht. So gründet beispielsweise der öffentliche Ruhm Oppenheimers auf seinen Leistungen beim Bau der Atombombe und auf seinem Einsatz aus der Zeit nach 1950, bei dem er versucht hat, Dichter wie T. S. Eliot mit Wissenschaftlern zusammenzubringen. Und nachdem es Watson gelungen war, seiner Forschung ein geschütztes Ambiente in Cold Spring Harbor zu verschaffen, hat er anschließend umso deutlicher öffentlich Stellung bezogen, als es um die Rolle der Genetik in Politik und Alltag ging. Es wäre an der Zeit, dem Elfenbeinturm sein einseitig negatives Image zu nehmen und sich seine Bedeutung für die Entwicklung von Wissenschaft klar zu machen.

Watson in Cold Spring Harbor

Die Gentechnik – diesen Begriff gibt es seit Anfang der siebziger Jahre – ist eines der am heftigsten diskutierten Wissenschaftsgebiete. Während Watson darin die Chance sieht, bessere Experimente machen zu können, um mehr über Krebs zu erfahren, weisen andere vor allem auf die Risiken hin, die beim Zerlegen und Neukombinieren von Genen im Reagenzglas nicht von der Hand zu weisen sind.

Als Delbrück 1945 seinen ersten Phagenkurs in Cold Spring Harbor anbietet, der zwar mit einer kleinen Teilnehmerzahl anfängt, sich aber durchsetzt und bis 1971 hält, sind solche Entwicklungen nicht einmal zu ahnen. Dann nimmt Watson ihn aus dem Programm, weil die Genetik der bakteriellen Viren nun an den Universitäten gelehrt wird, wo sie 1945 noch nicht unterrichtet wurde. Man braucht nicht mehr nach Cold Spring Harbor zu kommen, um zu lernen, mit Phagen zu experimentieren, und das Laboratorium nutzt die Chance für etwas Neues und lädt zum ersten Kurs ein, der sich mit der Erkundung der Chromosomen befasst.

Natürlich ist 1945 alles sehr einfach in Cold Spring Harbor, aber die Phagengenetik ist eine Wissenschaft, die sehr wenig Apparate braucht: ein paar Schalen, in denen Bakterien wachsen können, ein Wasserbad, um geeignete Temperaturen für das kleine Leben zu haben, ein paar Pipetten, um Lösungen von Reagenzgläsern in Schalen zu überführen, eine Hand voll Chemikalien, die eine Nährlösung ergeben, und Papier, um die Ergebnisse der Versuche aufzuschreiben, die im Grunde immer gleich aussehen. In einer Schale züchtet man einen Rasen aus Bakterien, auf die man einige Viren auftropft, die dann über Nacht ihre Opfer finden und ihre Wirkung als Löcher zu erkennen geben. Sie werden am nächsten Morgen gezählt und ausgewertet. Nun gibt es viele Bakterien und noch mehr Phagen, und der zum Erfolg nötige Trick besteht darin, geeignete Phagen auf geeignete Bakterien loszulassen, um etwas über deren genetisches Wechselspiel herauszufinden. Von da hat jeder die Chance, mit guten Ideen und eleganten Experimenten zu klaren Aussagen über die Mechanismen der Vererbung zu kommen.

Delbrück und Luria gelingt es, aus der bislang eher mühevollen Genetik mit langen Wartezeiten ein intellektuelles Abenteuer zu machen, und in ihren Phagenkursen wächst die Generation der Biologen heran, die erst die Molekularbiologie erschaffen, sie dann um die Gentechnik bereichern und nach und nach all die Entwicklungen ermöglichen, die heute im Humanen Genomprojekt und der medizinisch anwendbaren Biotechnologie gipfeln.

Watson ist von Anfang an dabei, als in Cold Spring Harbor die Grundlagen für die kommende große Zeit der Biologie gelegt werden. 1948 kommt er – als 20-Jähriger in Begleitung seines Doktorvaters Salvador Luria – zum ersten Mal nach Cold Spring Harbor, um an dem Phagenkurs teilzunehmen. Er kehrt 1950 dorthin zurück, um vor seinem folgenreichen Aufbruch nach Europa an einer ersten Konferenz der Phagenforscher teilzunehmen. Er hält seinen ersten Vortrag über die Doppelhelix auf dem Symposium für Quantitative Biologie, das im Sommer 1953 den Viren gewidmet ist. Watsons wahrlich historischer Auftritt – wie bereits geschildert mit flatterndem Hemd und offenen Turnschuhen – findet in einem neu gebauten Hörsaal statt, der Bush Lecture Hall, wie das Programm sie ausweist, mit deren Bau man in Cold Spring Harbor begonnen hat, nachdem immer mehr Forscher zu den Symposien drängen und sich die anfängliche Zahl von dreißig Teilnehmern inzwischen verzehnfacht hat. Der Vortragssaal ist benannt nach Vannevar Bush, der sich im Zweiten Weltkrieg als Berater des amerikanischen Präsidenten für die Rolle der Wissenschaft stark gemacht und später als Präsident der Carnegie Stiftung fungiert hat.

Nach diesem frühen Höhepunkt lief in den fünfziger Jahren in Cold Spring Harbor alles seinen gewohnten und gewohnt erfolgreichen Gang, ohne dass große Änderungen eintraten. Sie wurden plötzlich nötig, als Demerec 1960 die Altersgrenze erreichte und nach einem neuen Direktor Ausschau gehalten werden musste. Bei der Suche wurde deutlich, dass in Cold Spring Harbor zwei Institutionen das Sagen hatten – die Carnegie Stiftung und das Biologische Laboratorium (vgl. dazu Abb. S. 189) – und beide nicht immer dieselbe Meinung vertraten. Offiziell arbeitete Demerec für Carnegie, aber er genoss die Vorteile des Direktors der Laboratorien, indem er zum Beispiel im eleganten Airslie Haus mit Blick auf das Meer und nach Connecticut wohnte. Seinem Nachfolger konnte dies nicht mehr zugestanden werden, und so handelte sich man sich vor allem Absagen ein. Endlich setzten sich die Vertreter der Carnegie Stiftung und der LIBA unter Führung des Bankiers Walter Page an einen Tisch, um ein Übereinkommen ihrer Interessen zu erzielen. 1963 gründeten sie denn auch – nach dem Rückzug von Carnegie – das schon erwähnte Cold Spring Harbor Laboratory for Quantitative Biology. Als Direktor wurde John Cairns berufen, nachdem sich die Rockefeller Stiftung bereit erklärt hatte, fünf Jahre für sein Gehalt aufzukommen – und damit genau in dem Jahr Schluss war, als Cairns das Handtuch warf und Watson das Laboratorium retten musste.

Watson hat nicht versäumt darauf hinzuweisen, dass Cairns in Anbetracht der Tatsache, eine Institution übernommen zu haben, deren Gebäude in keinem guten Zustand waren und die mehr Schulden als Rücklagen aufwies, gute Arbeit geleistet hat. Er hat auch nie verschwiegen, dass er bewundert hat, wie es Cairns sofort gelungen war, ausreichende Mittel von staatlichen Quellen zu bekommen – von der National Science Foundation (NSF) –, um die Laboratorien zu renovieren. Auch konnte Cairns weitere Wissenschaftler für Cold Spring Harbor gewinnen, die molekulare Ansätze in der Genetik verfolgten und beispielsweise der Frage nachgingen, wie die Doppelhelix im Detail repliziert wird.

Mitte der sechziger Jahre feiert die Molekularbiologie ihre großen Triumphe, und auf den Cold-Spring-Harbor-Symposien für Quantitative Biologie trifft sich alles, was in den Naturwissenschaften Rang und Namen hat. Von besonderer

Watson und seine Frau im Airslie-Haus in Cold Spring Harbor 1980

Tragweite ist das Symposium des Jahres 1966, in dem »Der genetische Code« vorgestellt wird. Natürlich lassen sich die Molekularbiologen dabei nicht die Gelegenheit entgehen, Cricks 50. Geburtstag zu einem besonderen Ereignis zu machen. Das Interesse ist so groß, dass selbst die Bush Lecture Hall nicht ausreicht und man das Geschehen per Fernsehschirm in alle anderen verfügbaren Räume übertragen muss. Die Bände mit den Ergebnissen der Symposien finden reißenden Absatz und bringen dringend benötigtes Bargeld in die immer noch nicht sehr vollen Kassen von Cold Spring Harbor.

Aber die Pläne, in Cold Spring Harbor ein eigenes Forschungszentrum einzurichten, kommen nicht voran. Als die Wissenschaftler, die Cairns nach 1963 nach Long Island locken konnte, besser dotierte Angebote von amerikanischen Universitäten annehmen, gibt der Direktor auf und macht die Bühne frei für Jim Watson. Im November 1968 richtet die American Cancer Society (»Amerikanische Gesellschaft zur Erforschung von Krebs«) eine Professur für Cairns auf Lebenszeit ein, was

ihm ermöglicht, sich den so lange vernachlässigten For-
schungsaufgaben wieder zuzuwenden, und was Watson erlaubt, seinen Blick weiter schweifen zu lassen.

Zu diesem Zeitpunkt hat sich *Die Doppelhelix* längst als
internationaler Bestseller erwiesen, der so viel Geld einbringt,
dass Watson zum ersten Mal die Seiten wechseln und nicht
mehr nur Bittsteller, sondern auch Spender sein kann. Die Renovierung des Osterhout Cottage, in das er mit seiner Frau Liz
einzieht, kann Cold Spring Harbor jedenfalls von dem Geld
bestreiten, das der neue Direktor selbst gestiftet hat. *Die Doppelhelix* hat es möglich gemacht.

Der Krieg gegen den Krebs

Wenn es ein wissenschaftliches Thema gibt, das Watsons Leben
vom Beginn seiner Forschungstätigkeit bis heute durchzieht,
dann ist es sein Kampf gegen den Krebs. Er selbst spricht sogar
von Krieg, von seinem »war on cancer«. Der Wunsch, das rät-
selhafte Geschehen, das der Karzinogenese – das heißt der Um-
wandlung einer normal wachsenden Zelle in eine Krebszelle –
zugrunde liegt, erst begreifen und dann verhindern zu können, taucht bei Watson erstmals 1947 auf, als er bei Luria studiert und von ihm in die Biologie der Viren eingeführt wird.
Damals lag ein junger Onkel von Jim im Sterben, und die Di-
agnose der Ärzte, dass es sich dabei um Krebs handelte, ließ in
ihm nicht nur den Wunsch aufkommen, etwas dagegen zu tun,
sondern auch die Einsicht wachsen, dass dazu die Wissenschaft
die Mittel bereitstellen müsste.

Bereits 1912 hatten Wissenschaftler der New Yorker Rockefeller University unter Leitung von Peyton Rous entdeckt, dass
im tierischen Gewebe Viren als Ursache einer Tumorbildung
infrage kamen, wobei damals natürlich völlig unerklärlich
blieb, wie die Viren dies im molekularen Detail tun. Erst mit
den Fortschritten der Biologie in den fünfziger Jahren ließen
sich erste Vermutungen anstellen, und nach und nach sammel-

ten sich Informationen über die Gruppe von Viren an, die aufgrund ihrer Wirkung bald »Tumorviren« genannt wurden. Sie gingen so mit tierischen Zellen um, wie es bakterielle Viren mit Bakterienzellen machten, und wurden daher immer besser den Experimenten der Biologen zugänglich.

Watson empfahl im letzten Kapitel der ersten Auflage seines Lehrbuchs über *Die Molekularbiologie des Gens*, in dem er seine »Ansichten eines Genetikers über Krebs« beschreibt, mit aller Dringlichkeit, dem Krebs durch die Analyse von Tumorviren auf die Spur zu kommen. Während seines Aufenthalts in Harvard hatte er den Verdacht geschöpft, dass sie mit spezifischen Segmenten aus DNA ausgestattet sein könnten, die das Krebswachstum auslösen. Heute weiß man, dass es derartige Onkogene tatsächlich gibt. Es bestand allerdings keine Chance, sie zu erwischen, solange es die Gentechnik noch nicht gab.

Doch so vage im Jahr 1968 die Aussicht auf Erfolg im Kampf gegen der Krebs noch war, so klar war es für Watson, dass die Übernahme der Leitung des Cold-Spring-Harbor-Laboratoriums ihm die einmalige Chance bot, auf dem Feld der Tumorbiologie mitzuwirken. Zufällig wurde im Sommer 1968 ein Kurs über »Tierische Viren« (»Animal Viruses«) abgehalten, in dessen Rahmen auch mehrere Seminarvorträge angeboten wurden. Watson lauschte ihnen mit großer Aufmerksamkeit, und besonders beeindruckte ihn der Auftritt des Engländers Joseph (Joe) Sambrook, der aus San Diego gekommen war, wo er am Salk Institute – benannt nach dem berühmten Entdecker des Erregers der Kinderlähmung (des Poliovirus) – mit dem Virus SV40 arbeitete, das Affenzellen infizieren kann. (SV ist die Abkürzung für den englischen Ausdruck »simian virus«, Affenvirus; die Zahl hat sich eher aus zufälligen Gründen ergeben.)

Sambrook versuchte herauszufinden, wie die DNA von SV40 es schafft, sich in die Chromosomen von Zellen einzugliedern und dann so auf das Zellgeschehen einzuwirken, dass Krebs die Folge ist. Watson fragte ihn unverblümt, ob er diese Arbeit nicht in Cold Spring Harbor fortsetzen wollte. Es bleibt ein Ge-

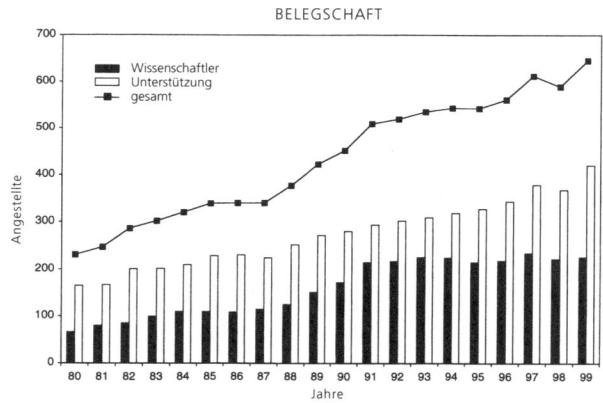

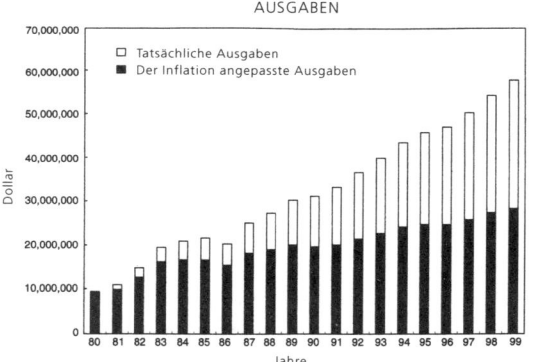

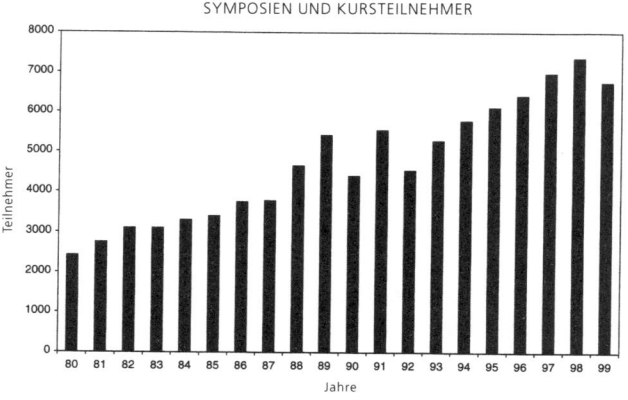

Zahlen aus Cold Spring Harbor – Cold Spring Harbor in Zahlen bis 1999

heimnis, wie es Jim gelungen ist, Sambrook zu überreden, von Kalifornien nach New York umzusiedeln. Fest steht auf jeden Fall, dass Sambrook als erster Tumorvirologe im Juni 1969 nach Cold Spring Harbor kam. Mit ihm gelang es Jim, Forschungsgelder in Höhe von 1,6 Millionen Dollar von den National Institutes of Health (NIH) zu bekommen. Mit dem Geld kamen auch andere Tumorforscher, und die Jagd nach den Onkogenen konnte beginnen.

Die Dinge entwickelten sich in rasantem Tempo in Cold Spring Harbor: Während es 1968 siebenundvierzig Angestellte gab, waren es ein Jahr später bereits achtundsechzig und 1970 über achtzig. Damit tauchte ein neues Problem auf, denn obwohl man genug Platz für die Wissenschaftler in den Laboratorien hatte, fehlten Büroräume. Es war bald klar, dass ein eigener Flügel neben dem für die Experimente nötigen Haus errichtet werden musste – aber dafür war kein Geld vorhanden. Die staatlichen Fördermittel konnten nur für die Forschung eingesetzt werden, und so hoffte Watson 1970 auf ein Wunder bzw. darauf, dass ein Engel den Weg nach Cold Spring Harbor finden würde, wie er in einem Interview für die Lokalzeitung *The Long Islander* sagte. Dieser Engel kam tatsächlich, und zwar in Gestalt von John Davenport, der, ohne mit dem ehemaligen Direktor verwandt zu sein, eines Tages bei Watson anrief und fragte, ob er etwas für Cold Spring Harbor tun könne. Der im Ruhestand lebende Davenport hatte in seiner aktiven Zeit das Pharmaunternehmen Pfizer geleitet und dabei auch versucht, ein Tumorviruslaboratorium einzurichten. Als Watson ihm von seinem Problem erzählte, bot Davenport ihm Aktien seines ehemaligen Unternehmens an, mit denen sich die Hälfte des nötigen Bürogebäudes errichten ließ. Der Anfang war gemacht, die Sache war ins Rollen gekommen.

Mit dem Platz für die Wissenschaft in dem Neubau, der sich an das James-Laboratorium anschloss – diese Forschungsstätte war 1929 errichtet und nach dem damaligen Vorstand der LIBA, Walter B. James, benannt worden –, konnte Cold Spring Harbor zum ersten Mal in seiner Geschichte behaupten, an der vordersten Front der biologischen Forschung zu stehen. Es war führend geworden auf dem Gebiet der Tumorviren und des von ihnen ausgelösten Krebswachstums, und unter der Leitung von Joe Sambrook gaben sich Biochemiker, Biophysiker, Genetiker und Mediziner alle Mühe, in dem Affenvirus SV40 das genetische Material zu entdecken, das für Unheil sorgt. Unter den Wissenschaftlern, die nicht nur in Cold Spring Harbor, sondern weltweit an dem Problem arbeiteten, hatte sich inzwischen das von Krebsspezialisten des National Institutes of Health vorgeschlagene Wort »Onkogen« für Krebs erzeugende DNA durchgesetzt, und man vermutete, dass es sich dabei um die Gene handelt, mit denen ein Virus eine infizierte Zelle dazu bringt, sein Chromosom zu vermehren. Offenbar bringen Onkogene Wirtszellen dazu, mit der Synthese von DNA zu beginnen, so wie es sich Watson eher vage spekulierend am Ende der fünfziger Jahre vorzustellen versucht hatte.

Offensichtlich schienen die Biowissenschaften bald rasche Erfolge beim Verständnis von Krebs in Aussicht zu stellen. Die »science community« suchte die Gunst der Stunde zu nutzen, die Politiker zu interessieren – und genügend Geldmittel einzutreiben. Einige Krebsforscher mit guten Verbindungen nach Washington setzten alles daran, Senatoren wie Edward Kennedy von den Chancen der neuen Tumorbiologie zu überzeugen, und nach kurzer, intensiver Lobbytätigkeit drangen die Wissenschaftler bis zum damaligen Präsidenten Richard Nixon vor. Dieser unterschrieb 1971 das Gesetz, das unter dem Schlagwort »war on cancer« (»Krieg dem Krebs«) bekannt geworden ist und den entsprechend ausgerichteten Laboratorien für die nächsten Jahre einen warmen Geldregen versprach. Cold Spring Harbor stand natürlich ganz oben auf der Aspirantenliste. In dem vom Präsidenten unterzeichneten »National Cancer Act« wurde besonders die Bedeutung von interdisziplinär ausgerichteten Forschungsstätten betont, die als Zentren des Kampfes gegen Krebs nicht nur ausgezeichnete Mitarbeiter vorzuweisen hätten, sondern auch die Bevölkerung umfassend über den Stand der Forschung informieren müssten. Cold Spring

Harbor erfüllte all diese Bedingungen, und so erhielt das Laboratorium von 1971 bis 1976 jährlich eine Million Dollar zugesprochen. Der Kampf gegen den Krebs konnte nun wirklich geführt werden.

So optimistisch die Stimmung damals war und so glücklich Watson und seine Mitarbeiter nach dieser Entscheidung waren, so klar kann man im Rückblick sagen, dass die Hoffnungen der Initiatoren dieses Programms nicht erfüllt wurden. Der Präsident der USA unterschrieb die Kriegserklärung an den Krebs zehn Jahre nach der Ankündigung seines ungeliebten Vorgängers John F. Kennedy, der 1961 seine Landsleute aufgefordert hatte, bis zum Ende des Jahrzehnts einen Menschen auf dem Mond landen zu lassen und sicher zur Erde zurückzubringen. Nixon wollte Kennedy in nichts nachstehen – und so musste statt der Rakete zum Mond eine Waffe gegen den Krebs her. Doch das Leben einer Zelle ist verwickelter als die Reise zur Oberfläche des Trabanten, und zehn Jahre nach Nixons Unterschrift war kein einziges Virus identifiziert worden, das eindeutig als Ursache für Krebs beim Menschen in Frage kam, wie Watson 1981 schrieb, als er trotz dieser Enttäuschung seine Kollegen ermunterte, die Qualitätsmaßstäbe ihrer Forschung so hoch anzusetzen wie bisher, auch wenn die staatlichen Mittel langsamer fließen sollten.

Wer 1971 Geld für Krebsforschung haben wollte, musste die Werbetrommel für sich rühren und unter allen Umständen vermeiden, als Bedenkenträger bekannt zu werden. Damals hieß es: »Krebs ist eine genetische Krankheit, die von Tumorviren ausgelöst wird.« Geld bekam nur, wer sich diesem Credo bedingungslos anschloss. Dass Watson zehn Jahre später einräumte, man müsse natürlich auch berücksichtigen, dass es viele Umweltfaktoren gibt, die mit Krebs in Verbindung stehen – Tabakrauch, UV-Strahlung, Fett – und dass die Experten mehrheitlich der Meinung seien, 90 Prozent aller bösartigen Erkrankungen dieser Art hätten eher mit der Lebensführung als mit den Genen zu tun, ehrt ihn zwar, macht aber zugleich deutlich, dass Wissenschaftler nicht – wie man von jedem Zeugen vor Gericht erwartet – daran gewöhnt werden, die Wahrheit und nichts als die Wahrheit zu sagen.

Wissenschaft besteht zu einem großen Teil nicht aus Wahrheit, sondern aus Eigenwerbung und Eintreibung von Geldern, und so neigen die als Biologen, Physiker oder Chemiker tätigen Berufsoptimisten dazu, Versprechungen abzugeben, ohne sicher zu sein, sie auch halten zu können.

Ein großes Geschenk

Watson ist zwar immer sehr rührig im Besorgen von Fördermitteln für die Forschung gewesen, aber in seinem Herzen vor allem ein guter Wissenschaftler geblieben, so wie er es von den Forschern verlangt, die in Cold Spring Harbor arbeiten. Selbst wenn sie bei ihren Untersuchungen der Tumorviren nicht die Ursachen von Krebs zu klären in der Lage waren, hatten sie doch viele Einsichten gewonnen, die sie in *The Molecular Biology of Tumor Viruses*, einem etwa 700 Seiten dicken Band, der 1973 in Cold Spring Harbor verlegt (und über 10 000-mal verkauft) wurde, niederlegten. Watson selbst hat Beiträge zu diesem Band geleistet, mit dem das Laboratorium eine erfolgreiche Monografienreihe zur Molekularbiologie eröffnete, die zuletzt – im Jahre 1989 – zur Gründung der Cold Spring Harbor Laboratory Press führte. Der Verlag bringt inzwischen drei eigene Fachzeitschriften heraus: Während *Genome Research* allgemeine und *Genes & Development* spezielle Probleme aus der Genetik vorstellen, informiert *Learning & Memory* über Errungenschaften aus den Neurowissenschaften.

Den finanziellen Hintergrund für diesen unternehmerischen Schritt lieferten vor allem die glänzenden Erfolge, die von den ab 1972 veröffentlichten *Laboratory Manuals* (»Handbücher für das Laboratorium«) erzielt wurden. Der erste – von Jeffrey Miller verfasste – Band stellt sehr detailliert vor, wie man »Molekulargenetische Experimente« durchführt. Aufgrund der genauen Anweisungen – welche Chemikalien und welche Zellen muss man nehmen, um welches Ergebnis zu erzielen – wurde das Buch kurz nach Erscheinen ein Bestseller. Inzwischen hatte man verstanden, dass sich mit diesen Mitteln Einsichten in die Mechanismen des Lebens gewinnen ließen.

Anfang der siebziger Jahre ging es mit Cold Spring Harbor steil aufwärts – dank Jim Watson, der immer noch hauptamtlich Mitglied des Lehrkörpers von Harvard war. Noch konnte das Laboratorium auf Long Island seinem Direktor kein Gehalt zahlen, doch diese Situation änderte sich schlagartig 1973, als der Robertson Research Fund eingerichtet werden konnte. Das in ihm angelegte bzw. verfügbare Geld stammte von Charles Robertson, einem wohlhabenden Mitglied der »community«, dessen Frau Marie 1972 gestorben war. Sie war die Erbin eines großen Vermögens, das eine Handelskette verdient hatte – die »A & P«-Läden, die nach der Übernahme von Kaiser's Kaffeegeschäft auch in Deutschland Fuß fassten.

Schon seit geraumer Zeit hatte die Familie Robertson ihr Geld in eine Familienstiftung eingebracht, die Banbury Foundation hieß, weil die Robertsons ein wunderbar gelegenes Landgut in Lloyd Harbor nicht weit entfernt von Cold Spring Harbor besaßen, an dem die Banbury Lane entlangführte. Diese Stiftung hatte seit den sechziger Jahren viele Millionen Dollar für amerikanische Universitäten – beispielsweise für Princeton – bereitgestellt. Nach dem Tod seiner Frau wandte sich Robertson an das Laboratorium in Cold Spring Harbor. Er rief im Juni 1972 den Vorsitzenden der Long Island Biological Association an und wollte den Direktor sprechen. Jim machte zwar gerade Ferien, aber man riet ihm dringend, unverzüglich ins nächste Flugzeug nach New York zu steigen – was er auch tat. So konnte er Robertson und dessen Anwalt, der sogleich mitgekommen war, bald durch das Gelände führen. Nach dem Rundgang machten dann die Besucher beim Mittagessen im Osterhout Cottage ein Angebot, das jedem – nicht nur Watson – die Sprache verschlagen hätte. Robertson wollte dem Laboratorium sein gesamtes Landgut (mit Tennisplätzen und Meerzugang) zur Verfügung stellen – unter der Bedingung, dass es intakt bleibe und als Konferenzzentrum genutzt werde. Zudem stellte er acht Millionen Dollar zur Verfügung – in Form des erwähnten Robertson Research Fund –, um die Kosten für den Umbau zu decken und die wissenschaftliche Förderung des Laboratoriums zu verbessern.

Diese großzügige Förderung war aber nicht aus heiterem Himmel gekommen, denn schließlich hatte Watson unermüdlich jede Gelegenheit in den wohlhabenden Golfklubs der Umgebung genutzt, um eine Unterstützung für die Forschung zu bitten. Man sagt, dass er bei diesen Auftritten seinen nuschelnden Tonfall besonders gepflegt und sogar äußerst leise gesprochen haben soll, um die Aufmerksamkeit auf sich zu ziehen.

Das Geschenk der Robertsons heißt heute Banbury Center und wird unter anderem für Konferenzen benutzt, auf denen möglichst wenig Teilnehmer mit möglichst viel Zeit möglichst gute Ideen vorstellen und erörtern sollen. Anfangs konzentrierte man sich auf Fragen, die im Rahmen der biologischen Risikoabschätzung und der Krebsentstehung auftauchen – Welche Mutationen werden von verbreiteten Chemikalien ausgelöst? Wie sieht unsere genetische Disposition aus? Kann es eine unschädliche Zigarette geben? Später wurden vornehmlich die Konsequenzen erörtert, die nach der 1973 zum ersten Mal publizierten Gentechnik aufgekommen waren und die Öffentlichkeit interessierten. Es ging etwa um »Patente auf Lebensformen« und »Das Ethos des Forschens«.

Die Zusammenkünfte im Banbury Center haben sich inzwischen als Treffpunkte für Politiker und Journalisten entwickelt, wo jede Seite um die richtige Vorgehensweise bemüht ist, mit der anderen und den Vertretern der Wissenschaft ins Gespräch zu kommen. Kurios ist es, dass die Teilnehmer der Banbury-Konferenzen im schlossähnlichen früheren Wohnhaus der Robertsons übernachten, während die Tagung in der ehemaligen – umgebauten – Garage stattfindet.

Mit dem Geld von Robertson konnten Watson und seine inzwischen vierköpfige Familie zum ersten Mal ins Auge fassen, Harvard zu verlassen und ganz nach Cold Spring Harbor zu ziehen. Cairns, der ehemalige Direktor des Laboratoriums, hatte inzwischen beschlossen, nach England zurückzukehren, um dort die Leitung eines Laboratoriums zu übernehmen, das sich der Krebsforschung widmete. Damit wurde das von ihm bewohnte Airslie für die Watsons frei, in das sie nach dessen Renovierung 1974 einzogen.

Vor dem Haus befindet sich eine zum Meer hin abfallende Wiese, die im Sommer für Partys ideal ist. Jim lässt es sich dann auch nicht nehmen, mit jedem Teilnehmer wenigstens ein paar persönliche Worte zu wechseln. Auf diese Weise erfährt er zum einen, was im Laboratorium klappt und was verbessert werden kann, und zum andern erfährt er, welche Perspektiven die Forschung bietet und an welchen Tendenzen sich die Praktiker orientieren. Seine Runden macht er aber auch aus Interesse an den Menschen, die ein genuines Interesse an der Wissenschaft haben. Viele wundern sich anschließend, dass Watson sich nicht nur an all die Details erinnert, die dabei erwähnt wurden, sondern auch noch an die Namen derjenigen, mit denen er gesprochen hat.

Das Aufkommen der Gentechnik

Der endgültige Umzug der Familie Watson nach Cold Spring Harbor fand 1976 statt, als die Kinder ins Schulalter kamen. Jim war inzwischen so erfolgreich als Direktor von Cold Spring Harbor und als Mittelbeschaffer für die Krebsforschung, dass er seine Ziele auch nach unten korrigieren konnte. Sein langfristiges Ziel bestand schon längst nicht mehr darin, Krebs zu heilen, sondern ihn mit molekularbiologischen Konzepten zu erklären. Und er hatte allen Grund, wieder optimistisch zu sein, denn inzwischen gab es eine neue Hoffnung, die allerdings unter dem Namen Gentechnik in der Öffentlichkeit eher an Gefahren als an Chancen denken ließ. Die Gentechnik liefert die Möglichkeit, mit DNA-Molekülen in einem Reagenzglas *(in vitro)* das zu tun, was die Natur in einer Zelle *(in vivo)* machen kann, sie nämlich neu zusammenzusetzen, also zu rekombinieren, und zwar so, dass sie anschließend funktioniert. Was machte die Gentechnik so aufregend für die Wissenschaft?

Der historische Blick auf die Fragen der Krebsforscher zu Beginn der siebziger Jahre zeigt, dass sie vor allem bestrebt waren, einzelne Gene zu isolieren, um ihre Wirkungsweise zu analysieren. Leider standen für die Erfüllung dieses Traums noch lange nicht die geeigneten technischen Mittel zur Verfügung. Sie konnten erst von der Gentechnik geliefert werden, deren Grundschritte 1973 bekannt wurden. Sie ermöglicht nämlich, genetische Moleküle aus Zellen in Reagenzgläser überzuführen, um sie erst zu zerlegen und anschließend neu zusammenzusetzen. Die auf diese Weise *in vitro* »rekombinierte« DNA wird dann in eine Zelle zurückgeführt, um zu prüfen, ob sie *in vivo* tatsächlich so aktiv ist wie alle anderen Gene. 1973 standen aber noch nicht alle Mittel zur Verfügung. Damals gab es nur die Möglichkeit, DNA-Moleküle zu zerlegen, was in der Fachsprache »restringieren« genannt wird.

Schon den frühen Bakteriengenetikern war bei Experimenten mit Phagen aufgefallen, dass nicht alle Phagen alle Bakterien anfallen können. Einige Bakterien waren für einige Phagen so etwas wie eine verbotene Zone, die im Amerikanischen »restricted area« heißt. Welcher Mechanismus bewirkte dieses Verbot? 1969 fand der Schweizer Werner Arber die Lösung: Die Bakterien verfügten über biochemische Mittel (molekulare Scheren), um die DNA der sie angreifenden Phagen zu zerschneiden (restringieren). Die Scheren waren ihrer chemischen Natur nach Proteine, die bald Restriktionsproteine (genauer: Restriktionsenzyme) hießen und offenbar von der Natur in großer Zahl bereitgestellt wurden. Bald fand man heraus, dass die molekularen Scheren gezielt nach kurzen DNA-Sequenzen suchen, um hier ihren Schnitt anzubringen. Und jedes Bakterium hatte seine eigene Art zu schneiden, was erklärte, dass sich nicht alle gegen sämtliche Phagen so zur Wehr setzen konnten. Wenn nämlich bei einem Phagen die Sequenz fehlte, die ein bakterielles Schneideprotein für die Restriktion brauchte,

Das Modell des Adenovirus in Cold Spring Harbor

dann konnte er ungestört eindringen und sein infektiöses Werk vollenden.

Für die Tumorforscher bestand endlich die Aussicht, das genetische Material (Genom) des SV40 Virus erst in Einzelstücke aufzutrennen, um diese danach Stück für Stück zu untersuchen in der Hoffung, hierbei ein DNA-Fragment zu finden, das als Onkogen wirkte. Es war vor allem der Ende 1972 nach Cold Spring Harbor gekommene Richard Roberts, der nach neuen Restriktionsenzymen suchte, um mit ihnen immer neue Fragmente der DNA des Virus in der geschilderten Absicht herzustellen. Über 50 Prozent der weltweit gebräuchlichsten molekularen Scheren wurden auf diese Weise in Cold Spring Harbor entdeckt – und Roberts wurde in den achtziger Jahren mit dem Nobelpreis für Physiologie und Medizin ausgezeichnet.

Diese Ehre wurde ihm zuteil, weil ihm – in Zusammenarbeit mit einigen anderen Molekularbiologen, zu denen auch Sambrook gehörte – mit Hilfe der molekularen Scheren eine überraschende Entdeckung gelungen ist. Roberts leitete in den siebziger Jahren ein Team, das den Spuren eines Virus folgen wollte, der in menschliche Zellen eindringen kann und als Adenovirus bekannt war, weil man in ihn Drüsen (griech. *adenos*) gefunden hatte. Das gefährliche Adenovirus hat eine so hübsche symmetrische Gestalt, dass man sein Modell in Cold Spring Harbor als krönenden Abschluss auf der Spitze eines Dachs bewundern kann, das zu einer Terrasse gehört, von der aus man einen weiten Blick auf Hafen und Meer hat (Abb. S. 217).

Üblicherweise unterscheiden die Virologen bei einer Infektion »frühe Gene«, die sofort nach der Infektion aktiv und also gelesen und umgesetzt (»exprimiert«) werden, von »späten Genen«, die – wie der Name sagt – zur Geltung kommen, wenn schon einige Zeit vergangen ist. Die Molekularbiologen waren zwar sicher, dass die Krebs fördernden Gene in der Anfangsphase zu finden sind, aber im Schlussspurt gab ihnen das genetische Geschehen offenbar ein Rätsel auf. In Cold Spring Harbor hatte man begonnen, die Boten-RNA zu analysieren, die von »späten« Genen ausgehend hergestellt wurde. Dabei war aufgefallen, dass sie zwar alle von Sequenzen hergestellt wurden, die weit verteilt und weit auseinander im Genom des Virus lagen, dass aber trotzdem alle späten Boten-RNA-Moleküle (mRNAs) in ihren Endstücken übereinstimmten. Wie konnte die Zelle das zustande bringen, wenn man den Zufall als Erklärung für diese gleichartigen Molekülenden ausschloss?

Die Antwort ist heute allgemein bekannt und gehört zum Wissensgrundstock von Studienanfängern. Zellen haben nämlich nicht nur die Fähigkeit, RNA-Moleküle herzustellen, son-

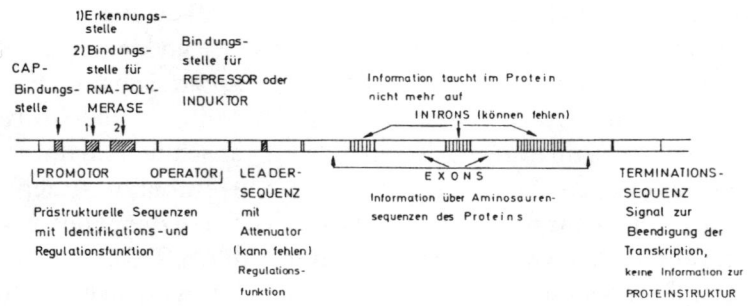

Schema des Aufbaus eines menschlichen Gens als Mosaik

dern auch gezielt zu verarbeiten – was in der Fachsprache im Amerikanischen als *RNA splicing* und im Deutschen als »Spleißen« bezeichnet wird. Dabei wird etwas zuerst zerlegt und dann neu zusammengefügt. Durch das Spleißen von RNA-Molekülen, die selbst nach DNA-Sequenzen gefertigt werden, kann eine Zelle die Boten-RNAs so gestalten, wie die Experimente sie gezeigt hatten.

Watson hat die Entdeckung des RNA-Spleißens als ein »once-in-a-lifetime event« bezeichnet, also als etwas, das einem Forscher nur einmal im Leben über den Weg läuft (so wie die Doppelhelix). Die Entdeckung dieser besonderen Fähigkeit lebendiger Zellen wurde auf dem 42. Symposium für Quantitative Biologie bekannt gegeben und diskutiert, das 1977 in Cold Spring Harbor stattfand, dessen Thema die chemische Zusammensetzung von Chromosomen bzw. das Chromatin, der anfärbbare Bestandteil des Zellkerns war. So nannten die Biologen auch das entsprechende Symposium, nach dessen Abschluss klar war, dass die Biologie an der Schwelle einer neuen Epoche stand.

Das Spleißen von RNA war vor allem deshalb möglich und wahrscheinlich auch nötig, weil viele Gene gar nicht zusammenhängend an einem Stück gebaut waren, wie man es von den bisher untersuchten Bakterien gewohnt war. Vielmehr zeigte sich, dass Gene von Zellen, die – anders als die Bakterien – mit einem Zellkern ausgerüstet waren, aus vielen kleinen Stücken (»Mosaiksteinen«) bestanden, die zwar zunächst in dieser gesprenkelten Art in ein erstes RNA-Molekül überführt wurden, aber nur, um aus diesem Produkt anschließend durch den Vorgang des Spleißens all die Sequenzen herauszunehmen, die sich auf der Ebene der DNA zwischen die genetisch relevanten Passagen eingenistet hatten (Abb. S. 219).

Der Optimismus der Molekularbiologen hinsichtlich der sich ihnen bietenden Möglichkeiten, die Vererbung grundsätzlich zu verstehen, musste aber etwas gedämpft werden. Während man bis zu der Entdeckung der Mosaikgene und des Spleißens noch der Ansicht war, dass man die Einsichten, die man bei Bakterien gewonnen hatte, mit bestenfalls leichten Abweichungen auf die Zellen der höher entwickelten Organismen übertragen konnte, erkannte man nun, dass man damit nicht zurechtkam und auf völlig neue Mechanismen der Natur gefasst sein musste. Das legendäre Diktum des Franzosen Jacques Monod, das meist in der Form »Was für das Bakterium E. coli gilt, muss auch für den Elefanten gelten« zitiert wird, obwohl Monod sich eher einen intelligenten Spaß machen wollte und ursprünglich »Was für E. coli gilt, muß auch für E. lefant gelten« geschrieben hat – dieser fabelhafte Ausspruch erwies sich nun als völlig falsch. Was man bei Bakterien als richtig erkannt hatte, galt gerade nicht bei Zellen wie denen des Menschen, die über einen Zellkern verfügten und die allein von Tumorviren heimgesucht wurden. Mit der Entdeckung von Genen, die nicht am Stück, sondern in Stücken vorliegen und dem anschließenden Spleißen der RNA-Produkte konnte tatsächlich eine neue Ära der Molekularbiologie beginnen, und es war das Symposium des Jahres 1977 in Cold Spring Harbor, auf dem diese neue Zeit angekündigt wurde.

Natürlich wurde der Nachweis, dass die als molekulare Einheit agierende Boten-RNA des Adenovirus aus unzusammenhängenden und weit getrennten DNA-Segmenten zusammengefügt ist, von der Schwedischen Akademie der Wissenschaften mit dem Nobelpreis ausgezeichnet. Aber wie schwer es die zuständigen Juroren hatten, höchstens drei Preisträger zu benennen, wie es die Statuten vorsehen, erkennt man, wenn man sich mit dem Band beschäftigt, der aus dem Treffen von 1977 hervorgegangen ist. Es sind viele Wissenschaftler in vielen Gruppen, die in vielen Experimenten das Vorhandensein von vielen Genstücken nachweisen, und wirklich die ersten zu finden, die das Besondere von nicht-bakteriellen Genen erkannt haben, ist wahrscheinlich unmöglich. In Stockholm entschied man sich schließlich für Richard Roberts und Philip Sharp – und Cold Spring Harbor wurde ausreichend berücksichtigt.

Kurz nach dem Symposium schlug Walter Gilbert, Watsons Nachbar in den biologischen Laboratorien der Harvard University, vor, die Genstücke als Exons und Introns zu unterscheiden, wobei die DNA-Sequenzen eines Exons ihren Weg in die Boten-RNA und damit in das daraus gefertigte Protein finden, während die Intronstücke beim Spleißen verschwinden (und ihre Funktion noch zu erkunden ist).

Die Tatsache, dass plötzlich in vielen Laboratorien dieselben grundlegenden Einsichten möglich wurden, erklärt sich aus der Entwicklung der erwähnten neuen Methode, die als Gentechnik populär geworden ist und die Biologen in die Lage versetzt, DNA-Moleküle im Reagenzglas neu zu kombinieren und anschließend in eine Zelle einzuführen. Eine Folge dieser technischen Möglichkeit besteht darin, einzelne Gene aus Viren in Bakterien zu überführen, um sie mit deren Hilfe in großen Mengen heranwachsen zu lassen. Wenn man eine einzelne Zelle zu einem ganzen Zellhaufen heranwachsen lässt, spricht man bei dem Haufen von einem »Klon«. Und wenn man ein Bakterium sich vermehren lässt, dem man ein wohl definiertes Genmolekül eingesetzt hat, überträgt man diesen Ausdruck und sagt, man habe ein Gen kloniert oder geklont (»molecular cloning«). Die Gentechnik verhilft nämlich dazu, Gene zu klonen, was konkret bedeutet, dass sie in einem Laboratorium in Mengen hergestellt werden können, die ausreichen, um sie anschließend im Detail zu analysieren.

Der Vorteil der Gentechnik ist offenkundig. Mit ihrer Hilfe kann man die Gene isolieren, klonen und analysieren, die man im Verdacht hat, aus den Tumorviren heraus Krebs zu verursachen, und es dauert nicht mehr lange, bis sich in den achtziger Jahren das moderne Verständnis für Krebs auf der genetischen Ebene entwickelt. In diesem gegenwärtig immer noch akzeptierten Modell agieren zwei relevante Genformen, die als Onkogene und Tumor-Suppressor-Gene bezeichnet werden und die beide in den Zellen selbst verankert sind. Im Normalfall beteiligen sich die entsprechenden Genprodukte an den regulatorischen Netzwerken, die für die Kontrolle der Zellteilung nötig sind. Wenn sich ein Onkogen ungeschickt ändert (mutiert), gerät die Zellkontrolle durcheinander, und es kann zu einer ungebremsten Vermehrung kommen. Dies wird gewöhnlich verhindert durch die Produkte von Tumor-Suppressor-Genen, die die Bildung eines Tumors zu verhindern suchen. Wenn diese molekulare Wachstumsbremse nun auch mutiert und somit funktionsunfähig wird, kann Krebs entstehen.

Die entscheidenden Entdeckungen hinsichtlich dieser neuen Sicht der Krebsbildung wurden zwar nicht in Cold Spring Harbor gemacht, doch das Laboratorium stellte sich sofort auf die neuen Methoden ein und bot einen Kurs an, in dem man lernen konnte, Gene aus höheren Zellen zu klonen. Molecular Cloning of Eukaryotic Genes« hieß dieser 1980 erstmals angeboten Kurs, wobei der Ausdruck »eukaryontisch« meint, dass es sich um Gene aus Zellen handelt, die einen Zellkern besitzen. 1982 brachte Cold Spring Harbor dazu ein Laborhandbuch heraus – *Molecular Cloning – A Laboratory Manual*, das zu dem bislang erfolgreichsten Buch der Laboratory Press werden sollte. Die erste Auflage allein belief sich auf 60 000 Exemplare.

Unter Watsons Leitung setzte Cold Spring Harbor nun mit aller Kraft auf diese neue Technik der Biologie – in den achtziger Jahren folgten weitere Kurse wie beispielsweise das Angebot von 1982 für Fortgeschrittene, auch »Advanced Techniques in Molecular Cloning« zu lernen, und 1983 brachte Watson – zusammen mit John Tooze und David T. Kurtz – seine eigene

Sicht der neuen Biologie unter dem definitiven Titel *Recombinant DNA – A short course* heraus, das mit einem Satz beginnt, der nur von Jim stammen kann: »Die DNA ist die wichtigste Substanz überhaupt: Sie ist *das* Molekül des Lebens.« Die deutsche Ausgabe erschien 1985 als *Rekombinierte DNA* mit dem zu unspezifischen Untertitel »Eine Einführung«, wobei die Autoren im sicher stark von Watson beeinflussten Vorwort ihrer Erleichterung Ausdruck geben, dass sich die Chancen der Gentechnik inzwischen nutzen lassen, ohne dass die befürchteten Risiken eingetreten wären.

Die Debatte um die Gentechnik

Mit dem Buch und den Kursangeboten beabsichtigt Jim, seine Ansicht zu verbreiten, dass durch die Gentechnik die Chancen ungeheuer gestiegen sind, die biologischen Vorgänge zu verstehen, die zu Krebs führen. Darum sei es die vorrangige Aufgabe der Wissenschaftler, ihre ganze Kraft in Experimente mit rekombinierter DNA zu stecken. Natürlich erkennt er auch die Gefahren, die sich von Anfang an zeigen und auf die alle Molekulargenetiker hinweisen, die an der Entwicklung der Gentechnik beteiligt sind. Sie bestehen etwa darin, dass man ein Krebs erzeugendes Gen aus einem Virus in ein Bakterium einschleust, das dann durch einen unglücklichen Zufall aus dem Laboratorium entwischt, sich in einer menschlichen Population ausbreitet – die in den Experimenten benutzten Bakterien entstammen ursprünglich unserer Darmflora – und dort das Krebsgen frei und wirksam werden lässt.

Natürlich gibt es gute Gründe, die belegen, warum dieses Horrorszenarium eher noch unwahrscheinlicher ist als ein Zusammenstoß der Erde mit einem Meteoriten, aber eine absolute Sicherheit gibt es nicht. Darum wandten sich einige Biologen im Juli 1974 in einem offenen Brief an ihre Kollegen – und damit an die Öffentlichkeit – mit der Bitte, bei der Rekombination von DNA weder Gene von Tumorviren noch Gene aus

Bakterien einzusetzen, aus denen gefährliche Giftstoffe gefertigt würden (das Cholera-Toxin zum Beispiel).

Watson gehörte mit zu den Genetikern, die unter der Leitung von Paul Berg ein »Komitee für rekombinierte DNA« (»Committee on Recombinant DNA«) gebildet hatten und ein Moratorium von einem Jahr empfahlen, um Zeit für Beratungen und Sicherheitsplanungen zu haben. Für das Jahr 1975 wurde die heute legendäre Konferenz an der kalifornischen Küste einberufen, die nach dem Namen des Tagungsortes als »Asimolar-Konferenz« bekannt und berühmt wurde. Bei dieser Gelegenheit sollten in aller Ruhe ohne äußeren Druck Richtlinien für den Umgang mit rekombinierter DNA ausgearbeitet werden.

Doch kurz nachdem Watson den Vorschlag für ein Moratorium im Frühjahr 1974 unterzeichnet hatte, wurde er den Gedanken nicht los, übereilt einen ärgerlichen Fehler begangen zu haben. »Ich erinnere mich nicht daran, vor der Unterzeichnung des Aufrufs für das Moratorium auch nur fünf Sekunden lang so etwas wie eine milde Sorge gespürt zu haben«, wie er später in seinem Bericht für Cold Spring Harbor schrieb. Zum einen war der Text mit der Warnung seiner Ansicht nach viel zu hastig zustande gekommen. Ein halber Tag hatte den Biologen gereicht, sich am Massachusetts Institute of Technology (MIT) zu beraten. Und zum andern hatte man dabei seines Erachtens den falschen Vergleichspunkt gewählt. Es handelte sich nicht darum, gentechnische Experimente mit oder ohne Gene aus Tumorviren in Hinblick auf ihre Gefährlichkeit zu vergleichen. Es ging vielmehr darum, zwischen den Risiken abzuwägen, die bei Experimenten mit Tumorviren bestanden, die man nun entweder mit oder ohne gentechnische Hilfe ausführen konnte. Und für Watson war völlig klar, dass intakte Tumorviren gefährlicher waren als einzelne DNA-Segmente aus ihnen. Man wusste doch, wie lange schon ohne jeden Zwischenfall mit allen möglichen Krankheitserregern in Laboratorien geforscht wurde.

Nachdem er sich darüber klar geworden und zu der Überzeugung gelangt war, dass die Unterzeichner des Briefes trotz

Der berühmte Brief über die möglichen Gefahren
rekombinierter DNA-Moleküle in Auszügen
(»Potential Biohazards or Recombinant DNA Molecules«,
Science 185, 1974, S. 303)

Jüngste Fortschritte bei Techniken zur Isolierung und Zusammensetzung von DNA-Segmenten erlauben jetzt die Konstruktion
von biologisch aktiven DNA-Molekülen in vitro. (…) Mehrere
Gruppen von Wissenschaftlern planen zur Zeit, diese Technik zu
nutzen, um rekombinierte DNA aus einer Vielzahl von viralen,
tierischen und bakteriellen Quellen zu kreieren. Obwohl diese
Experimente wahrscheinlich die Lösung von wichtigen theoretischen und praktischen Problemen erleichtern, würde sie auch zu
der Schaffung von neuartigen infektiösen DNA-Elementen führen, deren biologische Eigenschaften nicht vollständig vorhergesagt
werden können. (…) Eine mögliche Gefahrenquelle in den derzeitigen Experimenten steckt in der Notwendigkeit, ein Bakterium
wie E. coli zu verwenden, um die rekombinierten DNA-Moleküle
zu klonen und zu vermehren. Stämme dieses Bakteriums befinden
sich im menschlichen Darmtrakt, und sie sind in der Lage, ihr genetisches Material mit anderen Bakterien auszutauschen, von denen einige für Menschen pathogen sind. Neue DNA-Elemente, die
in E. coli eingeführt werden, könnten sich daher mit unvorher-
sehbaren Auswirkungen in menschlichen, bakteriellen, pflanzlichen oder tierischen Populationen weit verbreiten.

*Unterzeichnet von Paul Berg, David Baltimore, Herbert W. Boyer,
Stanley N. Cohen, Ronald W. Davies, David S. Hogness, Daniel
Nathans, Richard Roblin, James D. Watson, Sherman Weissman
und Norton D. Zinder*

linksliberaler Grundeinstellung mit gewöhnlich demokrati-
scher Stimmabgabe der nach dem Watergate-Skandal in den
USA modischen Stimmung der Selbstbezichtigung verfallen
waren, trat Watson in Asilomar vor die Fernsehkameras und
Radiomikrofone und äußerte schwerwiegende Bedenken gegen die ursprüngliche Empfehlung, die Forschung ruhen zu

lassen. Er ging sogar so weit, die Konferenz in Asilomar einen Fehler zu nennen. Wie kann jemand wirklich annehmen, so fragte er, dass es DNA gibt, die uns alle kaltmachen könnte (»might do us all in«). Watson konnte sich keinen Stoff aus der Umwelt vorstellen, der ihm weniger Sorgen bereitete, und er meinte, die Forscher sollten besser zurück an die Arbeit gehen und einsehen, dass es völlig unmöglich sei, konzeptionelle Risiken zu regulieren.

Einige Jahre später ging er noch einen Schritt weiter, als er erklärte, DNA sei weniger gefährlich als Dynamit, Dioxin und Drogen (wobei die Auswahl der Vergleichsobjekte weniger mit Wissenschaft als mit den stabreimenden Anfangsbuchstaben der Worte zu tun hat).

Watson hatte zwar Recht, aber das machte ihn nicht sympathisch. Im Gegenteil. Er wurde zu einer Art Buhmann der neuen Genetik mit rekombinierter DNA, da die Medien und viele Politiker die Wissenschaftler im Vorfeld der Asilomar-Konferenz wegen ihres moralischen Engagements und ihrer besonderen Verantwortung gelobt hatten. Was viele Beobachter als die edelste Stunde der Wissenschaft ansehen wollten – zum ersten Mal in ihrer Geschichte versuchte man, sich nicht von den eigenen Entdeckungen überrumpeln zu lassen, sondern sich auf sie vorzubereiten –, erklärte Watson zu einer überflüssigen Ablenkung, die bestenfalls als emotionale Erfahrung bezeichnet werden könne. Die Bemühungen seiner Kollegen, Richtlinien aller Art – in biologischer und physikalischer Form – einzuführen, kamen ihm so komisch und überflüssig vor, dass er die Mühe nicht scheute, die ganze Aufregung um die gesellschaftlichen und politischen Auswirkungen der Asilomar-Konferenz zu dokumentieren und in Zusammenarbeit mit John Tooze als Buch unter dem Titel *The DNA Story* 1981 zu veröffentlichen.

Während der Niederschrift galt Watson bei vielen in den USA Gehör findenden Gruppen als »Gefahr für die Welt«. So deutlich hat er es selbst einmal ausgedrückt, als er explizit und scharfzüngig gegen den Schauspieler Robert Redford Stellung bezog, der als Aktivist einer Umweltschutzgruppe angehört und gegen Experimente mit rekombinierter DNA zu argumentieren und sie zu verhindern versuchte. Es war Watson zufolge unlauter, wenn Redford und seine Gesinnungsgenossen die Tatsache ausnutzten, dass schlechte Nachrichten in den Medien höhere Aufmerksamkeit bekommen als gute und dass man sich Katastrophenszenarien besser vorstellen kann als paradiesische Zustände. Den Aktivisten wie Redford komme es seines Erachtens nur auf die Menge Geld an, die sie einsammeln könnten, und wenn sie sich vom Protest gegen die Genetik am meisten Erfolg versprächen, so würden sie sich zur Erreichung ihres Ziels die Ängste der Bevölkerung zunutze machen.

Kein Wissenschaftler konnte direkt gegen den Schauspieler und seine Mitstreiter angehen. Aber Watsons Hoffnung, dass sich letztlich doch die Wissenschaft bewähren würde, beruhte darauf, dass die kurzfristigen Ängste der Umweltschützer langfristig widerlegt werden und sich als inhaltslos erweisen würden. Daher ist es sicher mehr als routinierte Erleichterung, wenn er im Vorwort zu der *Rekombinierten DNA* festhält, dass keines der befürchteten Risiken realistisch war und inzwischen nur noch wenige Bereiche der gentechnisch orientierten Forschung besonderen Beschränkungen unterliegen.

Vom Direktor zum Präsidenten

Der ersten Auflage der *Rekombinierten DNA* mit weniger als 200 Seiten folgt 1992 eine zweite Auflage mit mehr als dem dreifachen Umfang, wobei die hinzugekommenen Koautoren – Michael Gilman, Jan Witkowski und Mark Zoller – wohl gebeten haben, den ersten Satz abzumildern, der jetzt nur noch behauptet: »Es gibt keine Substanz, die so wichtig ist wie die DNA.«

Das stimmt zumindest für Watson, der bekanntlich schöne Einleitungssätze liebt, weshalb an dieser Stelle auch die Einsicht zitiert werden soll, mit der er 1987 die vierte Auflage seiner

Molekularbiologie des Gens eröffnet. Dort bekennt er: »Heute gibt es keinen Molekularbiologen mehr, der alle wichtigen Tatsachen über das Gen kennt.« Aus diesem Grund hat er sich für die in zwei Bänden angebotene und weit über 1000 Seiten umfassende Neuausgabe der Mitarbeit von vier anderen Wissenschaftlern versichert, um zu versuchen, die immer zahlreicher werdenden Früchte der Gentechnik in einer ersten Schau für Studenten zusammenzustellen.

Bücher mit mehreren Autoren unter der Leitung von Watson werden übrigens so geschrieben, dass er die genaue Disposition vorgibt und die einzelnen Kapitel als Aufgaben an die Mitwirkenden verteilt. Historikern der Molekularbiologie erschließt sich schon allein durch den Vergleich der verschiedenen Auflagen der *Molekularbiologie des Gens,* wie sich das Verständnis der lebendigen Natur von dem gewählten methodischen Ausgangspunkt aus entwickelt hat und welche umwälzenden Neuerungen von den frühen sechziger bis zu den späten achtziger Jahren stattgefunden haben.

»Molekularbiologie« meint den großen Versuch, das Leben von den Genen – genauer: von der DNA – aus zu verstehen. Ihm muss natürlich der kleine Versuch vorangehen, die Einheiten zu begreifen, aus denen das Leben besteht. Nach der »Molekularbiologie des Gens« war also eine »Molekularbiologie der Zelle« zu erwarten, und ein Lehrbuch unter diesem Titel erschien 1983 – mit Watson als Autor, der diesmal allerdings an letzter Stelle genannt wird. Die *Molekularbiologie der Zelle* ist vor allem das Werk von Bruce Alberts, Dennis Bray, Julian Lewis, Martin Raff und Keith Roberts, mit denen sich eine Biologengeneration trifft, die als Studenten für die Musik der Beatles schwärmten. Und da ein Teil der englischsprachigen Originalausgabe – eine erste deutsche Fassung kommt 1986 auf den Markt – in einem Haus in London geschrieben worden ist, von dem aus man nur um die Ecke zu gehen braucht, um in die Abbey Road zu gelangen, haben sich die Autoren in derselben Weise beim Überqueren der Straße fotografieren lassen, wie es auf der Hülle der Beatles-LP »Abbey

Road« zu sehen ist. Seinen Vorbildern nacheifernd läuft sogar einer der Forscher barfuß über den Zebrastreifen.

Die Erkundung der Zelle gehörte damals schon längst zum festen Bestandteil der Forschungsvorhaben von Cold Spring Harbor. Die Arbeiten konzentrierten sich unter anderem auf den Ablauf des Zellzyklus: Wie sorgt eine Zelle dafür, dass kurz vor der Zellteilung das genetische Material in Form der Chromosomen verdoppelt wird? Wie wird die Replikation der DNA reguliert und kontrolliert?

Eine Möglichkeit, um dem Vorgehen der Zellen auf die Spur zu kommen, bestand darin, die Viren zu untersuchen, die ja auch ihre Gene verdoppeln und diesen Prozess präzise steuern müssen. Mithilfe des Virus SV40 wollte der aus Australien stammende Bruce Stillman dieser Frage in Cold Spring Harbor nachgehen. Der erste Schritt in diese Richtung erfolgte, als Stillman im Sommer 1990 die ihm angebotene Position eines »assistant directors« annahm. Vier Jahre später – 1994 – wurde Stillman zum Direktor von Cold Spring Harbor, während Watson eine neue Position einnahm, die man eigens für ihn geschaffen hatte. Er wurde Präsident seines geliebten Laboratoriums, um von dieser höheren Warte aus noch weiter die Geschicke der Wissenschaft mitbestimmen zu können (wobei der mittlerweile 66-Jährige die Gunst der Umstände nutzte und ein Jahr in England – diesmal in Oxford – verbrachte).

Zur Hundertjahrfeier von Cold Spring Harbor

Stillman trat Watsons Nachfolge zur Zeit der Hundertjahrfeier von Cold Spring Harbor an, ein Ereignis, das man mit einem stolzen Blick zurück und einem ehrgeizigen Plan für die Zukunft feierte. Mit dem Blick zurück sind dabei nicht nur die Ausweitung der Forschung, die Zunahme des Kursangebots, die Leistungen der Laboratorien und die Anerkennung in aller Welt gemeint, sondern auch etwas, das nur der Verbindung mit der »Gemeinschaft« diente.

1990 Meetings

GENOME MAPPING & SEQUENCING
May 2 - 6

THE FUNCTION & EVOLUTION OF *RAS* PROTEINS
May 9 - 13

RNA PROCESSING
May 16 - 20

RNA TUMOR VIRUSES
May 23 - 27

SYMPOSIUM: THE BRAIN
May 30 - June 6

MOLECULAR BIOLOGY OF SV40, POLYOMA & ADENOVIRUSES
August 15 - 19

MOLECULAR GENETICS OF BACTERIA & PHAGES
August 21 - 26

MOUSE MOLECULAR GENETICS
August 29 - September 2

ORIGINS OF HUMAN CANCER
September 4 - 10

MODERN APPROACHES TO NEW VACCINES INCLUDING PREVENTION OF AIDS
September 12 - 16

EVOLUTION
September 24 - 27

MOLECULAR NEUROBIOLOGY OF *APLYSIA*
October 3 - 7

Das Angebot von Cold Spring Harbor im Jahr 1990

1990 Courses

CLONING & ANALYSIS OF LARGE DNA MOLECULES
April 17 - 30

PROTEIN PURIFICATION & CHARACTERIZATION
April 16 - 30

DEVELOPMENTAL NEUROBIOLOGY
June 8 - 21

ADVANCED BACTERIAL GENETICS
June 8 - 28

MOLECULAR APPROACHES TO ION CHANNEL FUNCTION & EXPRESSION
June 8 - 28

MOLECULAR EMBRYOLOGY OF THE MOUSE
June 8 - 28

ADVANCED *DROSOPHILA* GENETICS
June 23 - July 6

MOLECULAR CLONING OF NEURAL GENES
July 2 - 22

MOLECULAR & DEVELOPMENTAL BIOLOGY OF PLANTS
July 2 - 22

NEUROBIOLOGY OF *DROSOPHILA*
July 2 - 22

COMPUTATIONAL NEUROSCIENCE: LEARNING & MEMORY
July 14 - 27

ADVANCED MOLECULAR CLONING & EXPRESSION OF EUKARYOTIC GENES
July 24 - August 13

MOLECULAR PROBES OF THE NERVOUS SYSTEM
July 24 - August 13

YEAST GENETICS
July 24 - August 13

GENETIC APPROACHES TO HUMAN DISEASE USING DNA MARKERS
July 30 - August 5

MOLECULAR GENETIC ANALYSIS OF DISEASES OF THE NERVOUS SYSTEM
August 7 - 13

MACROMOLECULAR CRYSTALLOGRAPHY
October 11 - 24

MOLECULAR GENETICS OF FISSION YEAST
October 22 - November 5

1988 hatte das Laboratorium in Cold Spring Harbor, also im Dorf selbst, ein DNA Learning Center eingerichtet, in dem es Gene zum Anfassen gab und jeder lernen konnte, wie mit DNA experimentiert wird und wie man mit DNA die elementaren Vorgänge des Lebens verstehen kann. Das in einem umgebauten Schulgebäude untergebrachte Lernlabor war aus einem 1985 initiierten Programm hervorgegangen, mit dem man versuchen wollte, dem genetischen Analphabetentum der Bevölkerung zu begegnen. Unter Leitung von David Micklos startete Cold Spring Harbor ein »DNA Literacy Program«, das erst lokal und dann national betrieben wurde, in dem man – mit der finanziellen Unterstützung von Banken – Busse in fahrende DNA-Laboratorien umwandelte, mit denen man Schulen im ganzen Land besuchte. Bald bekam dieses Bemühen um ein Verständnis der Genetik mit den Möglichkeiten, DNA zu rekombinieren, seine feste Basis in Cold Spring Harbor selbst, wobei das Learning Center inzwischen viele Nachfolger weltweit gefunden hat, etwa in dem »Gläsernen Labor«, das im Max-Delbrück-Centrum in Berlin-Buch (MDC) eingerichtet worden ist und für das sich mehr Besuchergruppen anmelden, als die Mitarbeiter verkraften können.

Die Grundidee eines solchen Angebots für die Öffentlichkeit besteht nicht nur darin, das allgemeine Verständnis für die Wissenschaft zu fördern, sondern auch darin, junge Menschen zu einem Studium der Biologie zu bewegen und zu einer Forschungstätigkeit zu ermuntern, die nach Watsons Ansicht nach wie vor die schönsten Aussichten bietet. Um eine solche Tätigkeit in Cold Spring Harbor selbst so reizvoll wie möglich zu machen, leitete das Laboratorium unter Watsons Leitung zur Hundertjahrfeier eine besondere Kampagne ein – die »Second Century Campaign« –, die sich zum Ziel setzte, 44 Millionen Dollar zu sammeln, um die Ausstattung der Forschungseinrichtungen zu verbessern, die Infrastruktur weiterzuentwickeln und um ein Zentrum für die Neurowissenschaften (»Neuroscience Center«) zu errichten.

Die Hinwendung zur Neurobiologie fällt für Cold Spring

Harbor nicht völlig aus dem Rahmen, denn schließlich hatte man – auf Watsons Initiative hin – bereits 1971 erste Kurse für die Erkundung des Nervensystems angeboten. Es wurden sowohl »Konzeptionelle Grundlagen« als auch »Experimentelle Techniken« der Neurobiologie unterrichtet, die wie viele andere Wissenschaften ihre traditionellen Wege aufzugeben bereit waren, als man lernte, DNA zu rekombinieren und zu klonen. Was in einem Nervensystem unmittelbar wirkt und agiert, sind vor allem natürlich Proteine. Diese hatte man bislang nahezu ausschließlich zu erkunden versucht, wobei sich gerade in den empfindlichen Nervenzellen besondere Schwierigkeiten auftaten. Mit der Gentechnik konnten sie elegant umschifft werden, denn nun ließen sich die interessanten Proteine über ihre Gene ergreifen und analysieren. Cold Spring Harbor nutzte die Gunst der Stunde und brachte das junge Neurobiologieprogramm mit der neuen Gentechnik zusammen, um Neurowissenschaften der modernen Art betreiben zu können. Der Erfolg war so groß, dass man sich an größere neurobiologische Projekt wagen konnte – zuletzt eben das »Neuroscience Center« zur Hundertjahrfeier. Die diesbezüglichen Aktivitäten konnten aufgrund einer Schenkung des Unternehmereehepaars Mabel und Arnold Beckman aufgenommen werden, das Cold Spring Harbor 1988 vier Millionen Dollar zur Verfügung stellte, um eines der Laboratorien zu bauen, das zum geplanten Zentrum gehören sollte.

Dank der Schenkung der Beckmans konnten Architekten und Baufirmen beauftragt werden, ihre Pläne und Angebote zu machen, und nach dem weiteren erfolgreichen Einsammeln von Spenden stand der Errichtung des Zentrums nichts mehr im Wege, das 1991 eingeweiht werden konnte. Auffälligstes Merkmal des Gebäudekomplexes ist ein Backsteinturm, der an einen Kirchturm erinnert. In der Tat hängt unter seiner Spitze eine Glocke aus Bronze, die so ausgelegt ist, dass ein G hörbar wird, wenn sie angeschlagen wird. G wie Guanin – und die anderen Basen der DNA sind auch nicht weit. Die vier Seiten des Turms weisen nach oben verjüngende Öffnungen auf, die kurz vor dem Dach mit Granitplatten abschließen, auf denen je ein Buchstabe steht, a, g, t und c natürlich, wobei man nur dem c nicht ansieht, dass die kleine Form gemeint ist.

Der Eindruck des Sakralen verstärkt sich beim Blick auf das sich an den Turm anschließende Laboratorium, das einer Basilika verwechselnd ähnlich gebaut ist. Es ist aber bestenfalls ein Tempel der Wissenschaft – bekanntlich hat jedes Dorf seine Kirche, so auch das Dorf der Wissenschaft, das Watson in Cold Spring Harbor gebaut hat. Zwar hat er oft genug betont, nichts von Religion zu halten, aber seine Trauung (in La Jolla) und sein Haus (in Cold Spring Harbor) machen deutlich, dass er es wie der große Physiker Niels Bohr hält, der über der Tür seines Hauses Hufeisen als Glücksbringer angebracht hatte. Auf die Frage, ob er abergläubisch sei, antwortete Bohr: »Natürlich nicht, aber ich habe gehört, die Wirkung kommt auch zustande, wenn man nicht daran glaubt.«

Die Watson School of Biological Sciences

Wenn Watson an etwas glaubt, dann an die Bedeutung der Wissenschaft und an die Rolle, die der Nachwuchs in jeder Generation spielt, um die Sache der Wissenschaft voranzubringen. Erst hatte er in England in Cambridge erfolgreich geforscht, dann in Harvard erfolgreich gelehrt, und dann hatte er dreißig Jahre lang erfolgreich das Cold-Spring-Harbor-Laboratorium gemanagt und es dabei von einer nahezu bankrotten Einrichtung zu einer richtungweisenden Stätte des wissenschaftlichen Lebens gemacht, an der die Forschung ebenso blühte wie die Lehre. Der Aufstieg von Cold Spring Harbor zu einer weltweit führenden Institution verdankt man unter anderem der konsequenten Umsetzung des Plans, die Laboratorien und den Betrieb das ganze Jahr hindurch in Gang zu halten. So formuliert, wird leicht verständlich, was zu Watsons Glück am Ende des 20. Jahrhunderts um seinen 70. Geburtstag herum noch fehlte: die Ausweitung der Lehre auf eine ganzjährig durchge-

Der Backsteinturm beim Laboratorium für Neurowissenschaften
(mit Watson und seiner Frau Liz)

führte Unternehmung. Es stellte sich die Frage, ob es nicht
sinnvoll sei, dem Laboratorium eine universitäre Einrichtung
an die Seite zu stellen, an der Studierende eine Doktorarbeit
anfertigen könnten. In der Tat trug man sich in Cold Spring

Harbor Mitte der neunziger Jahre mit dem Gedanken, eine School of Biological Sciences einzurichten, an der man wie an einer Universität den Doktorgrad erwerben könnte.

Natürlich galt es, neben der Suche nach den Konzepten für eine Cold Spring Harbor School of Biological Sciences nicht zuletzt auch nach privaten Förderern zu suchen und sich darüber hinaus um die staatlichen Anerkennung zu bemühen, das heißt um die Erlaubnis, akademische Grade verleihen zu dürfen. Wichtig ist vielmehr, wie man sich in Cold Spring Harbor mit einer Graduate School profilieren wollte, als die zuständige Behörde des Staates New York – der Verwaltungsrat der Universität von New York – im Februar 1999 dem Laboratorium die Genehmigung erteilte, die geplante Ausbildungsstätte nach Watson zu benennen. Die Watson School of Biological Sciences hat dann im September desselben Jahres ihre Tore geöffnet, um die ersten sechs Studentinnen bzw. Studenten (zwei Frauen und vier Männer aus insgesamt vier Ländern) aufzunehmen, die unter weit mehr als hundert Bewerbern ausgewählt worden waren.

Seit 2002 gibt es auch ein gesondertes »Engelhorn Scholars Program for European Students«, mit dem europäische Studenten in Cold Spring Harbor ihren Doktorgrad erwerben können. Die erforderlichen Mittel stammen von dem Industriellen Curt Engelhorn, dessen Name in Deutschland mit dem Aufstieg des Pharmaunternehmens Boehringer Mannheim und seiner diagnostischen und biotechnischen Ausrichtung verbunden ist.

Die Watson School of Biological Sciences geht unter anderem von der Einsicht aus, dass die Fortschritte auf diesem Gebiet vor allem durch inter- bzw. multidisziplinäre Ansätze zu erzielen sind. Watsons Leben ist dafür Vorbild genug. Weiter nimmt man zur Kenntnis, dass es allein in der Biologie mehr wissenschaftliche Kenntnisse gibt, als ein Einzelner meistern kann. Ziel ist nicht, dass die Studenten unbedingt viel lernen, sondern dass ihnen beigebracht wird, wie man es anstellt, zu lernen und sich zu informieren. Das berühmte »pursuit of happiness« der amerikanischen Verfassung wandelte die »Watson School« in »pursuit of knowledge« um, das man durch Methodentraining und Ermutigung zur Kritik anstrebt. Neben diesem grundlegenden Einüben des wissenschaftlichen Arbeitens, das den Studenten neben spezialisierten Kursen über molekular- und neurobiologische Themen geboten wird, gibt es noch eine besondere Veranstaltungsreihe, die unter der Überschrift »Science Exposition and Ethics« vermittelt, wie man die erworbenen wissenschaftlichen Kenntnisse schriftlich sowie mündlich »an den Mann bringt« und welche ethischen Fragen sich stellen, wenn die biologische Forschung sich so weiterentwickelt wie in den letzten Jahren und dabei einige Rätsel löst, die das Leben immer noch umgeben.

Die Qualität der Watson School of Biological Sciences kommt bereits in der einfachen Beschreibung der Forschungsrichtung zum Ausdruck: Die Bezeichnung »Biologische Wissenschaften« hebt sich wohltuend von dem Getöse ab, mit dem in Deutschland der Begriff der »Lebenswissenschaften« propagiert wird. Er soll zwar nur eine Übersetzung der amerikanischen Wendung von »life sciences« sein, aber Leben meint nun einmal mehr als das, was Biologen erforschen, und es ist nicht einzusehen, warum die griechischen Silben für das Leben – also *bios* – nicht ausreichen.

Ein *biologos* ist ein Erforscher von Lebensvorgängen in der Natur, ein »Lebenskundiger«, wenn man will. Watson zufolge ist in der Tat nicht zu übersehen, dass die Biologie immer mehr Bereiche des Alltagslebens in Anspruch nimmt. Und er ist der festen Überzeugung, dass wir mehr geeignet geschulte Biologen brauchen, um darauf angemessen reagieren zu können. Seine Schule hat also große Aufgaben für die Zukunft.

Der Manager und das Genomprojekt

Wenn du mit denen nicht zurechtkommen kannst,
die wirklich deine Peers sind und also die gleichen Interessen
haben, dann wende dich von der Wissenschaft ab.

»Ich hatte begriffen, dass sich mir nur einmal die Gelegenheit bieten würde, in meinem wissenschaftlichen Leben den Weg von der Doppelhelix zu den drei Milliarden Stufen des menschlichen Genoms zurückzulegen.«

Mit diesen Worten gab Jim Watson in einem 1990 gehaltenen Vortrag die persönlichen Gründe zu erkennen, die ihn zwei Jahre zuvor bewogen hatten, das Angebot von James Wyngaarden, dem Chef der in der Nähe von Washington angesiedelten National Institutes of Health, anzunehmen. Die wissenschaftliche Leitung der vor allem als Forschungszentrum funktionierenden Gesundheitsbehörde hatte 1988 beschlossen, eine neue Abteilung einzurichten, deren Aufgabe es sein sollte, das genetische Material des Menschen – das Humangenom – zu erkunden und die Reihenfolge seiner Bausteine zu bestimmen (sequenzieren). Wyngaarden suchte nun einen Direktor für das National Center of Human Genome Research, wie es offiziell hieß. Es kam eine Diskussion in Gang, in deren Verlauf immer mehr Wissenschaftler die Ansicht äußerten, dafür käme eigentlich nur Watson infrage. Er sei sowohl als Wissenschaftler als auch als Manager ausgewiesen, und die zu besetzende Position erfordere eine Person, die auf breite Akzeptanz stoße und sich auf beiden Gebieten ausgezeichnet habe.

Watson nahm die auf ihn gemünzte Debatte gewiss mit einiger Verwunderung wahr, denn schließlich hatte er als Direktor von Cold Spring Harbor schon genug zu tun. Von Vorteil war allerdings, dass er bereits zwei Jahrzehnte zuvor gelernt hatte, mit einer Situation zurechtzukommen, in der es galt, zwei anspruchsvolle Jobs gleichzeitig in zwei verschiedenen

Das Management von Wissenschaft

Wer eine Doppelhelix entdecken kann und in der Lage ist, ein Laboratorium wie Cold Spring Harbor zu leiten, braucht nicht zu beweisen, dass er sowohl etwas von Wissenschaft als auch von Management versteht. Immer wieder wurde Watson aufgefordert, seine Ansichten zu der Frage darzulegen, wie das »Management der Wissenschaft« auszusehen habe und was das Besondere an der Führung eines Betriebs von Forschern sei. Aufgrund seiner sensationellen Erfolge ist Watson sogar bei skeptischen, unkonventionellen und eigenbrötlerischen Wissenschaftlern eine Autorität, auf deren Rat man hört, weil man weiß, dass ihm die Sache der Wissenschaft – »good science« – über alles geht. Trotzdem muss auch er eine Strategie für den Umgang mit seinen »Peers« entwickeln, den Wissenschaftlern, die als Angestellte in einem Laboratorium oder einer Universität arbeiten.

Watson empfiehlt einer Managerin oder einem Manager nur dann Forscherinnen und Forscher anzustellen, wenn sie genau wissen, an welcher Stelle der Organisation sie arbeiten und welche Aufgabe sie lösen sollen. Steht ihr Einsatzort fest, dann soll man ihnen jegliche Hilfe zukommen lassen, die sie brauchen, um die Arbeit bzw. die Abteilung möglichst rasch wachsen zu lassen. Dabei empfiehlt er, der Forschung ab und zu schon mal Geld zu versprechen, wenn man es noch gar nicht hat. Wenn Wissenschaftler gute Leistungen erbringen, rät Watson, ihnen zu einem früheren Zeitpunkt eine größere Gehaltserhöhung zu gewähren, als sie es erwarten. Wenn sie nicht so gut sind, sollte ein Manager, bevor er zu härteren Maßnahmen greift, sie erst ermutigen, sich anderswo umzusehen (anfallenden Unmut sollte man nie öffentlich äußern). Auf jeden Fall sollte jeder Forscher drei bis fünf Jahre Zeit bekommen, um seine Fähigkeiten unter Beweis stellen zu können. Anders als beim Sport sollte man nie in der Mitte der Saison die Mannschaft auswechseln.

Die wichtigste Regel im Umgang mit Wissenschaftlern lautet: »Komm nie auf die Idee, für sie zu denken.« Das können sie selbst besser, und sie haben bereits genügend Konkurrenz, sodass sie nicht auch noch die des Chefs oder der Chefin brauchen. Manager sollten sich trotzdem häufig in den Laboratorien blicken lassen und dort mit den Forschern reden, um von ihnen die Neuigkeiten zu erfahren, auf die es ankommt. Umgekehrt sollten aber die Forscher die Manager kaum aufsuchen. Wenn jemand aus dem Management mit jemandem im Laboratorium sprechen will, ist es nicht angebracht, einen Termin auszumachen. Man bietet an, sofort zu kommen – vor allem wenn eine Krise ins Haus steht, für die es sich lohnt, einen Patron zu haben, auf den Verlass ist.

Städten erfüllen zu müssen. Im Oktober 1988 nahm er offiziell seine Arbeit am NIH auf (wobei er gleichzeitig bereits die Frage seiner Nachfolge in Cold Spring Harbor ins Auge fasste und Bruce Stillman immer mehr Führungsaufgaben im Laboratorium auf Long Island übernahm).

Die Molekularbiologie des Menschen

Jim Watsons fünfte Karriere deutete sich im Juni 1986 an, als sich Wissenschaftler zum 51. Symposium für Quantitative Biologie in Cold Spring Harbor trafen, um die Möglichkeiten einer »Molekularbiologie vom *Homo sapiens*« zu erörtern, einem von Jims Lieblingsthemen.

Rund dreihundert Teilnehmer aus aller Welt fassten damals zum ersten Mal zusammen, was sie über den Menschen und seine biologische Stellung im Rahmen ihrer seit 1980 erheblich gestiegenen wissenschaftlichen Möglichkeiten wussten. In diesem Jahr war ein besonderer Fortschritt der Genetik zu verzeichnen, denn einige Wissenschaftler hatten plötzlich einen Weg gefunden, um mithilfe der Gentechnik beim Menschen genau dasselbe machen zu können, was ihre Kollegen seit den ersten Anfängen der Genetik im 20. Jahrhundert mit allen anderen Organismen praktizierten: Sie erkannten mit einem Mal, wie sich genetische Karten des menschlichen Erbguts anfertigen ließen, die eine bessere Orientierung ermöglichten, so wie man sich in einem Gelände besser zurechtfindet, wenn man mithilfe von Karten seine jeweilige Position angeben kann.

Eine genetische Karte ist eine Ansammlung von Markierungen, die über sämtliche Chromosomen verteilt sind und ihrem Betrachter im Idealfall verraten, von welcher Stelle der Erbanlagen welche genetische Aktivität ausgeht. Vor 1980 hatten Genetiker solche molekularen Ortsbestimmungen nur bei den Organismen anfertigen können, bei denen es viele Mutationen gab, deren Träger man im Laborexperiment kreuzen konnte. Dabei ließen sich die veränderten Gene so zueinander in Beziehung setzen, dass sie als Markierung dienen konnten.

Dieser Weg der klassischen Genetik blieb und bleibt beim Menschen versperrt, aber die Molekularbiologen fanden plötzlich einen eleganten Ausweg. 1980 publizierten vier Amerikaner – David Botstein, Raymond White, Mark Skolnick und Ronald W. Davies – eine Arbeit, in der sie zeigten, dass es möglich ist, mit den Hilfsmitteln der Gentechnik eine Karte der menschlichen Gene anzufertigen. Dazu nutzten sie eine Technik, die es erlaubte, die einzelnen Stücke (Fragmente) der Größe nach aufzutrennen, die gentechnische Scheren aus jedem genetischen Material herausschneiden.

Beim Experimentieren mit dieser Methode war ihnen aufgefallen, dass es für jeden Menschen ein individuelles Muster gibt, wenn man seine Gene zuvor geeignet – mit einem passenden Werkzeug – zerlegt. Die Fragmente erwiesen sich als ausreichend vielgestaltig (polymorph), um als Markierungen für die Chromosomen dienen zu können, und dieser Polymorphismus erwies sich als vererbbar. Nun waren alle Voraussetzungen erfüllt, um eine genetische Karte des Menschen anzufertigen. Nebenbei hatte man die uralte Frage gelöst, die der Genetik zu Beginn des 20. Jahrhunderts aufgegeben worden war, nämlich herauszufinden, wie die Natur es bewerkstelligt, jedem Menschen seine besondere chemische Individualität zu verleihen. Die Antwort steckt in den Genen. Sie sind die Moleküle, die uns einzigartig machen. Die Natur hat uns genetisch polymorph gemacht. Die Gene sind so verschieden wie wir selbst, wie die neue Methode zu erkennen gab, mit der die Wissenschaftler nun weitergehen wollten, um die Gesamtheit des genetischen Materials in einer Zelle – ihr Genom – zu erkunden.

Die neue Genetik

Mit der geschilderten Entdeckung des Jahres 1980 fingen die Wissenschaftler tatsächlich an, von einer »neuen Genetik« zu sprechen, da die menschlichen Gene nun der technisch-wissenschaftlichen Analyse genauso zugänglich wurden wie die von Fliegen und Mäusen. Es ist kein Wunder, dass nun das Interesse an der Genforschung ebenfalls neue Dimensionen annahm, mit der kaum noch überraschenden Folge, dass die verfügbaren Techniken immer weiter verbessert wurden und dabei neue Quellen des Wissens und Möglichkeiten der Anwendung erschlossen. Zur Veranschaulichung sei ein Höhepunkt erwähnt, der zum Beispiel in der Mitte der achtziger Jahre erreicht wurde: Damals entdeckte ein Team, das unter der Leitung von Alec Jeffreys an der Universität von Leicester in England arbeitete, wie man einen so genannten »genetischen Fingerabdruck« anfertigen kann, mit dessen Hilfe Personen identifiziert werden können. Die Methode, mit der man die unverwechselbare Vielgestaltigkeit ihrer Gene sichtbar machen kann, erlaubt nicht nur eine wissenschaftliche Verwunderung über die Frage, wie es die Natur bewerkstelligt, mit so wenigen Mitteln – vier Buchstaben in einem Molekül – so viele Menschen tatsächlich schon auf der Ebene der Gene einzigartig zu machen. Sie erlaubt auch unmittelbar praktische Anwendungen, die heute vor allem der Polizei helfen, Vergewaltiger zu überführen, indem sie biologische Spuren vom Tatort mit Zellproben des Verdächtigen vergleicht.

Watson war begeistert von dieser Technik, wobei ihn zunächst nicht die Frage interessierte, wie Fachleute einen genetischen Fingerabdruck verwenden wollen, sondern ob die Leute auf der Straße eine Vorstellung davon hatten, was sie von der Wissenschaft erfahren wollten. Von Jeffreys erfuhr er, dass beispielsweise Journalisten wissen wollten, wie sich herausfinden lässt, ob die Kinder berühmter Politiker tatsächlich von ihnen gezeugt worden seien. Besonders lustig fand Jim die Anfrage einer Hotelbesitzerin aus Wales, die wissen wollte, ob man mit dem DNA-Fingerabdruck erkennen könne, wer ein Bettnässer sei. Falls dies möglich sei, plädiere sie dafür, eine entsprechende DNA-Kartei anzulegen und sie Hoteliers zur Verfügung zu stellen.

Kurz nach Jeffreys Entdeckung wandelte eine Gruppe von Wissenschaftlern, die bei dem kalifornischen Unternehmen Cetus arbeiteten, die Idee eines ihrer Mitarbeiter in ein Verfahren um, mit dem sich ein vorgegebenes Stück DNA – also irgendein Genschnipsel, an dem wissenschaftliches oder kommerzielles Interesse besteht – in nahezu beliebiger Menge kopieren und somit vermehren lässt. Zwar ist dafür der Mitarbeiter – Kary B. Mullis – alleine mit dem Nobelpreis ausgezeichnet worden, aber die vielen hundert Millionen Dollar, die ein Pharmaunternehmen für die heute als Polymerasekettenreaktion bezeichnete Technik bezahlt hat, sind sicher zu Recht dem ganzen Unternehmen zugeflossen.

Da die Sprache der neuen Genetik durchgängig Englisch ist, wird das eben vorgestellte Verfahren unter Experten mit dem Kürzel PCR bezeichnet, hinter dem sich die drei Wörter »polymerase chain reaction« verbergen. Das viele Geld, das für die PCR ausgegeben worden ist, hat sich längst ausgezahlt. Der damit bezeichnete Weg zur massenhaften Vermehrung eines gegebenen Stückchens DNA gehört zur täglichen Arbeit all der Wissenschaftler, die an der großen Aufgabe mitwirken, die sich die Genetik nur wenige Jahre nach diesen technischen Fortschritten unter dem Stichwort »Humanes Genomprojekt« gestellt hat. Damit ist das bereits angesprochene Ziel gemeint, die Reihenfolge (Sequenz) sämtlicher Bausteine zu bestimmen, aus denen das genetische Material einer Zelle im menschlichen Körper besteht. Die Aufgabe ist gewaltig – immerhin besteht die genannte Ansammlung aller genetischen Moleküle, die mit dem Wort »Genom« erfasst wird, aus rund drei Milliarden Bausteinen. Dies bedeutet, dass die komplette Sequenz eines Menschen – genauer: einer Zelle eines Menschen – auf Papier gedruckt so viel Platz wie eine Bibliothek benötigt: tausend Bücher mit jeweils 1000 Seiten und 3000 Buchstaben auf jeder Seite, die eng bedruckt sein müssten (und zum Beispiel 50 Zeilen mit 60 Buchstaben umfasst). Natürlich wird niemand eine solche Bibliothek anlegen, aber diese Informationsfülle findet wunderbar auf einer CD-ROM Platz. Die Genetiker versichern ernsthaft, dass es methodisch und technisch vorstellbar ist und möglich sein wird, für jeden von uns eine solche persönliche Gen-Diskette mit einem individuellen Genprofil anzufertigen. Vielleicht wird in Zukunft die Einweisung in ein Krankenhaus mit der Anfertigung einer solchen Scheibe beginnen, die man sich zusammen mit dem behandelnden Arzt anschauen kann. Was es da – außer Gensequenzen – zu sehen gibt, ist allerdings eine andere Frage, die noch offen ist.

Das Genomprojekt

Die Idee, dass es möglich sein müsse, das humane Genom mit seinen vielen Milliarden Basenpaaren zu sequenzieren, zirkulierte seit Mitte der achtziger Jahre. Als Erster hatte der bereits erwähnte, wegen seiner Verdienste um die Virenforschung mit dem Nobelpreis ausgezeichnete Renato Dulbecco vorgeschlagen, sich dieses Arbeitsziel zu setzen. Dulbecco versuchte, seine »Peers« zur Sequenzierung der menschlichen Gene mit einer ganz einfachen Logik zu ermutigen: Wir wissen, dass Krebs genetisch bedingt ist. Wer Krebs verstehen will, muss die dazugehörigen Gene kennen. Wir können die Gene kennen lernen, indem wir sie sequenzieren. Also, warum fangen wir nicht damit an?

Watson akzeptierte diese direkte Argumentation und drückte selbst in der Eröffnungsrede zu dem eingangs erwähnten Sym-

posium in Cold Spring Harbor die Hoffnung aus, noch Zeuge
der »Ausarbeitung der vollständigen Sequenz des menschlichen Genoms in den kommenden Jahrzehnten« zu werden. Was
er »the human genetic script«, also das genetische Skript oder
Drehbuch des Menschen nannte, schien ihm das wichtigste
Buch zu sein, das er jemals zu lesen bekommen würde. Was ihn
an diesem genetischen Text ohne bekannten Autor vor allem
in wissenschaftlicher Hinsicht interessierte, war der damit
mögliche Blick auf Varianten, um mit seiner Hilfe vielleicht einige Tricks der Evolution zu verstehen. Was er aber auch von
Anfang an aus praktischen Erwägungen heraus wollte, war die
Bereitstellung von Möglichkeiten, solche Genformen ausfindig
zu machen, die bei einzelnen Menschen die »Aussichten ver-
ringern, ein funktionell bedeutsames Leben zu führen«, wie
Jim es in zahlreichen öffentlichen Auftritten nannte. Darunter
versteht er, dass die betroffene Person in der Lage ist, aus freien
Stücken zu der Community beizutragen, zu der sie gehört und
für die sie sich engagieren möchte.

Den Ausdruck »bedeutsames Leben« – mit der implizierten
Freiheit durch Teilhabe – wird Jim Watson noch sehr oft brauchen, wenn es um die sozialen Implikationen des Projektes
geht, dessen Ziel in der Sequenz des menschlichen Genoms
besteht. Aber so weit waren die Molekularbiologen noch nicht,
als sie sich 1986 in Cold Spring Harbor trafen. Damals fingen
sie erst an, sich auf diese Aufgabe vorzubereiten, denn als man
sich am Rande des großen Treffens in kleiner Runde traf, um
über das Humane Genom zu diskutieren, stand schon bald
nicht mehr die Frage im Mittelpunkt, ob man sich daran wagen sollte. Debattiert wurde vielmehr, was es kosten würde, die
Reihenfolge von drei Milliarden Bausteinen herauszufinden.

Wally Gilbert, Jims Freund aus den Tagen an der Harvard-
Universität, antwortete schlicht und einprägsam: drei Milliarden Dollar – ein Dollar pro Basenpaar. Er schrieb die lange
Zahl mit der ersten Ziffer und den nachfolgenden neun Nullen
an die Tafel, aber nicht, um dabei Bewunderung auszulösen,
sondern um einen Tumult zu verursachen. Wenn nämlich tat-

sächlich mit dem Projekt begonnen und die von Gilbert veranschlagte Summe benötigt, beantragt und bewilligt würde, dann bliebe so gut wie kein Geld mehr für andere biologische Forschungsvorhaben übrig. Dies wusste natürlich auch Gilbert, der es mit einem angedeuteten Lächeln zugab.

Doch so umstritten das Projekt auch war, nachdem es erst einmal als Idee vorgebracht worden war, stand es allen wie ein Mount Everest als Herausforderung vor Augen, und jeder war sicher, dass alle Bemühungen der Genetiker letztendlich auf die Bezwingung dieses einen Gipfels hinauslaufen würden. Erhellend für das Verständnis dieser Entwicklung ist ein kurzer Blick auf die zahlreichen britischen Expeditionsteams, die schon früh im 20. Jahrhundert versucht hatten, das Dach der Welt, den Mount Everest, zu besteigen, und sich immer wieder der Frage stellen mussten, warum sie diese übermenschlichen Anstrengungen und Risiken auf sich nahmen. Bekanntlich antworteten sie: »Weil er da ist.« Damit kam die Bereitschaft zum Ausdruck, in freier Entscheidung in fairem Wettkampf gegen den Berg anzutreten, die eigenen Kräfte zu messen und dabei – wenn nötig – bis an die Grenze der Leistungs- und Leidensfähigkeit zu gehen. Dies gilt auch für die Genomforscher, die unter den gleichen Voraussetzungen gegen das menschliche Genom antraten und es sequenzieren wollten, weil es da ist und weil es sich bewältigen lässt. Seit der methodische Weg zum Gipfel der Genetik offen lag, stellte sich nur noch die Frage, wer als Erster dort ankommen würde. In einer solchen Situation fängt man nicht an, über den Preis zu streiten (das kann man anschließend tun).

Jim Watsons Berufung

So technisch verwickelt das ganze Vorhaben auch war und so unklar die dazu von der Wissenschaft benötigten Managementstrukturen noch waren, so einfach und überzeugend war das Projekt einer interessierten Öffentlichkeit zu erklären bzw.

als erstrebenswert darzustellen, denn wer wollte nicht wissen, welchem Text die Existenz des Menschen zu verdanken ist? Wer wollte auf die Kenntnis des »Buches vom Menschen« verzichten bzw. wer würde es wagen, in aller Öffentlichkeit dazu aufzurufen, die menschliche Erbinformation unerforscht zu lassen? Wen ließ die Möglichkeit kalt, Gott über die Schulter zu schauen, um zu sehen, wie er dort in den Buchstaben der DNA unser Wesen verschlüsselt hat?

Watson goss gerne und großzügig Öl in das genetische Feuer, als er in Interviews – etwa für das Magazin *Time* – wohl kalkulierte Sätze der Art von sich gab: »Früher haben wir geglaubt, unser Schicksal stehe in den Sternen; heute wissen wir, unser Schicksal liegt in den Genen.«[1] Aber bei dieser Verlautbarung dachte er sicher nicht in erster Linie daran, sich selbst in Amt und Würden zu bringen, um auf diese Weise zu dem Abenteuer Humangenom beizutragen, auch wenn er wahrscheinlich nie seinen eigenen Anteil zu dieser Erforschung ausgeschlossen hat.

Schon vor dem Treffen in Cold Spring Harbor waren einige Wissenschaftler zusammengekommen – zum ersten Mal im Mai 1985 an der University of California in Santa Cruz unter der Leitung von Robert Sinsheimer –, um Strategien für ein Genomprojekt zu erarbeiten. Ein erster konkreter Schritt wurde aber erst 1987 unternommen, als das amerikanische Energieministerium (Department of Energy) die Initiative ergriff und dem amtierenden Leiter Charles De Lisi erste Geldmittel bereitstellte. Dieser Schritt zeigt vor allem, dass inzwischen die US-Politiker – genauer: einige der Kongressabgeordneten – Gefallen an der Idee gefunden hatten. Er rief die Wissenschaftler auf den Plan, die dem Energieministerium empört vorwarfen, Arbeitsmöglichkeiten für unbeschäftigte Bombenbauer zu organisieren.

Um sich nicht das Heft aus der Hand nehmen zu lassen, setzte bald die amerikanische Akademie der Wissenschaften einen Ausschuss ein, der sich Gedanken darüber machen sollte, ob das Genomprojekt auf nationaler oder besser auf internatio-

Watson im Jahr 1987 in seinem Büro im Cold-Spring-Harbor-Laboratorium

naler Ebene durchführbar sei. Jim Watson gehörte mit zu dem Ausschuss, in dem selbstverständlich auch Gilbert saß und zu dem nach und nach Molekularbiologen aus Europa geladen wurden. Einig waren sich die Wissenschaftler vor allem in der Unzufriedenheit mit der Tatsache, dass ausgerechnet das Energieministerium menschliche Gene sequenzieren wollte (wobei ziemlich viel, aber ergebnislos über die Gründe spekuliert wurde). Doch unabhängig davon galt es für die Biologen, sich von ihrem Terrain nicht verdrängen zu lassen und möglichst rasch die Führungsrolle zu übernehmen. Aber wie sollte man dabei konkret vorgehen? Und welche Personen kamen für diese Aufgabe infrage?

Im Sommer 1987 lud das – damals populäre und angesehene, inzwischen aber aufgelöste – amerikanische Büro für Technikfolgenabschätzung (Office of Technology Assessment, OTA) Watson und andere Wissenschaftler zu einem Workshop nach

Washington ein, um sich genauere Vorstellungen über die anfallenden Kosten machen zu können. Dabei kam es zu einem scharfen Wortwechsel zwischen Jim und Ruth Kirschstein, der damaligen Leiterin des National Institute of General Medical Sciences. Dem zu der amerikanischen Gesundheitsbehörde gehörenden Medizininstitut war eher zufällig die Aufgabe übertragen worden, die für die Genomforschung verfügbaren Gelder zu verteilen. Darum machten die zuständigen Mitarbeiter diese Arbeit nebenbei. Jim schien insgesamt zu wenig Professionalität am Werk zu sein. In der für ihn typischen direkten Art verlangte er bei dem Treffen mit klaren Worten mehr Aktivität und bessere strategische Vorgehensweisen, damit das Projekt überhaupt in Gang kommen und die Kohärenz bekommen könne, die es brauchte. Seiner Ansicht nach könne das Genomprogramm nicht als Nebenjob einer Institutsleiterin übertragen werden. Er schlug vielmehr vor, dass man jemanden benötige – und zwar einen Wissenschaftler oder eine Wissenschaftlerin –, der sich nach innen vollständig und nach außen weithin sichtbar für das Genomprojekt einsetze und sein Schicksal auf Gedeih und Verderb mit seinem Gelingen verbinde, also »do or die«.

Auf die zu erwartende Rückfrage, ob einer solchen Person nicht zu viel Macht eingeräumt würde, antworte Watson pragmatisch: »Einer muss es machen.« Und als jemand sich überdies zu erkundigen wagte, ob er dabei an sich selbst denke und diesen Job für sich in Anspruch nehmen wolle, blieb er stumm. Er äußerte sich erst wieder im Februar 1988, als ein weiteres Strategiemeeting stattfand, diesmal im Bundesstaat Virginia. Hier beharrte er erneut darauf, dass ein aktiver und mit Sachverstand ausgerüsteter Wissenschaftler zum Leiter des Genomprojekts ernannt werden sollte. Unter keinen Umständen dürfe diese Aufgabe einem Bürokraten ohne Erfahrung oder Verankerung in der Wissenschaftspraxis übertragen werden. Und mit dieser Forderung schloss sich der Kreis wieder: Bald darauf wurde James Wyngaarden – mit der tatkräftigen Unterstützung vieler Wissenschaftler – aktiv, und er bat Watson, Direktor des National Center of Human Genome Research zu werden, dem vom folgenden Jahr an ein Budget von 60 Millionen Dollar eingeräumt wurde. Als sich Jim zum Gespräch mit Wyngaarden nach Washington auf den Weg machte, wusste er schon, dass er das ihm angebotene Amt annehmen würde.

Auf dem Papier hatte er zunächst zwar nur eine beratende Funktion inne – der amerikanische Kongress hatte zudem die gesamten Geldmittel aufgeteilt und sie zunächst sowohl dem Energieministerium als auch der Gesundheitsbehörde zur Verfügung gestellt. Aber als das Genomprojekt offiziell Anfang 1990 begann, um in fünfzehn Jahren, also 2005, vollendet zu sein, da hatte Watson schon entscheidende Weichen gestellt und erste Wegzeichen errichtet. Unter anderem gelang es ihm, den Einfluss des Energieministeriums dadurch zurückzudrängen, dass die guten Forscher mithilfe von Jims Reputation von dort abgeworben wurden.

Von grundlegender Bedeutung für die Entwicklung der Genomforschung – vor allem im Hinblick auf die Unterstützung durch die Öffentlichkeit, also auf die gesellschaftliche Integration der neuen Biowissenschaften – ist aber bis heute eine Entscheidung geblieben, die Watson offenbar ohne Rücksprache mit Vorgesetzten getroffen hat. Er konnte sie aber unwiderruflich durchsetzen, weil er sie in aller Öffentlichkeit verkündete.

Diese Entscheidung fiel auf seiner ersten Pressekonferenz nach seiner Berufung durch Wyngaarden und noch vor der Anhörung, die der amerikanische Kongress zu dem Genomprojekt angesetzt hatte, um sich über die Finanzierung der Forschung klar zu werden. Jim teilte zwar völlig unerwartet, aber zur allgemeinen Freude der anwesenden Journalisten mit, dass zu der geplanten umfassenden Erkundung des menschlichen Genoms zwei Arten der Forschung gehören. Es ginge doch nicht nur um Sequenzen, sondern auch um deren Konsequenzen. Neben der wissenschaftlichen Arbeit mit ihrer Suche nach der Reihenfolge von DNA-Bausteinen gelte es, die Erkundung der Folgen voranzubringen, die mit einer Kenntnis der menschlichen Gene für das Leben der Menschen verbunden seien. Mit anderen Worten, man müsse neben den DNA-Daten auch die ethischen, gesetzlichen und sozialen Implikationen des Genoms erforschen und aus den dabei gewonnenen Kenntnissen heraus die Öffentlichkeit mit dem vertraut machen, was er »ethical, legal and social issues« nannte und was seit dieser Zeit als ELSI abgekürzt wird.[2]

Watson forderte, dass es neben dem Genomprojekt auch ein ELSI-Programm gebe, und er schlug vor, zuerst drei und dann fünf Prozent des Forschungsbudgets für die entsprechenden Begleittätigkeiten auszugeben, wobei die Zunahme vor allem dank der Hilfe von Al Gore durchgesetzt werden konnte. Damit sollten zum einen die Chancen verringert werden, die genetischen Informationen politisch zu *miss*brauchen, und es sollten zum andern die Fähigkeiten vergrößert werden, die genetischen Informationen individuell zu *ge*brauchen. Es galt von Anfang an, doppelt Sorge zu tragen und Wege zu finden, mit denen sich sowohl der »misuse« als auch der »disuse« des Genomprojekts verhindern lasse, wie Jim sich ausdrückte, und niemand konnte und wollte ihm an dieser Stelle widersprechen.

Die Geschichte mit ELSI sei ihm spontan so eingefallen, hat Jim später erzählt, wobei wir ihm kein Wort glauben. Er wusste, dass sich an vielen Stellen – sowohl in der Gesellschaft als auch unter Wissenschaftlern – Sorgen über den möglichen Mißbrauch von genetischen Informationen breit zu machen begannen. Sein alter Lehrer Luria wagte sogar, folgende vorwurfsvolle Frage an die Betreiber des Genomprojekts zu stellen:

Wird das Naziprogramm der Ausrottung jüdischer und anderer »minderwertiger« Gene durch Massenmord hier in ein freundlicheres, sanfteres Programm verwandelt, die Menschen zu »vervollkommnen«, indem man ihre Genome »korrigiert«, vielleicht nach Maßgabe eines idealen, »weißen, jüdisch-christlichen, wirtschaftlich erfolgreichen« Genotyps?

Es gab also gute Wissenschaftler, die ernsthaft besorgt waren, und ihnen wollte Watson mit seinem Vorschlag entgegenkommen, der längst umgesetzt ist und seine Wirkung zeigt. Bei allen Schwierigkeiten im Detail ist nicht zu bestreiten, dass mit Jims Idee einer moralischen Begleitung und ethischen Diskussion der wissenschaftlichen Genomforschung das Projekt eine andere Dynamik entwickeln konnte. Um das von Watson geleitete Genomcenter bei der Frage zu beraten, wie die Mittel für die begleitende Sozialforschung eingesetzt werden sollten, richtete man ein Komitee ein, dessen Mitglieder schon seit längerer Zeit Nutzer von humangenetischen Informationen waren (ohne selber welche zu produzieren) und sich also mit den Problemen auskannten, die in diesem Zusammenhang auftauchen konnten. Den Vorsitz dieses Komitees übernahm die Psychologin Nancy Wexler, die sich der Humangenetik zugewandt hatte, nachdem ihre Mutter an den Folgen der Huntington-Krankheit gestorben war und sie gelernt hatte, dass sie laut Auskunft der Genetiker – falls eine solche überhaupt eingeholt wurde – mit fünfzigprozentiger Wahrscheinlichkeit dasselbe Schicksal erleiden würde.

Die ersten Schritte

Einigen Fragen des gesellschaftlichen Umgangs mit genetischen Daten wenden wir uns später ausführlich zu – schließlich hat Watson dazu eine Menge provokanter Äußerungen fallen lassen, die, um mit ihm zu sprechen, als »strong opinions« gelten. Zunächst wenden wir uns aber dem Fortgang des Wissenschaftsmanagements zu, das bis zum April 1992 unter seiner Leitung stand. Dann – so heißt es offiziell – trat er von seinem Posten als Direktor des National Center of Human Genome Research (NCHGR) zurück, wobei Jim selbst unverblümt von seinem Rausschmiss spricht: »I was fired.«

Zunächst galt allerdings das Gegenteil, man hatte ihn engagiert – »I was hired« –, nicht nur um ein Aushängeschild für

Wissenschaft und Öffentlichkeit zu werden, sondern auch um all die unzähligen Aktivitäten zu koordinieren, die längst an vielen Orten in Gang waren. Die große Herausforderung bestand darin, die richtige Strategie ausfindig zu machen, für die es fast so viele Vorschläge wie Arbeitsgruppen gab. Grundsätzlich galt es, eine genetische Karte anzufertigen und die DNA-Sequenz für ein Stück zu ermitteln, dessen Ort man durch seine Position auf der Karte kannte. Was nützt es, die Reihenfolge von Buchstaben zu kennen, die in einem Buch stehen, wenn man nicht weiß, auf welche Seite sie gehören? Vor dem Sequenzieren mussten Karten angefertigt werden, und in Paris hatten zwei Laboratorien nicht nur Wege gefunden, sie schnell und effektiv zu produzieren, sondern auch mit den entsprechenden Arbeiten begonnen. Watson förderte diesen Weg, der ihm vor allem wegen seiner internationalen Ausweitung gefiel (mit der angenehmen Nebenwirkung, dass sich dann auch alle Welt die Kosten teilen musste). Er wollte sogar so weit gehen, die einzelnen menschlichen Chromosomen auf verschiedene Länder zu verteilen, die dann deren Sequenz liefern sollten.

Eigentlich schien seine Aufgabe ganz klar: Es gab unendlich viel Arbeit, die nur gut verteilt und für deren Bewältigung die möglichst besten Leuten gefunden werden mussten. Watson wollte das Humangenomprojekt, das in der Öffentlichkeit inzwischen als HUGO bekannt war, als weltweit verbreitetes Unternehmen anlegen. Rund zwei Drittel der Arbeiten sollten mit Hilfe der staatlich finanzierten und meist in Universitäten beheimateten Laboratorien der USA durchgeführt werden, während sich Großbritannien, Frankreich, Deutschland und Japan den Rest teilen sollten. Zwar reichte Jims Einfluss in seinem Heimatland ziemlich weit, doch in Japan reagierte man zögerlicher, wenn man seinen Namen hörte, und so hielten sich die entsprechenden Anstrengungen im Fernen Osten eher in Maßen. Der Rüffel, den Jim wegen der spärlich bleibenden Investitionen austeilte, brachte ihm den Vorwurf der Japanfeindlichkeit ein. Dies störte ihn aber nicht besonders, weil es nach seinen »starken Worten« mit der angemahnten Beteiligung am Genomprojekt aufwärts ging.

Watson war klar, dass die Biologie mit dem Genomprojekt in eine völlig neue Phase trat, die vor ihr nur die Physik mit ihren riesigen Beschleunigern erlebt hatte. Schon dabei hatte man bemerkt, dass je größer das Forschungsvorhaben war, umso mehr die Wissenschaft an Qualität zu verlieren drohte. Großforschung bringt keine große Forschung mehr hervor, wie eine Formulierung des Philosophen Karl Popper lautete, die wie eine finstere Wolke über der sonst sonnigen Landschaft des neuen Abenteuers schwebte. Der Qualitätsverlust in der Wissenschaft ist für Watson ein Albtraum. Deshalb trieb ihn die Frage um, wie man bei einem solchen Mammutprojekt dafür sorgen könne, dass sich auch die talentiertesten Wissenschaftler dafür begeisterten, die nicht so sehr modische Trends als vielmehr die Neugier antrieb, mehr über lebende Organismen zu erfahren. Eine Lösung dieses Problems konnte darin bestehen, bei der Sequenzierung erst mit einfacheren Organismen – und ihren gewöhnlich kleineren Genomen – zu beginnen, und zwar sowohl um Erfahrungen im Datenmanagement zu gewinnen, als auch um von Anfang an zu versuchen, von den gesammelten Informationen zu einem besseren Verständnis des Lebendigen zu kommen.

Die Chance, sowohl erstklassige Wissenschaftler für das große Genomprojekt zu gewinnen als auch ein kleines Forschungsvorhaben auf den Weg zu bringen, bot sich Watson im Mai 1989, als sich vor seiner Haustür in Cold Spring Harbor die Genetiker trafen, die seit vielen Jahren versuchten, den Geheimnissen eines kleinen Wurms auf die Schliche zu kommen, eines Nematoden mit dem hübschen Namen *C. elegans* (wobei sich hinter dem C das lange Wort *Caenorhabditis* verbirgt). Hauptverantwortlich dafür, dass sich überhaupt Biologen intensiv mit diesem merkwürdigen Winzling beschäftigten, war Jims alter Freund Sydney Brenner[3], der auch dafür gesorgt hatte, dass man genetische Karten seines Genoms anfertigte. Sie wurden nun im Mai 1989 in der Bush Lecture Hall in Cold

Spring Harbor entrollt. Während sich die Wurmgenetiker mit den Details ihrer Experimente beschäftigten, betrat Watson den Raum und reizte die Anwesenden mit einer herausfordernden Bemerkung: »Kann man einen Blick auf diese Karte werfen, ohne den Wunsch zu verspüren, das Genom zu sequenzieren?«

Kurz darauf saßen Bob Waterston aus St. Louis und John Sulston[4] aus dem britischen Cambridge in Jims Büro, um seinen Erklärungen zu lauschen, dass man mit kleinen Genomen anfangen müsse. Dabei gab er zu, dass selbst der kleine Wurm *C. elegans* mit seinen hundert Millionen genetischen Bausteinen ein Riesenbrocken darstelle, der vielleicht zu umfangreich und schwer sei. Wahrscheinlich aber lockte er die Forscher nur, indem er sie mit seiner (sicher gut gespielten) Skepsis reizte, und am Ende des Treffens einigten sich Waterston und Sulston tatsächlich darauf, wenigstens zu versuchen, drei Millionen Basenpaare des Wurms auf die Reihe zu bringen. Danach könne man weitersehen.

»The rest is history«, wie man gerne sagt, wenn etwas seinen Gang geht, denn mit diesem Gespräch nahm nicht nur das 1999 erfolgreich abgeschlossene Wurmgenomprojekt seinen Anfang. Jim hatte auch die ersten richtigen Leute auf seinen Genomzug aufspringen lassen, denn seine beiden Gesprächspartner gehörten schließlich auch zu den Forschern, an deren Instituten die bald in zunehmendem Maße einlaufenden Daten für das Humane Genom erarbeitet, erfasst und erörtert wurden.

Bis zum Rücktritt

Watsons Aufgabe war also ungeheuer komplex und verlangte unentwegt strategische Entscheidungen, für die es weder eine genügend solide rationale Basis noch ausreichende Erfahrungen gab. Es war also zu erwarten, dass es viele Querelen und Unstimmigkeiten gab, und es war ebenso zu erwarten, dass jemand wie Jim dabei nicht mit sich spaßen lassen würde. Trotzdem war nicht abzusehen, welches unschöne, abrupte Ende sein offizielles Engagement beim Humanen Genomprojekt nehmen sollte, das bis zum April 1992 dauerte. Dann trat Watson zurück, weil seine Position »unhaltbar« geworden sei, wie er sagte, ohne allerdings darauf zu verzichten, der Gesundheitsbehörde nach seinem Rückzug von Cold Spring Harbor aus noch ein Kuckucksei ins Nest zu legen: »Ich weiß nicht«, schrieb Jim, »wie ich jemanden dazu bringen soll, mein Nachfolger zu werden. Und ich kenne niemanden, der unter einem Dach mit meiner Vorgesetzten arbeiten will.«

Seine Vorgesetzte hieß Bernadette Healy, und sie war ein Jahr zuvor von dem (damals republikanischen) amerikanischen Präsidenten zur Direktorin der Gesundheitsbehörde berufen worden. Mit Healy war (der politisch meist demokratisch wählende) Watson schon Mitte der achtziger Jahre zusammengestoßen, als die eloquente Professorin für Medizin als Wissenschaftsberaterin des Präsidenten im Weißen Haus saß und das dortige Office of Science and Technology Policy leitete. Die Debatten drehten sich heftig um die umstrittenen Fragen der Regulation von Forschungsarbeiten mit rekombinierter DNA, wobei Jim es gern gesehen hätte, wenn man sämtliche Vorschriften für die Forschung mehr oder weniger abgeschafft hätte. Die beiden mochten sich also nicht sonderlich, und niemand reagierte besonders überrascht, als Watson und Healy sich Anfang 1992 in aller Öffentlichkeit zu streiten begannen. Dabei spielte sich die Auseinandersetzung weniger auf den Gefilden der Wissenschaft als vielmehr im Bereich der Ökonomie ab.

Healy warf Watson vor, als Besitzer eines privaten Aktienportfolios mit Anteilen an pharmazeutisch und biotechnisch ausgerichteten Firmen dem Genomprojekt nicht unparteiisch gegenüberstehen zu können und unvermeidlich in Interessenkonflikte geraten zu müssen. Zwar hatte Jim nie ein Geheimnis aus seinem Aktienbesitz gemacht (und ihn bereitwillig offen gelegt) und sich von einem Ethikrat der Behörde bestätigen lassen, dass dabei von einem »conflict of interest« nicht im Ansatz die Rede sein könne, aber darum ging es Healy nicht. Sie und Jim hatten diametral verschiedene Ansichten im Hinblick auf eine Entwicklung der Biowissenschaften, die damals in aller Deutlichkeit sichtbar wurde und zu der man sich bekennen oder gegen die man sich wehren musste. Inzwischen ging es nämlich nicht mehr nur um die große Forschung, es ging vor allem um das große Geld, das dabei am Ende herausspringen könnte, wenn auch nur einige der von vielen Forschern gehegten Hoffnungen hinsichtlich der Entwicklung von Medikamenten in Erfüllung gingen.

Die Tendenz zur Kommerzialisierung der Bioforschung kam aus zwei Richtungen, und zwar von innen und außen. Von außen agierten reiche Investoren, insbesondere Frederick Bourke, der sein Vermögen als Lederhändler gemacht hatte und nun aus nicht unbedingt wissenschaftlichen Gründen ein kommerzielles Institut für das Sequenzieren in der Nähe von Seattle einrichten wollte. Darum hatte er angefangen, mit einigen der besten Genbiologen zu verhandeln, also gerade mit denen, die Watson als unerlässlich für die Qualität der Forschung ansah, die er auf die Beine stellen sollte. Jim reagierte erregt und wütend, als er von Bourkes Aktivität erfuhr, und erklärte vernehmlich, dass er gegen den Entrepreneur mit allen Mitteln zu kämpfen bereit sei. Wie kann ein Genomprojekt gelingen und sinnvoll betrieben werden, so fragte er, wenn seine Ideengeber und Betreiber es nur als einen Weg ansehen, um sich selber zu bereichern und anderen Reichen zu noch größerem Reichtum zu verhelfen?

Doch die Hauptgefahr kam von innen, und hierbei entflammte der eigentliche Streit mit Healy, mit der Watson nie persönlich zusammengetroffen ist. Einer der wissenschaftlichen Angestellten der Gesundheitsbehörde NIH – und damit formell einer von Healys Untergebenen – war der damals nur Insidern bekannte Craig Venter, der inzwischen weltweit bekannt ist und für viele (nicht immer nur erfreuliche) Schlagzeilen gesorgt hat. Der clevere und ungeduldige Mann hatte eine neue Idee, um mit der Riesenmenge an DNA fertig zu werden, die in einer menschlichen Zelle zu finden ist. Venter nahm einfach die schon lange verbreitete Ansicht ernst, dass nur ein kleiner Teil der gesamten DNA als Gen funktioniert – also in ein Protein übertragen wird –, und fragte: »Warum will man eigentlich mehr sequenzieren als diese Abschnitte. Warum reichen nicht die Gene? Wahrscheinlich sind doch nur sie relevant für die Medizin. Warum soll ich all die übrige DNA kennen, von der niemand recht weiß, wozu sie gut ist, und von der viele sogar meinen, sie sei nur molekularer Müll (»junk«)?«

Venter hatte auch einen Weg entdeckt, um die DNA-Stücke zu finden, die als Gene funktionieren, das heißt, um die entsprechenden Sequenzen zu markieren und ihnen eine Art Etikett anzukleben. »Expressed Sequence Tags« (ETS) hieß die Zauberformel, mit der man erst blitzschnell und dann sogar maschinell entdecken konnte, wo Gene waren, um anschließend ihre Sequenz in Angriff zu nehmen – allerdings ohne dass sich dabei genauer verstehen ließ, was sie taten.

Das alles klang zunächst gar nicht so uninteressant, aber plötzlich bekam Venters Vorgehen eine unerwartete Brisanz, als er die Idee äußerte, die von ihm markierten DNA-Stücke (so genannte Genfragmente) zum Patent anzumelden. Er unterbreitete Healy diesen Vorschlag – wobei Gerüchten zufolge es zunächst ein Anwalt war, der auf einer Party Venter auf diese Idee gebracht hatte –, und sie war begeistert. Sie ließ umgehend die Patentanträge ausfüllen und bei den zuständigen Ämtern einreichen.

Watson reagierte heftig. Er war außer sich vor Wut. Auf der sachlichen Ebene verstand er nicht, wieso das Markieren eines Genfragments überhaupt patentfähig sein kann. Patente – so erinnerte er seine Chefin – haben den Sinn, Erfindungen zu schützen. Erfindungen – so belehrte er sie weiter – müssen drei Kriterien erfüllen: Sie müssen neuartig sein, sie dürfen nicht trivial sein, und sie müssen nützlich – also kommerziell verwertbar – sein. Nichts davon träfe für Venters Patentetikette zu, die jeder Knilch – auch der dümmste – im Labor anbringen könnte. Ohrenzeugen zufolge soll Jim sogar davon gesprochen haben, dass jeder Affe diese Arbeiten durchführen und also Patentansprüche vorweisen könne. Es wäre der reine Wahnsinn (»sheer lunacy«), wenn es tatsächlich möglich sei, Genfragmente zu patentieren, ohne irgendetwas über die dazugehörige genetische Funktion zu wissen.

Als die NIH-Direktion kühl blieb und sachlich mitteilte, dass man die Patentanträge stellen und die Meinung des Direktors der Genomforschung – also Jim Watsons Ansicht – nicht zur Kenntnis nehmen würde, war der erste Schritt für seinen Abschied vom Amt getan. Der zweite kam dann, als der private Investor Bourke einen Brief an Healy schrieb, in dem er Jim vorwarf, mit seinen Kontakten zu den Spitzenforschern gegen die Interessen der amerikanischen Industrie zu agieren, was von der Direktorin genüsslich an die Öffentlichkeit lanciert wurde.

Watson streckte daraufhin die Waffen und zog sich nach Cold Spring Harbor zurück. Er war dabei nicht unzufrieden, denn eigentlich hatte er sein Ziel erreicht: Das Humane Genomprojekt war jetzt unwiderruflich auf den Weg gebracht und würde international durchgeführt werden, wie er es wollte; einige der besten Wissenschaftler auf diesem Gebiet hatten sich inzwischen dieser Aufgabe gewidmet, und schließlich hielt er unerschütterlich an dem Prinzip fest, dass das Projekt auf jeden Fall von einem Wissenschaftler geleitet werden musste. Es würde selbstverständlich schwer werden, eine geeignete Person zu finden, aber im April 1993 konnte man Erfolg melden. Francis Collins von der Universität von Michigan wurde zum neuen Direktor des National Center for Human Genome Research ernannt, und er hat das Unternehmen bis zu seinem heutigen (erfolgreichen) Ende geleitet. Collins Berufung erfolgte bereits nicht mehr durch Bernadette Healy. Sie war im November 1992 abgelöst worden, wobei an dieser Stelle die Politik ins Spiel kommt. In den USA hatte inzwischen der Demokrat Bill Clinton den Republikaner George Bush als Präsident abgelöst. Healy galt vielen als zu republikanisch, was für die Wissenschaft nicht besonders zuträglich zu sein scheint. Sie floriert besser mit den demokratischen Werten, die Jim schon früh als kleiner Junge in Chicago bei seinem Vater zu schätzen gelernt hatte.

Das Wettrennen um das Genom

Es gibt merkwürdige Parallelen in der modernen Geschichte, auch wenn sich die Linien zuletzt doch nicht gerade fortsetzen und mehr überkreuzen oder anfangen, sich zu verirren. Anfang der sechziger Jahre wollten die Amerikaner es innerhalb eines Jahrzehnts schaffen, eine Mannschaft auf den Mond und sicher zur Erde zurückzubringen. Zu Beginn der siebziger Jahre wollten sie den »Krieg gegen den Krebs« systematisch anfangen und ihn mit großzügiger Finanzförderung in eine Entscheidungsphase bringen, um ihn schließlich – anders als den Krieg in Vietnam – gewinnen zu können. In den achtziger Jahren machten sie eine visionäre Pause, aber zu Beginn der neunziger Jahre ging vor allem von der Wissenschaft selbst die Initiative aus, das menschliche Genom völlig verfügbar zu machen. Dabei sprachen einige der Beteiligten in Anbetracht der Riesenaufgabe und der vielen unbekannten Faktoren zwar offiziell von einem Ende des Projekts in etwa fünfzehn Jahren, blickten aber verstohlen auf die magische Zeitenwende hin, das Jahr 2000. Wäre es nicht wunderbar gewesen, wenn man mit dem Beginn eines neuen Jahrtausends verkünden könnte, das Humane Genom zu kennen?

Und genauso hat es sich dann auch in größter Eile und mit Brimborium im Juni 2000 zugetragen, als Francis Collins und Craig Venter ins Weiße Haus nach Washington fahren durften, um dort dem Präsidenten der Vereinigten Staaten zu verkünden: »Das menschliche Genom ist entschlüsselt.« Mit ins Weiße Haus geladen war auch Jim Watson, der bei dieser mediengerechten Gelegenheit all seinen Ärger vergessen und nur seinem Stolz darüber Ausdruck verleihen wollte, dass die Wissenschaft ihr Versprechen eingelöst und sogar das bewilligte Budget eingehalten habe. Die Steuergelder seien extrem gut eingesetzt worden, meinte Jim, der natürlich auch wusste, dass die Arbeit noch längst nicht getan war und im Grunde genommen auch keine Rede davon sein konnte, das Genom des Menschen sei vollständig bekannt. Doch nun war es nicht die

Zeit der kleinen Zweifel. Es war die Zeit der großen Hoffnungen, und außerdem sei es absehbar, bis das menschliche Genom in allen molekularen Details in Datenbanken zur Verfügung stünde.

Das Fernsehen übertrug weltweit die Feierstunde der Wissenschaft für das Humangenom im Weißen Haus. Die Öffentlichkeit erfuhr, dass ihr nun viele neue Informationen zur Verfügung standen, die man zu nutzen versuchen sollte, um der Wissenschaft die Möglichkeit zu geben, das zu tun, was sie ihrem Grundgedanken nach tun wollte, nämlich den Menschen helfen, ein besseres Leben zu führen.

Neben Collins durfte auch Venter dem Präsidenten die Erfolgsbotschaft überbringen. Mit dem zunehmenden Interesse der Finanzwelt an der Genomforschung hatte es Venter nicht lange bei der Gesundheitsbehörde gehalten und die damals sich vielfach bietenden Gelegenheiten des schnellen Geldes beim Schopf gepackt. 1992 gründete er mithilfe von 70 Millionen Dollar des »venture capitalist« Wallace Steinberg ein erstes Unternehmen, um mit seiner Hilfe DNA zu sequenzieren, und zwar vor allem in der Absicht, schneller als die staatlich geförderten Forscher und ihre Genomprojekte zu sein. In der Tat verblüffte er mehrfach die Fachwelt, vor allem wenn es um die Sequenz von bakteriellen Genomen ging, die er mit seinem Team ab 1995 vorlegte. Die Methode seiner Wahl war seine Erfindung des Schrotschussverfahrens, das ohne genetische Karten auskommen will und maßgeblich auf die Rechenkapazität und Geschwindigkeit von Computern setzt. Venter ließ erst ein anvisiertes Genom auf mehrfache Weise zerlegen und danach alle Schnipsel sequenzieren, um zuletzt einem Computer die Aufgabe zu übertragen, in dem gigantischen Datenberg nach Übereinstimmungen – also Überlappungen – zu suchen und die Reihenfolge der Myriaden von Stückchen herauszubringen. Doch die Millionen Bausteine von Bakterien sind eine Aufgabe, und die Milliarden Basen einer menschlichen Zelle eine andere, und so blieb er auf seinem direkten Weg zum Gipfel erst einmal stecken, vor allem, da sein erstes

Unternehmen, The Genomic Research Institute (TIGR), wenig
Zeit für die humanen Gensequenzen aufbrachte, dafür aber
umso mehr Mikroorganismen durchzubuchstabieren hatte –
etwa mit dem wissenschaftlichen Ziel, den evolutionären Ursprung der Unterschiede zwischen den Bakterien zu ermitteln
und zu fragen, welche Gene die Mikroben gemeinsam hatten.

Einige der sequenzierten Genome
(Stand: Sommer 2002)

Genom	Sequenzierte Basenpaare (Millionen)	Identifizierte Gene[5]	Zahl der Gene Millionen Basenpaare
S. cerevisiae	12	5 800	480
C. elegans	97	19 099	197
D. melanogaster	116	13 601	117
A. thaliana	115	25 498	221
H. sapiens (öffentlich)	2 693	31 780	12
H. sapiens (privat)	2 654	39 114	15

Zwar wurde immer klarer, dass Venters »Schrotschussverfah-
ren« im menschlichen Genom nicht funktionieren kann, da
wir im Übermaß zu haben scheinen, was die meisten Erbanlagen auszeichnet, nämlich eine Menge Sequenzen, die mehrfach
wiederholt werden. Bei diesen Wiederholungen verliert auch
der stärkste Computer ohne Karte jede Übersicht, und so schien
nichts anderes übrig zu bleiben, als geduldig abzuwarten, bis
das staatliche Genomprojekt die entsprechenden Informationen liefern konnte.

Doch als sich 1998 abzeichnete, dass das Terrain bald wenigstens grob abgesteckt war, erwachte Venters Jagdtrieb aufs
Neue, und er gründete ein Unternehmen, das auf Lateinisch so
heißt, wie es praktisch sein wollte, nämlich schneller, also »Ce-
lera«. Er tat dies kurz vor dem inzwischen jährlich stattfinden-

den Symposium über »Gen-Kartierung und Sequenzierung«, das am 12. Mai in Cold Spring Harbor eröffnet werden sollte. Zwar erwartete kaum jemand – einschließlich Watson –, dass sich Venter bei dieser Gelegenheit seinen Kollegen stellen würde, doch der Unternehmer kam, und in Cold Spring Harbor herrschte eine aggressive Atmosphäre, in der viele feindliche Äußerungen zu hören waren. Sie nahmen an Schärfe zu, als eine Ausgabe der *New York Times* herumgereicht wurde, in der Venter großspurig verkündete, das öffentliche Genomprojekt nun im Regen stehen zu lassen, obwohl ihm bzw. seinem alten Unternehmen vor der Gründung des neuen ganz offiziell das Chromosom 16 zugeteilt worden war. Venter selbst wiederholte vor seinen Peers, was er dem Reporter in die Feder diktiert hatte. Er verkündete, er werde seiner ursprünglichen Aufgabe nicht nachkommen, um sich zuerst lukrativeren Sequenzen, wie etwa denen der Maus, zuzuwenden. Als Labortier würde sie nämlich auf ein größeres unmittelbares Interesse seitens der Forscher stoßen. Anschließend werde er auch das Humane Genom kommerziell in die Knie zwingen, und zwar innerhalb der nächsten drei Jahre, also in einem wesentlich kürzeren Zeitraum, als man bislang annahm.

Watson war wieder einmal außer sich. Er warf Venter vor, die »scientific community« auszunutzen und zu beleidigen, wobei er diesen letzten Ausdruck als viel zu milde einstufte. Jim verglich Venters Coup mit Hitlers Polenfeldzug und fragte laut in die Runde, ob Collins, der Leiter des öffentlichen Genomprojekts, sich nun als Chamberlain vorführen lasse oder als Churchill zurückschlage. »Venter will das Humane Genom so besitzen, wie Hitler die ganze Welt«, sagte Jim auf die für ihn typische direkte Weise. Was ihn vor allem sorgte, war die unakzeptable Machtfülle einer Person und die drohende Zerstörung des internationalen Netzwerks von Genetikinstituten, das er doch so sorgfältig gesponnen hatte. Außerdem spürte Watson, dass sich mit Venters Dreistigkeit unter den mehr wissenschaftlich als kommerziell orientierten Genomforschern die Stimmung breit machte, nun auf verlorenem Posten zu stehen.

Er musste ihnen Mut machen und zeigen, dass das große Geld nicht automatisch die Qualität von Wissenschaft garantiert.

Zunächst sahen Venters Pläne sehr erfolgreich aus – zumindest wenn man den Medien glaubte –, und viele befürchteten, dass seine private Initiative die staatlichen Stellen ausstechen könnte. Dadurch kam plötzlich die Gefahr auf, dass viele Informationen über das Genom nicht öffentlich verfügbar sein würden, obwohl sich viele Wissenschaftler – einschließlich Watson – schon längst um eine Klärung dieser Probleme bemüht hatten. Im Februar 1996 waren viele Genetiker – unter ihnen Jim – auf den Bermudas zusammengekommen, um genau festzulegen, wie international der Zugang zu Gendaten geregelt sein sollte. Die als »Bermuda Prinzipien« bekannte Einigung verlangte, dass alle Sequenzdaten innerhalb kurzer Frist in öffentlichen Datenbanken frei zugänglich sein müssen, denn diese Forschung kennt nur das Ziel, »der Gesellschaft den größtmöglichen Nutzen zu bringen«, wie man sich in Venters Abwesenheit einig war.

Venter hatte natürlich keine Lust, sich an die Bermuda-Vereinbarung zu halten, was für Watson konkret bedeutete, dass es mehr staatliche Mittel für die Genomprojekte geben müsse. Im September 1998 kehrte er nach Washington zurück, um den Führern des Kongresses zu sagen, dass sie sofort handeln müssten, wenn sie die drohende Katastrophe verhindern wollten, die darin bestand, dass Venter sich ein Monopol auf die genetische Information des Menschen verschaffte. Watsons Auftritt machte endlich auch einige Pharmaunternehmen nachdenklich, die nun ihrerseits anfingen, das öffentliche Projekt zu fördern. Und da auch die staatlichen Gelder deutlich aufgestockt wurden, konnten Collins und sein Team verkünden, beim Wettlauf mit Venter gut und gerne mithalten zu können. Bald wurde einsichtig, dass es sich lohnen würde, die von Venters Unternehmen generierte Quantität und die von Collins Behörde garantierte Qualität zusammenzuführen, und dies ist dann – wie gesagt – im Sommer 2000 geschehen, als die Öffentlichkeit zum ersten Mal von einem nahen Ende des Genomprojekts erfuhr. Inzwischen hat man festgestellt, dass dabei viele Daten zu rasch und ungeprüft zusammengestellt worden sind, und nun bereitet man eine neue Präsentation vor, wobei man einen geeigneten Termin gefunden hat und auch den dazugehörigen passenden Ort kennt. Gemeint ist der 50. Jahrestag der Doppelhelix, der Ende Februar 2003 in Cold Spring Harbor gefeiert wird – wenige Wochen vor Watsons 75. Geburtstag.

Wie viele Gene hat ein Mensch?

Zunächst erscheint einem die Frage, wie viele Gene ein Mensch hat, so banal wie die Frage, wie viele Atome in einem Wasserglas Platz finden. Irgendein Verfahren wird es doch schon geben, so denkt man, mit der sich diese Zahl bestimmen lässt, und irgendwann wird diese Information auch verfügbar sein. Die Zahl der Gene, über die eine menschliche Zelle verfügt, scheint in den Augen vieler Genforscher eine von vielen Tatsachen zu sein, die sich früher oder später genau ermitteln lässt, und zwar genauso wie die Zahl der Autos, die auf unseren Straßen fahren.

Wer sich um die Zahl der Autos kümmert, tut dies weniger aus wissenschaftlichen und mehr aus ökonomischen Gründen, und sie werden verstärkt bei der Genforschung eine Rolle spielen, wenn die Patente zur Sprache kommen, die auf Gene angemeldet werden können. Viele Investoren wüssten gerne genau, mit wie vielen Genen sich wie viel Geld verdienen lässt. Für sie ist die Frage nach ihrer Zahl also keine Gelegenheit für alberne Partywetten, sondern bitterer Geschäftsernst. Sie werden wenig Verständnis für die Spannweite der Schätzungen zeigen, die bei dem im Cold-Spring-Harbor-Laboratorium initiierten Wettraten »Genesweep« 2000 eingegangen sind und von knapp über 20 000 bis weit über 160 000 Gene reichen, wobei Watson selbst seinen Dollar auf 72 415 Gene gesetzt hat.

Sie werden sich auch darüber wundern, dass einige Genetiker runde Zahlen (40 000) nennen, während andere mit Präzision protzen und von 118 259 oder 153 478 Genen sprechen. Das Wettspiel – mit einem anfänglichen Einsatz von einem Dollar – hat im Mai 2000 im Rahmen eines Treffens über »Genomsequenzierung und Biologie«

mehr oder weniger spontan begonnen, wobei ein Teil des Spaßes damit zu tu hat, dass man sich auf ein konkretes Ende einigen konnte. Der Gewinner wird nämlich im Frühjahr 2003 festgelegt, wenn die Doppelhelix fünfzig wird, und als Preis wird ihm von Watson eine in Leder gebundene und signierte Ausgabe der *Doppelhelix* überreicht. Noch können Wetten abgegeben werden, wobei es keine Information darüber gibt, wie hoch inzwischen der Einsatz ist, der mit heranrückendem Jahrestag steigen soll.

Die Situation mit den Genzahlen kann nur als unbefriedigend eingestuft werden, und die publizierten Bemühungen um eine Verbesserung werden daran nichts ändern, solange sie ihr Augenmerk allein technischen Fragen wie den verwendeten Programmen zuwenden, mit denen Gensequenzen gespeichert und verglichen werden. Der Kern des Problems steckt nicht im Computer, sondern im Kopf. Zählen lässt sich nämlich nur, was scharf definierbar ist, und die Frage lautet, ob sich Gene so einengen und fassen lassen. Bevor Venter zu seinem Marsch durch die Genome aufbrach, äußerte er den Verdacht, dass dies nicht geht. Ihm erschienen Gene als »vage Einheiten« (»fuzzy units), wobei man sich den Unterschied zwischen einer scharf definierten und einer nur vage festliegenden Einheit durch ein einfaches Beispiel klar machen kann. Während sich die Zahl von verheirateten Männern sehr präzise definieren (und dann auch genau zählen) lässt, bleibt die Zahl von großen oder attraktiven Männer unbestimmt und vage. Im zweiten Fall geht es nicht mehr um feststehende Tatbestände, sondern um persönliche Wertungen, und sie spielen auch bei den Genen eine Rolle – ob wir es merken oder nicht.

Venter hatte nur die molekulare Ebene im Auge, als er die Gene als »vage« charakterisierte. Schon hier lässt sich trefflich streiten, welche Sequenzen noch zu einem Gen gehören und welche nicht. Wenn es nun um Patente und mehr geht, muss darüber hinaus das ganze Leben betrachtet und damit jede Biowissenschaft berücksichtigt werden. Und ein Immunologe wertet genetische Daten anders als ein Evolutionsbiologe, der wiederum etwas anderes für wichtig hält als ein Zellbiologe oder Verhaltensforscher, und dieser Reigen lässt sich weiterspinnen. Immer gibt es neue Antworten auf die Frage: »Was ist ein Gen?«

Die Zahl der Gene wird somit nicht von Tatsachen, sondern von Bewertungen bestimmt, also bleibt sie so offen wie ihre Natur. Was ein Gen ist, lässt sich vielleicht am besten durch eine Anleihe bei der Literatur beantworten: »Ein Gen ist ein Gen ist ein Gen«, meinen einige Wissenschaftshistoriker und übersehen dabei die Evolution, die doch dauernd Genvarianten produziert. Mit anderen Worten: »Ein Gen ist ein Gen *wird* ein Gen.« Deshalb sind die Biowissenschaften doch so spannend. Die Frage ist nur, wie sich darauf Patente anmelden lassen.

Für den Historiker bietet sich übrigens eine wunderbare Analogie mit einer noch besseren Perspektive. Als die Physiker – allen voran Albert Einstein – zu Beginn des 20. Jahrhunderts in der Lage waren, die Atome etwa in einem Wassertropfen höchst genau zu zählen, dauerte es nicht mehr lange, bis die Atome aufhörten, Dinge zu sein, die sich einzeln identifizieren lassen. Vielleicht geht es den Genen genauso. Bei dem Versuch, ihre genaue Zahl zu ermitteln, lösen sie sich auf und kommen uns abhanden.

Die Folgen der Genomforschung

»Die phantastische Geschwindigkeit, mit der es zu Entdeckungen auf den unterschiedlichsten Feldern der mit der DNA befassten Wissenschaften kommt, erfordert ungewöhnliche Maßnahmen, um die Öffentlichkeit informiert zu halten.« Mit diesen Sätzen erläuterte Watson in seinem Bericht für das Jahr 1988 als Direktor des Cold-Spring-Harbor-Laboratoriums, weshalb man unter seiner Ägide ein DNA Learning Center eingerichtet hatte. Die Eröffnungsrede hielt am 18. September Robert Pollack, ein alter Bekannter und ehemaliger Mitarbeiter des Laboratoriums, der inzwischen der Dekan des Columbia College an der gleichnamigen Universität in New York war.

Pollack sprach über »DNA Reading«, also über das Lesen der Gene, das man gerade im großen Stil mit Watsons Hilfe vorbereitete und dessen Ergebnisse – so waren sich alle einig – sich umfassend auf die Gesellschaft auswirken würden. Watson hat ja von Anfang an dafür gesorgt, dass die ethischen, sozialen und legalen Konsequenzen der Sequenzen mit erkundet wurden, und er selbst hat sich deutlich und wiederholt über die »Ethischen Implikationen des Humanen Genomprojekts« geäußert, wobei es vor allem ein Beitrag mit genau diesem Titel aus dem Jahre 1994 war, der die Gemüter erregte, allerdings erst mehr als sechs Jahre später, nachdem das Genomprojekt bereits als abgeschlossen präsentiert wurde. (Die Kritiker hatten wohl vorher keine Zeit für die Lektüre des Beitrags gefunden!)

Im Mittelpunkt von Watsons Überlegungen steht der Begriff »meaningful life«. Damit meint er die Fähigkeit, »durch den erfolgreichen Austausch mit anderen dazu beizutragen, diese Welt interessanter und mitfühlender zu machen«, wie er es 1986 in einem in Florenz gehaltenen Vortrag ausdrückte, bei dem er dafür plädierte, »die menschliche Existenz als Produkt der Evolution« zu akzeptieren. Watson ist der festen Überzeugung, dass die Gene maßgeblich das Potenzial für ein solches Leben liefern, das wir im Deutschen vielleicht »sinnvoll« oder »sinnerfüllt« nennen würden, weil es eine offene Zukunft mit wahrnehmbaren Chancen hat.

Eine Aufgabe das Genomprojekts besteht – Watson zufolge – darin, jene Gene zu identifizieren, die diese Aussichten vermindern, indem sie zum Beispiel Krankheiten auslösen können. Wenn diese Kenntnis verfügbar ist, eröffnet sie den Menschen einen neuen Handlungsspielraum, nämlich den, künftig dafür zu sorgen, dass es möglichst wenige Opfer von genetischen Ungerechtigkeiten gibt. Der Ausdruck »genetische Ungerechtigkeit« weist darauf hin, dass nicht alle Menschen die gleichen Gene haben und einige bei der Erblotterie günstiger, andere schlechter weggekommen sind. Eine solche Ungleichverteilung gab es natürlich schon immer, aber jetzt können wir sie ermitteln und auf sie reagieren. Damit ändert sich unsere Lage, denn nun müssen wir uns fragen, was wir mit den neuen Kenntnissen anfangen. Immer schon haben sich Gesellschaften auf grundlegende wissenschaftliche Durchbrüche einstellen und ihre Gesetzgebung danach ausrichten müssen. Das in Deutschland bekannteste Beispiel ist die Einführung einer allgemeinen Krankenversicherung, die Ende des 19. Jahrhunderts eingeführt wurde im Anschluss an die damals unerhört aufregende und heute selbstverständlich erscheinende Entdeckung, dass es Infektionskrankheiten gibt, die jeden befallen können.

Damit ist die heutige Aufgabe klar gestellt: Wie soll man reagieren, wenn man die Möglichkeit hat, genetische Ungerechtigkeiten aufzudecken? Für Watson ist die Idee, genetische Nachteile etwa durch finanzielle Vorteile auszugleichen, eine in Erwägung zu ziehende, aber nicht unbedingt intelligente Option. Aus seiner Sicht stellt sich die eigentliche Problematik früher, nämlich schon bei der Frage, ob wir Kinder zur Welt kommen lassen sollen, wenn wir wissen bzw. zeitig feststellen können, dass sie schwerwiegende genetische Belastungen mit sich tragen? Könnte es nicht sein, so fragt er, dass wir in Zukunft für moralisch nachlässig (»neglectful«) gehalten werden, wenn wir wissentlich die Geburt von Kindern mit Vorgaben zulassen, die ihnen kaum die Chance auf ein erfülltes Leben geben? Er geht sogar noch einen (nach der amerikanischen Gesetzgebung plausiblen) Schritt weiter, indem er sich erkundigt, ob man nicht erwarten könnte, dass diese Kinder später als Erwachsene juristisch gegen ihre Eltern vorgehen, weil sie nicht verhindert haben, dass ihr Nachwuchs sein Leben nicht ohne körperliche und seelische Schmerzen führen kann?

Watson plädiert dafür, alles zu unternehmen, um ein solches seiner Ansicht nach von vornherein unbefriedigendes und mehr Leid als Freude bringendes Leben zu verhindern, wofür im Amerikanischen oft der Ausdruck »wrongful life« zu hören ist, wobei diese Bezeichnung als Gegenbegriff zu »wrongful birth«, einer verunglückten, fehlerhaften Geburt steht. Watson weiß natürlich, dass solche Meinungen auf starken Widerspruch stoßen, etwa bei Menschen, die glauben, dass es unantastbare Grenzen für das Eingreifen in die natürlichen Vorgänge geben sollte und wir besser daran täten, unser Leben als ein Geschenk Gottes anzusehen und unser Schicksal in seine Hand zu legen. Dazu schreibt Watson:

Solche gottesfürchtigen Menschen glauben, dass genetisch be-
einträchtigte Föten dasselbe Recht auf Existenz haben wie solche,
deren Schicksal auf ein gesundes und produktives Leben hinaus-
läuft. Doch solche Argumente bleiben ungültig für diejenigen
unter uns, die keinerlei Evidenz für die Heiligkeit des Lebens sehen und stattdessen glauben, dass die Menschen ebenso wie andere Formen des Lebens keine Produkte aus Gottes Hand sind,
sondern aus einem evolutionären Prozess hervorgegangen sind,
der nach dem von Darwin erkannten Prinzip der natürlichen Selektion vorgeht. Damit soll nicht gesagt werden, dass Menschen
keinerlei Rechte haben. Die haben sie schon, aber sie kommen
nicht von Gott, vielmehr kommen sie durch Sozialverträge zustande, die Menschen miteinander eingegangen sind, als sie be-
merkten, dass menschliche Gesellschaften nur unter Regeln ge-
deihen können, die für Stabilität und Vorhersagbarkeit von einen
Tag auf den anderen sorgen.

Dann gibt er ein Beispiel für diese Regeln, bevor er seinen eigentlichen Schluss zieht:

Die wichtigste dieser Regeln besteht in dem strikten und in nahezu
allen Gesellschaften geltenden Verbot, einen Mitmenschen zu tö-
ten, es sei denn, es handelt sich um Notwehr zur Selbstverteidi-
gung. Ohne diese Regel wäre unser Leben als funktionierende
Menschen stark eingeschränkt, weil sich niemand auf das durch-
gängige Vorhandensein derjenigen verlassen könnte, die er liebt
und auf die er baut. Im Gegensatz dazu sollte die Beendigung der
Existenz eines genetisch beschädigten Fötus nicht das zukünftige
Leben derjenigen Individuen einschränken, in dessen Welt er
sonst eintreten würde. Tatsache ist doch, dass das vorherrschende
Gefühl wesentlich das der Erleichterung sein muss, wenn man es
vermeiden kann, Liebe und Zuneigung einem Kind zu geben, das
niemals ein Leben führen kann, dessen möglichen Erfolg man
antizipieren und an dessen Gelingen man teilhaben kann.

Wir sind von der Evolution nicht dazu beschaffen, ein Baby zu lieben, das einen nicht einmal anblicken kann. Wir sind [von der Evolution] dazu beschaffen, uns um Menschen zu kümmern, die eine Chance haben. (…) Wer von Frauen verlangt, ein geistig behindertes Spastikerkind mit fürchterlichen Verkrampfungen zu lieben, verlangt etwas Abnormes von ihnen«, wie Watson sich später einmal in einem Interview ausgedrückt hat, als er um eine Erläuterung des zuletzt zitierten Satzes aus seiner Rede von 1994 gebeten wurde. Bei diesem Gespräch wurde Watson auch gefragt, ob die Tatsache, dass einer seiner Söhne geistig behindert ist, die hier erwähnten Ansichten zu den erörterten Themen beeinflusst. In seiner Antwort betonte er, dass er mit keinem derartigen Etikett versehen werde möchte: »Es war nicht mein Sohn, der mich dazu gebracht hat, über diese Fragen nachzudenken.«

Die Rechte und die Frauen

Wenn es um Genetik und die Feststellung von Behinderung geht, kommt ein heikles Thema zur Sprache, und es ist verständlich, dass Watsons unverblümte Ausdrucksweise diejenigen, die anderer Ansicht sind, in Rage bringt und er zur Zielscheibe von Gegenangriffen wird. Zur Veranschaulichung seiner »strong opinions« seien an dieser Stelle drei Aspekte hervorgehoben, die in seinen Thesen implizit enthalten sind. Da ist zum einen der Hinweis auf die Rechte der Menschen, die vielen leicht über die Lippen gehen. Wenn von Rechten die Rede ist, wird Jim nervös, denn er ist der Ansicht, dass Rechte nur mit Pflichten zusammengehen, weshalb es seines Erachtens neben der berühmten Charta der Menschenrechte auch ein Äquivalent für die Menschenpflichten geben sollte. Für Jim haben Menschen erst einmal Fähigkeiten – und dazu gehört auch die Übernahme von Verantwortung –, und sie haben Bedürfnisse. Was er darunter versteht, wird deutlich, wenn der andere Punkt angesprochen wird, bei dem es um Rechte geht. Da reagiert Watson ungehalten, denn er versteht nicht, was mit Rechten gemeint sein soll, wenn man die menschliche Sphäre verlässt. In einer Anhörung vor dem amerikanischen Kongress platzte es einmal aus ihm heraus:

> Begriffe wie Unverletzlichkeit erinnern mich an die Rechte der Tiere. Wer hat einem Hund ein Recht verliehen? Dieser Begriff wird allmählich gefährlich. Es gibt die Frauenrechte, die Kinderrechte; das geht immer so weiter ohne Ende. Und dann sind da noch die Rechte des Salamanders und des Frosches. Das nimmt doch absurde Dimensionen an.
> Ich möchte gern aufhören, von Rechten oder Unverletzlichkeit zu sprechen. Stattdessen möchte ich betonen, dass Menschen Bedürfnisse haben und dass wir als gesellschaftliche Wesen versuchen sollten, auf menschliche Bedürfnisse – etwa Nahrung, Bildung, Gesundheit – zu reagieren. Und so sollten wir funktionieren. Den Versuch zu unternehmen, dem in irgendeiner quasi-mystischen Weise eine tiefe Bedeutung zu verleihen, als es dies verdient, sollte man jemandem wie Steven Spielberg überlassen. Das ist einfach leeres Gewäsch, das ist völlig daneben.

Dennoch muss man – Watsons Einstellung folgend – fragen, wer das Recht hat, Entscheidungen über das Beenden von Leben zu treffen, das keine Aussicht hat, »sinnvoll« zu werden. Und auch da hat er eine sowohl überraschende als auch klare Ansicht, die er in der zitierten Diskussion mit Abgeordneten des amerikanischen Kongresses vorgestellt hat:

> Ich vertrete hier ein ganz einfaches Prinzip: Man sollte die meisten Entscheidungen in die Hand von Frauen und nicht von Männern legen. Sie müssen die Kinder austragen, und Männer halten sich, wie Sie wissen, gern fern von Kindern, die nicht gesund sind. Wir werden ein stärkeres Gefühl der Verantwortung für die nächste Generation entwickeln müssen. Ich denke, man sollte es den Frauen überlassen, Entscheidungen zu fällen, und was mich angeht, würde ich gerne auf die Ausschüsse von männlichen Ärzten verzichten.

Was Watson dabei vor allem umtreibt, ist die Ansicht, dass auf keinen Fall Regierungen genetische Entscheidungen treffen sollten bzw. dass man es ihnen erlaubte, dies zu tun. Die einzige Gefahr bei der verbreiteten Verwendung von genetischen Kenntnissen besteht für ihn in staatlichen – oder allgemein gesellschaftlichen – Einschränkungen von individuellen Entscheidungen:

> Entscheidungen von Komitees, die aus wohlmeinenden Individuen bestehen, werden sich allzu oft als Vehikel für das Gutgemeinte – im Gegensatz zu dem Guten – erweisen. Und außerdem sollten wir uns notwendigerweise darüber sorgen, dass Regierungen, wenn wir ihnen erst einmal zugestanden haben, ihren Bürgern zu sagen, was sie genetisch nicht tun dürfen, bald darüber bestimmen, war wir genetisch tun müssen.

Die einzige Aufgabe, die ein Staat bzw. seine Institutionen haben, bestehe darin, die Bürgerinnen und Bürger »genetically literate« zu machen, ihnen also Kenntnisse über die Möglichkeiten der modernen Genetik zu vermitteln. Die Verantwortung einer Regierung zeige sich – Watson zufolge – im wissenschaftlichen »Alphabetentum« ihres Volkes. Es braucht hier nicht betont zu werden, dass nach diesem Kriterium alle Länder versagen, denn wenn es einen globalisierten Mangel auf dieser Erde gibt, dann ist es das Verständnis für die Wissenschaft. Diesbezüglich sind die meisten Menschen und Regierungsmitglieder wahrlich Analphabeten. Es stimmt nicht ganz, was Friedrich Dürrenmatt geschrieben hat: »Was alle angeht, müssen alle entscheiden.« Es stimmt nur mit einem Zusatz dazwischen: »Was alle entscheiden, müssen alle verstehen.«

»Gene und Politik«

Für Watson scheinen die Vorteile der Genetik auf der Hand zu liegen:

> Wenn wir jungen Ehepaaren ehrlich versprechen können, wir wüssten ihnen zu helfen, Nachwuchs mit besseren Qualitäten (»superior character«) zu bekommen, warum sollten wir annehmen, sie würden dieses Angebot ablehnen? (…)
> Wer sieht, wie sein eigenes Leben nicht in Gang kommt, sollte der nicht die Gelegenheit ergreifen, seinen Kindern einen Blitzstart zu ermöglichen? Der gesunde Menschenverstand sagt uns, dass sich die Öffentlichkeit nicht daran hindern lässt, sich der von der Wissenschaft bereitgestellten Möglichkeiten zu bedienen, wenn sie Wege zur Verbesserung der menschlichen Fähigkeiten darstellen.

Mit diesen Worten endete ein Vortrag, den Watson 1997 in Berlin zur Eröffnung des ersten internationalen Kongresses für Molekulare Medizin hielt und in dem er sich Gedanken über das machte, was »Gene und Politik« verbindet.

Diese Themenwahl erfolgte vor dem Hintergrund einer akuten Frage und einer finsteren Geschichte. Die Frage, die sich Watson stellte, war, ob man nicht in die Fußspuren der Nazis in Hitlerdeutschland tritt, wenn man es für sinnvoll hält, verantwortlich in das genetische Schicksal von Neugeborenen einzugreifen. Die Nazis griffen auf genetische Gründe zurück, als sie 250 000 bereits sterilisierte Menschen, die zuvor in psychiatrischen Anstalten untergebracht waren, weil sie als geistig behindert eingestuft worden waren, in die Gaskammern schickten. Und die obskure Geschichte betraf Watsons Laboratorium in Cold Spring Harbor, dessen Direktor Davenport im Jahre 1910 ein Eugenik-Büro einrichtete und in den folgenden Jahren den amerikanischen Staat aufforderte, etwas gegen die Vermehrung der Geisteskranken zu tun, wie man damals noch undifferenziert formulierte. Das Cold-Spring-Harbor-Laboratorium hat inzwischen dafür gesorgt, dass die ameri-

kanische Geschichte der Eugenik im Internet verfügbar ist:
http://www.vector.cshl.org/eugenics

Seit Mitte der achtziger Jahre, als er noch vor der möglichen
Konkretisierung des Humanen Genomprojekts auf besonders
dunkle Seiten der Genetik aufmerksam wird, beschäftigt sich
Watson intensiv mit Eugenik und dem Nationalsozialismus.
Auslöser ist ein Buch, das der deutsche Genetiker Benno Mül-
ler-Hill, den Jim seit den Tagen in Harvard kennt und schätzt,
unter dem Titel *Tödliche Wissenschaft* über die Genetik im
Dritten Reich geschrieben hat. (Die amerikanische Übersetzung
– »Murderous science« – ist heute bei der Cold Spring Harbor
Laboratory Press lieferbar.) Müller-Hill führt in seinem Buch
nicht nur die Verbrechen auf, die Biologen unter Hitler begangen haben. Er weist vor allem darauf hin, dass sich nach dem
Ende des Naziregimes niemand um diesen Aspekt der Vergangenheit gekümmert hat und die grausamen Genetiker anschließend in der Bundesrepublik an der Stelle weitermachen
konnten, wo sie in Auschwitz oder anderswo aufgehört hatten.

Dass niemand wissen will, was in der Vergangenheit tatsächlich stattgefunden hat – das trifft allgemein auch für viele
Bereiche der amerikanischen Wissenschaft und insbesondere
für die frühe Genetik zu, wie Watson plötzlich überdeutlich
erkennt. Darum nimmt er sich vor, diese Situation unverzüglich zu ändern. Er fängt an, die alten Eugenik-Daten, die man
fleißig in dem von seinem Vorgänger Davenport eingerichteten
Eugenics Record Office (ERO) gesammelt hatte, auszugraben
und der Öffentlichkeit zur Verfügung zu stellen. Natürlich
muss er sich selbst auch erst einmal darüber klar werden, wie
viel Missbrauch mit wissenschaftlichen Ansichten getrieben
werden kann. Watson ist sich dessen bewusst, dass nur derjenige die Fehler der Vergangenheit vermeiden kann, der sie im
Detail kennt und sich ihre Aktualität vergegenwärtigt. Und er
lebt die »Einheit des Wissens« von John Dewey aus Chicago,
indem er handelt.

Exkurs: Eine kurze Geschichte der Eugenik

»Eugenik« heißt so viel wie »wohlgeboren« und ist positiv gemeint. Die dazugehörige Idee wurde zum ersten Mal 1883 von Francis Galton, einem Verwandten Darwins, mit dem Ziel vorgetragen, den Genpool einer Population in eine festgelegte Richtung zu verbessern. Galton war der Meinung, dass die Kultur mehr Herausforderungen an den Menschen stellte als die Natur und dass es daher geboten sei, bei der natürlichen Zuchtwahl nachzuhelfen. Dieser eher positiven Vorstellung von Eugenik trat etwa gleichzeitig in Deutschland die Ansicht von Alfred Ploetz an die Seite, dass eine »Entartung der Kulturvölker« drohe, wenn man einige Volksgruppen nicht an der Vermehrung hindere und somit negative Eugenik betreibe. Galton hielt ein solches Vorgehen nicht für notwendig, denn dafür gab es seiner Ansicht nach keine ausreichenden empirischen Daten. Davon unbeeindruckt sprach Ploetz 1895 von der Degeneration des Erbguts und einer notwendigen »Rassen-Hygiene«, wobei er am Rande einräumte, in der Tat nur über mangelhaftes Zahlenmaterial zu verfügen. Aber es könne ja nicht schaden, »möglichst tüchtige Nachkommen« zu wollen, und das sei doch nur wenig mehr als das, was Galton anstrebe, nämlich die grausame natürliche Selektion durch die barmherzigere Eugenik zu ersetzen.

Die Auffassung von der Eugenik änderte sich Anfang des 20. Jahrhunderts, als die Mendelschen Erbgesetze bekannt und ihre Kenntnis verbreitet wurde. 1912 wurde der erste internationale Kongress über Eugenik organisiert und der Versuch unternommen, die Mendelschen Gesetze für diesen Zweck anzuwenden. Dieses Unterfangen blieb – was nicht überrascht – erfolglos, weil die Grundannahmen der Eugenik, wie man bald bemerkte, ohne wissenschaftliche Grundlage waren. Trotzdem fand 1921 ein zweiter Kongress statt. Dabei wies der bereits erwähnte Drosophila-Genetiker Herman Muller auf die Gefahr hin, die durch die Akkumulation von unerwünschten Mutationen droht (für die er allerdings noch keine physikalische

Ursache nennen konnte). Unter diesen Umständen könne der evolutionäre Prozess zusammenbrechen, wie bereits die ersten Eugeniker befürchtet hatten.

Schon vor dem erwähnten Kongress und unberührt von der dabei geäußerten Skepsis versuchte in Cold Spring Harbor Charles Davenport auf eugenischem Feld tätig zu werden. Er lieferte das erste Beispiel für die Auswirkungen einer vor allem in Amerika verbreiteten Denkweise, die annimmt, dass soziale Fragen durch biologische Antworten geklärt werden können. Sie spielt selbst bei der Förderung der frühen Molekularbiologie in den späten dreißiger Jahren des 20. Jahrhunderts eine Rolle, die vor allem von der Rockefeller Stiftung ausging. Selbst wenn die damals geförderten Wissenschaftler – zu denen unter anderem Watsons frühes väterliches Vorbild Max Delbrück gehörte – anders dachten, so hatten die Rockefeller Funktionäre doch die Möglichkeit ins Auge gefasst, mithilfe der Genetik »superior men« zu erzeugen. Darunter stellten sie sich Menschen vor, die »alle gefährlichen Aspekte des Lebens unter rationale Kontrolle« bringen konnten, wobei das Spektrum der Gefahren vom Sex bis zu den Drogen reichte.

Ein Vorläufer dieser Vision eines molekular erfassbaren Lebens war Davenport. Für ihn galten Alkoholismus, Pauperismus, Schwachsinn und viele andere negative Eigenschaften als erblich, und er wollte ihre Weitergabe verhindern, wie er seinem Buch *Heredity in Relation to Eugenics* aus dem Jahr 1911 ausführte. Davenport richtete deshalb ein Eugenics Record Office ein, das bis 1926 auf rund 65 000 Seiten 2000 Familiengeschichten aufzeichnete. Als Leiter dieses Büros fungierte ein gewisser Harry P. Laughlin, den Watson der Vergessenheit entriss, um zu zeigen, wie viel Unsinn fabriziert werden kann. Jims Recherchen zufolge stellte Laughlin als Fakt vor den Kongressabgeordneten fest, dass die neuen Amerikaner, die aus dem Südosten Europas in das gelobte Land gekommen waren, durch schwachsinniges, geistig behindertes und kriminelles Verhalten auffielen, was bei ihnen erblich sei. Er und sein Chef Davenport bemühten sich folglich um eine Gesetzgebung, die sich vornahm zu verhindern, dass »die Bevölkerung der USA durch den großen Einfluss des Blutes (der Gene) aus dem Südosten Europas rasch eine dunklere Hautfarbe bekommt, kleiner wird, sich mehr der Musik hingibt und sich stärker Verbrechen wie Entführung, Körperverletzung, Mord, Vergewaltigung und der sexuellen Unzucht hingibt«. Darauf folgten noch allerlei geschmacklose Beschreibungen, die nur einem dumpfen fanatischen Hirn einfallen konnten.

Doch so schlimm man anfangs in den USA dachte und agierte, es setzte sich dann doch die menschliche Vernunft durch. Das lässt sich leider nicht von Deutschland sagen, wo die Institutionalisierung der Eugenik mächtig voranschritt. 1923 wurde in München ein Lehrstuhl für Rassenhygiene eingerichtet, auf den Fritz Lenz berufen wurde; und 1927 wurde in Berlin das Kaiser-Wilhelm-Institut für Anthropologie, menschliche Erblehre und Eugenik gegründet, dessen Leitung Eugen Fischer übernahm. Dort wurden die SS-Ärzte ausgebildet, die später in den Konzentrationslagern »Zwillingsstudien« durchführten – eine Vergangenheit, die erst im 21. Jahrhundert von den beteiligten Wissenschaftsinstitutionen – vor allem von der Max-Planck-Gesellschaft – zur Ansicht freigegeben wurde.

In den USA wurden bis 1928 in zahlreichen Staaten gesetzliche Regelungen zur Ermöglichung der Sterilisation bei eugenischer Indikation erlassen. In Europa zogen einige Länder nach, wobei sich vor allem England dem Trend deutlich widersetzte. In Deutschland wurde 1933 ein Gesetz zur Verhütung erbkranken Nachwuchses erlassen, das eine Sterilisation gegen den Willen der Betroffenen ermöglichte. Bis 1945 wurden unter seinem Deckmantel hierzulande rund 350 000 Sterilisationen durchgeführt (hingegen in den USA bis 1950 rund 50 000).

Mit dem Ende des Dritten Reichs verschwand das Thema Eugenik aus der öffentlichen Debatte, vor allem in Europa. In den USA brachte Muller das Thema 1950 wieder zur Sprache, als er erneut von der Fruchtfliege auf den Menschen schloss, um von ihr zu lernen, dass jeder Mensch im Durchschnitt acht schädliche (potenziell letale) Gene besitzt, die sich im Alterungsprozess, bei der Entstehung von Krebs, beim Gedächtnisverlust auswirken. (Dafür gab und gibt es keine solide wissenschaftliche Evidenz.) In Deutschland versuchte Hans Nachtsheim, das Thema Eugenik in den fünfziger Jahren anzusprechen, indem er forderte, »die Ausschüttung der die Existenz der Kulturvölker bedrohenden abwegigen Erbanlagen zu verhindern, ihre Ausbreitung einzudämmen«.

Die politische Wirkung des eugenischen Denkens beruht in Deutschland vor allem auf der Rezeption, die es bei Hitler erfahren hat. Als er 1924 im Gefängnis saß, las er in dem Buch *Menschliche Erblichkeitslehre und Rassenhygiene*, das von Erwin Baur, Eugen Fischer und Fritz Lenz verfasst worden war. Dabei verfestigte sich Hitlers Wahnidee der »Herrenrasse«, mit der sich bis heute auswirkenden Folge des verbrecherischen Missbrauchs von Wissenschaft in einem bis dahin unbekannten Ausmaß.

Aus der Tatsache, dass Hitler und seine Zeitgenossen mit wissenschaftlichen Möglichkeiten unmenschlich umgegangen sind, folgt aber nicht, dass die Genetik selbst von Übel ist. Keine Wissenschaft kann für sich schlecht und unheilvoll sein. Schlecht können nur die Menschen sein, die sie anwenden, aber das hindert niemanden daran zu fragen, wie man auch mit ihr Gutes bewirken kann.

Watsons Ansichten über die Verantwortung, die uns mit den neuen genetischen Techniken und Einsichten zugefallen sind, haben ihm den Vorwurf eingetragen, »das moderne Äquivalent von Hitler« zu sein, also die moderne Ausgabe des finsteren Bemühens um eine Herrenrasse. Doch dieser Vorwurf geht mit voller Wucht an der Sache vorbei, denn er lässt die Hauptfrage unbeantwortet, nämlich die, wie wir die Kenntnisse und Techniken der modernen Genetik einsetzen, um die Menschen mit mehr Fähigkeiten als bisher auszustatten. Im Spiel der Evolution kann man bekanntlich nicht stehen bleiben, und nichts bewegt uns mehr als die Wissenschaft.

Die Pflicht zum Optimismus

Nichts bewegt Jim Watson auf jeden Fall mehr als die Wissenschaft, die zwar aus der Vergangenheit lernen muss, sich aber dadurch die Zukunft nicht versperren darf. Er gehört sicher zu den Forschern, die aus ihrer nie endenden Leidenschaft und ihrem im reifen Alter höchstens noch wachsenden Enthusiasmus heraus die Pflicht erfüllen, die der Philosoph Karl Popper als Charakteristikum für Wissenschaftler ansah: die Pflicht zum Optimismus. Die Hauptregel, die Watson aus all seinen Versuchen zur Organisation von hoch qualifizierter Forschung und bei seinen Erfahrungen im Hinblick auf die Vermeidung von riskanten Vorgehensweise gelernt hat und zur allgemeinen Anwendung empfiehlt, lautet: »Schiebe nie ein Experiment auf, das wohl definierte Verbesserungen für die Zukunft bringt, weil es einige nicht genau ausmachbare Gefahren gibt.« Hör nie auf, das Nützliche zu versuchen, nur weil jemand Angst hat, dass mit ihm zusammen das Böse kommt. Wenn etwas schief geht, dann darf der Grund dafür bestenfalls sein, dass die Wissenschaft noch nicht weit und noch nicht gut genug ist. Schlimm wäre nur, wenn wir keinen Mut mehr hätten, von ihr Gebrauch zu machen. Die Wissenschaft ist für Jim Watson das Beste, was wir haben.

Der alte Mann und noch mehr

In seinem Herzen ist Jim Watson ein Europäer, wie sich aus seiner Biografie ersehen lässt: Immer wieder hat er auf seine irisch-schottische Herkunft angespielt – und sich dies sogar durch eine Analyse seines Y-Chromosoms und seiner mitochondrialen DNA durch ein Unternehmen in Oxford bestätigen lassen. Er wurde von einem italienischen Lehrer in die Wissenschaft eingewiesen; er orientierte sich an einem väterlichen Vorbild aus Deutschland, er erhielt sein Lebensthema von einem österreichischen Physiker, der damals in Irland lebte; er erzielte seinen größten Triumph in der Wissenschaft im Herzen Großbritanniens mit einem englischen Partner. Er bewunderte Lebensstil und Denkweise einer schottischen Lady, kletterte am liebsten mit Schweizer Bergsteigern auf die eidgenössischen Alpen, bemühte sich, die französische Sprache wenigstens für wissenschaftliche Zwecke lesen zu können, und er hätte fast ein Mädchen bayerischer Herkunft mit einem sehr deutschen Vornamen geheiratet.

Der Francis Bacon unserer Zeit

Jims Hingabe an die europäische Kultur reicht aber weiter zurück, als die unvollständige Aufzählung einiger seiner direkten Kontakte zu Menschen aus der Alten Welt, in der die Wissenschaft geboren wurde. Will man eine Persönlichkeit als Geburtshelfer der modernen Wissenschaft herausheben, die im 17. Jahrhundert anfängt, an vielen europäischen Orten Maßstäbe zu setzen – Galileo Galilei in Italien, Johannes Kepler in Deutschland, Christiaan Huygens in den Niederlanden, René Descartes in Frankreich und Robert Hookes in England –, dann müsste es der englische Philosoph Francis Bacon sein, der den

Naturwissenschaften neue Wege wies, damit sie den Menschen
helfen konnten. Und wenn man sich mit Bacons Ideen näher
befasst, so kann man sich zu der Äußerung verleiten lassen,
dass Jim Watson in gewisser Weise die moderne, erfolgreiche
amerikanische Version von Francis Bacon ist. Er arbeitet mit
den gleichen theoretischen Vorgaben und Überzeugungen,
und er setzt sie souverän und systematisch um und verschafft
auf diese Weise der großen Idee der westlichen Wissenschaft
Geltung.

Was bedeutet dies im Einzelnen? Wie hat Bacon vor rund
vierhundert Jahren die Wissenschaft auf den Weg gebracht, den
sie bis heute beschreitet? Abgesehen von der induktiven Methode, die Bacon der Forschung verordnete, um in der Lage zu
sein, von einer einzelnen Beobachtung in einem einzigen Experiment (»Ein Stein ist schwer« oder »Erbsen haben Gene«) zu
allgemeingültigen Einsichten in die Natur der Dinge gelangen
zu können (»Alle Körper sind schwer« oder »Alle Lebensformen haben Gene«), tauchen mit dem britischen Genie an der
Wende zum 17. Jahrhundert und in seinen Schriften drei Gedanken in der europäischen Kultur auf, die uns heute zwar
selbstverständlich erscheinen, damals aber neu waren und den
Lauf der Geschichte zumindest maßgeblich beeinflusst, wenn
nicht völlig verändert haben.

Bacons erster Gedanke lautet, dass Fortschritt aus eigener
Kraft heraus möglich ist. Dies bedeutet, dass es gelingen kann,
die Existenzumstände der Menschen im Laufe eines einzelnen
Lebens zu verbessern oder zu erleichtern, und zwar dadurch,
dass man – dies der zweite Gedanke – Wissen erwirbt und ein-
setzt (etwa um Fleisch haltbarer, Schmerzen erträglicher und
Wärme verfügbarer zu machen). Wenn wir die Gesetze der
Natur kennen und uns ihnen unterwerfen – so Bacons raffi-
nierte Dialektik –, dann können wir sie für uns nutzen und mit
ihrer Hilfe sogar herrschen. Diese Idee hat sich die Nachwelt
in der abgewandelten, nicht von Bacon stammenden Kurzform
»Wissen ist Macht« gemerkt und als Programm vorgegeben.
Wenn die Menschen ihre Zukunft verbessern und ihre Ge-

schichte selbst gestalten wollen, müssen sie das Wissen erwerben, das dazu nötig ist. Bacon schlägt vor – dies sein dritter Gedanke –, wie dies am besten gelingen kann, nämlich dadurch, dass man sich zusammenschließt und Orte (Akademien) entstehen lässt, an denen sich Wissenschaftler – zu einer »community« – vereinigen und in einer Art Forschungsgemeinschaft die Aufgaben bewältigen, die sich den Menschen stellen. Das bedeutet den endgültigen Bruch mit ihrer alten Geschichte. Statt sich dauernd nach rückwärts zu orientieren, wie man es vor Bacon von der Antike bis in die Renaissance hinein getan hatte, wird nun der Blick nach vorne gerichtet in der Überzeugung, im rationalen Vorgehen mit wissenschaftlichen Mitteln, Fortschritte erreichen zu können.

Es ist nun offensichtlich, dass Watson einen Ort der Art geschaffen hat, wie Bacon ihn meinte: das Cold Spring Harbor Laboratory, das mit der Watson School of Biological Sciences auf dem Weg ist, eine Universität zu werden. Dort hat er auf eigene Weise so ganz nebenbei realisiert, was Bacon bereits im frühen 17. Jahrhundert vorschwebte, nämlich einen Ehrensaal zu schaffen, in dem es eine Galerie von erfolgreichen und verehrungswürdigen Wissenschaftlern zu sehen gab, die dem Zweck dient, das öffentliche Verständnis für ihre Tätigkeit zu fördern. In Jims Cold Spring Harbor hat man in vielen Gebäuden die Gelegenheit, fotografierte, gezeichnete, gemalte oder skizzierte Porträts von Forschern und ihren Freunden und Familien zu betrachten. Viele Laboratorien tragen nicht die Namen der Mäzene, die für ihren Bau gewonnen wurden, sondern die von Wissenschaftlern, die der Sache einen großen Dienst erwiesen haben, um die es Bacon ging und Watson geht. Man findet Laboratorien, die nach Barbara McClintock, Al Hershey, Max Delbrück, Joe Sambrook und anderen benannt sind und der Wissenschaft auf diese Weise das persönliche Gesicht verleihen, das sie braucht, um von der Öffentlichkeit wahr- und angenommen zu werden.

Watson hat aber nicht nur einen Ort geschaffen, wie er Bacon vorgeschwebt hat, er hat dabei auch den Gedanken ernst genommen, dass nur eine kooperierende »Gemeinschaft« von Wissenschaftlern vorankommen kann. Das Geschick des Managers Jim bestand und besteht darin, den einzelnen Forscher zu Höchstleistungen in einem Ambiente zu bringen, das nur funktionieren kann, wenn zwar jeder versucht, besser zu sein als der andere, aber nur, weil sie bei diesem Wettbewerb zusammen so gut werden, wie sie es auf sich allein gestellt nie sein könnten. Jede einzelne Figur im großen Spiel der Wissenschaft ist unersetzlich, aber erst alle zusammen können erreichen, was zu erreichen möglich ist.

Natürlich beginnt jeder Fortschritt mit einer Idee im Kopf eines Individuums oder mit der besonderen Leistung eines einzelnen Forschers, aber sie müssen möglichst rasch in die »Gemeinschaft« fließen, die danach unmittelbar zu ihrem Recht kommt. Wer Watsons zweite autobiografische Publikation *Genes, Girls, and Gamow* liest, spürt, dass er mit dessen Anfertigung genau diesen Schritt des Einordnens vollzieht. Während er die Entdeckung der DNA-Struktur in der *Doppelhelix* mit einem »Ich« eröffnet und fast wie einen Alleingang schildert, an dem neben ihm noch ein paar andere teilgenommen haben, beginnt der Bericht über das Leben nach der Doppelhelix mit einer Aufzählung der Personen, denen er in dem Buch begegnen wird, und diese Liste umfasst mehr als hundert Namen. Sie sind ihm alle wichtig, Jim kennt und schätzt sie alle, er kann sich an vielen Details aus den Zusammenkünften mit ihnen erinnern, und er möchte auch den Leser mit ihnen vertraut machen.

Er legt sich dabei wahrscheinlich schon früh das phänomenale Namen- und Personengedächtnis zu, das einen guten Politiker auch auf dem Feld der Wissenschaft auszeichnet, und es kann schon vorkommen, dass der Zuhörer bei manchen seiner Vorträge die Übersicht verliert, weil ihm zu viele Namen präsentiert werden, mit denen Watson persönliche Erinnerungen und wissenschaftliche Qualität verbindet. Veranschaulicht sei dies an einem Beispiel aus dem Jahre 1978, als die bereits große Aufregung um die rekombinierte DNA noch zunahm, nachdem das erste Kind nach einer in-vitro-Fertilisation (IVF) zur Welt gekommen war. Watson hielt damals vor Biochemikern einen Vortrag über »In erneuter Verteidigung der DNA« (»In Further Defense of DNA«); nachdem er sich für die Einladung bedankt hatte, leitete er folgendermaßen zu seinem Thema über:

Am besten fange ich meine Vorlesung am Ende des Winters von 1958 an, als mich Salvador Luria einlud, die Miller-Vorlesung an der Universität von Illinois zu halten. Es war kalt, und der Aufenthalt in den dortigen Instituten war nicht gerade das reine Vergnügen. Doch traf ich Nomura, der damals als Postdoc bei Spiegelman arbeitete, was dazu führte, dass Masayuma den folgenden Sommer in Harvard verbrachte. Sols Laborbücher waren äußerst sorgfältig geführt, und die ganze Zeit über hörte man klassische Musik. An einem Abend kam Van Potter vorbei, um vor Gunsalus und seinen Biochemikern über Krebs zu sprechen. Er orientierte sich dabei an den neuen Ideen von Umbarger und Pardee über die negative Rückkopplung, ein Konzept, dem ich bislang wenig Aufmerksamkeit gewidmet hatte. Ich wurde ganz aufgeregt und kehrte nach Harvard mit der Idee zurück, eines Tages eine Vorlesung über Krebs zu halten.

Dies tat er dann auch im folgenden Jahr (1959).

Watson zeigt, wie Wissenschaft als Gemeinschaftsaufgabe mit vielen Personen im Dialog funktioniert, und als Manager in Cold Spring Harbor hat er seine Aufgabe unter anderem darin gesehen, den Ort zu schaffen, an dem die nötigen Gespräche möglich sind. Dabei muss der Rahmen so gut organisiert sein, dass es kaum Ablenkung gibt und man nie das eine Ziel aus den Augen verliert, das in dem Diktum »Wissen ist Macht« steckt. Darin kommt die Überzeugung zum Ausdruck, dass es möglich ist, mit den erworbenen Kenntnissen zu den Voraussetzungen beizutragen, die zur Führung dessen nötig sind, was man im philosophischen Diskurs seit Jahrhunderten »ein gutes und gelingendes Leben« nennt. Watson hat seine entsprechende Einstellung vielfach öffentlich geäußert, zum Beispiel so:

> Es scheint nahezu unausweichlich, dass wir mit einem tieferen Verständnis für die Wege der Natur besser in der Lage sind, die Kenntnisse für das Wohl der Menschen zu nutzen. Und im Rückblick können wir immer wieder sehen, dass wir keine realistische Chance hatten, ein angewandtes Problem zu lösen, solange dafür keine wissenschaftliche Grundlage errichtet war.

Als Beispiel führt er den Sieg über die Kinderlähmung an, der erst möglich wurde, nachdem man verschiedene Formen des Poliovirus unterscheiden und mit dieser Kenntnis die Impfstoffe gegen den Erreger entwickeln konnte.

Am Ende von Bacons Zeitalter

Bacon plädierte für den Fortschritt der wissenschaftlichen Bildung, die sich von religiösen Traditionen lösen müsse, und äußerte in seinem Buch *Nova Atlantis* von 1627 die Zuversicht, dass auf der Grundlage des naturwissenschaftlich-technischen Fortschritts eine moderne Gesellschaft wachsen könne. Als er sein Konzept »Wissen ist Macht« formulierte, das wir als Rezept zur Verbesserung der Welt eingesetzt haben, konnte er nicht umhin, im Fortschritt der Wissenschaft einen Vorteil für die Menschen zu sehen. Was wissenschaftlich besser war, war auch human besser, und die einzige Art, im Rahmen dieser Einsicht verantwortlich zu handeln, bestand offenbar darin, Wissenschaft zu betreiben.

Für Watson besteht diese Verpflichtung weiter, selbst wenn inzwischen viele anderer Meinung sind und das starre Weiterverkünden von Bacons alten Zielen eher skeptisch betrachten. Es mehren sich die Stimmen der Wissenschaftskritik, die von einem Ende des Baconschen Zeitalters sprechen und nach Alternativen zur Wissenschaft suchen und einen anderen Umgang mit der Natur anstreben. Solche Vorschläge stoßen bei Jim Watson auf Unverständnis, solange er nicht erkennen kann, was sie konkret für die Praxis und den Alltag bedeuten – also solange es nicht weniger, sondern mehr Krebskranke gibt, solange ein befriedigend wirksames Medikament gegen die Immunschwäche AIDS und ihre Ausbreitung fehlt, solange immer mehr ältere Menschen mit bislang ungewohnten Störungen ihres Körpers und ihres Geistes fertig werden müssen, und solange es von Aufgaben wimmelt, die nur der Sachverstand in Angriff nehmen kann. Und wer anders käme dafür in Frage, hier Antworten zu geben, Angebote zu machen und Hilfe zu liefern, als die Mitglieder der »scientific community«? An dieser Stelle hat sich seit Bacons Zeiten nichts geändert, und die Verantwortung der Wissenschaft bleibt nach wie vor bestehen, das heißt, dass jemand sie übernehmen muss und sich nicht von abschätzigen Kritiken daran hindern lassen darf.

Auch Watson hat natürlich erkannt, dass Wissenschaft kein Allheilmittel mehr ist. Dennoch ist für ihn völlig klar, dass der Preis, den wir für ein Nein zur Wissenschaft zu zahlen haben, sehr viel höher ist als der für unser derzeitiges Bejahen der Wissenschaft. Wie sollen wir – ohne Wissenschaft – einen Impfstoff gegen das für die menschliche Immunschwäche verantwortliche Virus HIV (Human Immunodeficiency Virus) entwickeln? Wie sollen wir selbst ein Abwehrmittel gegen das Tetanus-Toxin finden, wenn wir darauf verzichten, seinen Wirkmechanismus zu erforschen? Watson hat deutlich und oft genug gesagt, was ihm Sorge macht: »Ich erschrecke bei dem Gedanken, dass unsere Zukunft immer mehr in die Hände der Pessimisten aus Gewohnheit fällt, die aus ihrem Instinkt heraus prophezeien, dass alles Neue uns mehr schadet als nutzt.«

Niemand hat behauptet, dass ein auf wissenschaftlicher Basis besseres Leben leichter zu führen sei. Wenn zum Beispiel mithilfe der Genomforschung die Möglichkeiten zunehmen festzustellen, ob in einem Heranwachsenden die genetischen Würfel gut oder schlecht gefallen sind, und wenn noch klarer als bisher die dazugehörigen Konsequenzen für die Lebenschancen zu benennen sind, dann kann man sich leicht ausmalen, vor welchen schwierigen Entscheidungen künftige Generationen stehen werden. Trotzdem führt kein Weg zurück in den jetzt vielleicht als paradiesisch empfundenen Zustand des Unwissens. Um der Menschheit ein besseres Leben zu bescheren, müssen wir mit der Wissenschaft weitermachen, wobei wir – in Jims Worten – sogar eine klare Option haben. Wenn wir weitermachen, sollten wir dies nicht so ungestüm tun wie in den letzten Jahrhunderten, sondern humaner, und das heißt »mit Vorsicht und in aller Bescheidenheit«.

Die großen Themen und eine große Frage

Bescheidenheit in seinen Zielen hat Jim Watson nie erkennen lassen. Eher das Gegenteil. Noch in seiner Botschaft für die Biologie im neuen Millennium, die er Anfang 2000 in seiner Funktion als Präsident des Cold-Spring-Harbor-Laboratoriums verkündete, hat er beispielsweise erklärt, dass es ihm um die ganz großen Themen seiner Wissenschaft geht (»to solve the big problems in biology«). Doch nach dieser stolzen Ankündigung folgt eine Geste der Angemessenheit: Wenn es im neuen Jahrtausend nichts Wichtigeres gibt, als das Leben zu verstehen, dann kann das Leben im alten noch nicht verstanden worden sein. Damit rückt er auch seine frühere Kühnheit zurecht, die in dem Anspruch steckte, in seiner *Molekularbiologie des Gens* die Antwort auf Schrödingers Frage »Was ist Leben?« geben zu können bzw. gegeben zu haben.

Der kernigen Behauptung des zugleich erfolgsverwöhnten und erfolgshungrigen Jünglings der Forschung, das Leben zu kennen, und der Aufforderung des ebenso souveränen wie unruhig-neugierigen Staatsmannes der Wissenschaft, das Leben kennen zu lernen, liegt die gemeinsame Überzeugung zugrunde, dass die Frage nur im rationalen Diskurs beantwortet werden kann, der jeder Forschung innere und äußere Logik verleiht. Der sich in der europäischen Geistestradition im Anschluss an die Aufklärung entfaltende Gedanke der Romantik, dass es möglicherweise Fragen gibt, die nicht durch Tatsachen zu beantworten sind und deshalb ohne Erklärung bleiben – was die Wissenschaft zu einem ewig offenen System des Suchens macht –, wäre für Watson nicht akzeptabel. Für ihn muss es Antworten geben in dem Diskurs, der mit der Naturwissenschaft entstanden ist und zu dem er so viel beigetragen hat.

Doch könnte es nicht sein, dass die ganz großen Fragen (»the big questions«), die sich die Biologen seit Jahrhunderten stellen, nicht mehr in dem Netz aufgefangen werden können, das die rationalen, quantitativen, logischen, systematischen, mathematischen und analytischen Vorgehensweisen geknüpft haben? Könnte es nicht sein, dass wesentliche Fragen der Genetik etwa eben nicht mehr in einem natur-, sondern nur noch in einem geisteswissenschaftlichen Kontext zu erfassen sind?

Die Physik hat einen durchgreifenden Wandel dieser Art erfahren, als sie sich zu Beginn des 20. Jahrhunderts von der klassischen zur Quantenphysik entwickelte und dabei nicht nur Grundwerte wie Objektivität und Determiniertheit aufgab, sondern sich zugleich aus der Realität entfernte und imaginäre Dimensionen annahm. Plötzlich gab es in der nach wie vor exakten Wissenschaft so etwas wie Unbestimmtheit und Unentscheidbarkeit. Es könnte sein, dass die Genetik – trotz ihrer physikalischen Anfänge – einen vergleichbaren Schritt tut und sich erneuern muss, bevor sie die ganz großen Fragen angehen kann, die etwa lauten: »Wie entwickelt sich aus einer formlosen Eizelle ein formenreicher Organismus?« oder »Wie sorgen die Gene für die Differenzierungen, die aus einer omnipotenten Urzelle viele spezialisierte Zelltypen werden lassen?«

Bei diesem Problem geht es nicht mehr nur um die Frage von biochemischen Reaktionen in einer Zelle, an deren Ende Produkte vorliegen, vielmehr um Vorgänge mit einer sinnvollen Ausrichtung, die auf ein Ziel zusteuern und an deren Ende ein Gebilde vor unseren Augen steht, das nicht mehr nur mit biochemischen Analysen, sondern auch mit dem Blick von wohlgefälligen Betrachtern zu erfassen ist.

Die Annahme, ein befruchtetes Ei sei mit einem genetischen Programm ausgestattet, das nach und nach abläuft und dabei einen Organismus in die Lage versetzt, sich selbst hervorzubringen, gehört zu den leider zahlreichen Gedankenlosigkeiten im derzeitigen wissenschaftlichen Diskurs. Da entlehnt man einen Begriff aus der Computerwelt, ohne zu merken, dass diese wunderbaren Maschinen zwar alles Mögliche können, aber eben nicht das eine, um das es geht. Kein Computer kann sich selbst zusammensetzen und seine Chips geeignet zusammenstecken!

So wichtig die Software für die PCs ist, so wenig lässt sich mit dieser technisch nützlichen Vorstellung beschreiben, was passiert, wenn sich lebendige Zellen teilen und Platz und Funktion im Körperganzen ein- und übernehmen. Um diesen Vorgang zu verstehen, den die Biologen Entwicklung nennen und über den sie in den letzten Jahren mithilfe der gentechnisch erweiterten Wissenschaft vom Leben ungeheuer viel gelernt haben, scheint es unangemessen, einen Bauplan unabhängig von seiner Ausführung zu betrachten. Beide gehören untrennbar zusammen, wie es der englische Biologe Enrico Coen 1999 in *Die Kunst der Gene* beschreibt.

Anstelle der unzutreffenden Idee der Programmierung schlägt Coen für die Entwicklung von Organismen als Metapher die menschliche Kreativität vor, die sich etwa beim Malen eines Bildes ausdrückt. Organisches Entwickeln und kreatives Malen sind vergleichbare Vorgänge. Hauptpunkt des Vergleichs ist die untrennbare Einheit von Plan und Ausführung, die sich beim Malen durch die Rückwirkung ergibt, die das auf der Leinwand entstehende Bild auf die ursprüngliche Konzeption hat, mit der ein Künstler sich ans Werk macht. Eine maßgebliche Rolle bei der Entwicklung spielen die Gene, die auf andere Gene wirken und deren Aktivität bestimmen. Diese Gene hat die technisch modern agierende, aber weiterhin traditionell argumentierende Entwicklungsbiologie entdeckt. Sie heißen »homeotische Gene«, wobei diese Bezeichnung auf ein Konzept aus dem 19. Jahrhundert zurückgreift, mit dem man beschreiben wollte, dass Organismen ähnliche Strukturen an falschen Orten ausbilden können – etwa Beine, wo Antennen hingehören, oder Flügel, wo man normalerweise stabilisierende Schwingkölbchen findet. Die Proteine, die von solchen für Ähnlichkeit sorgenden Genen abstammen, können offenbar nicht einfach durch ihre chemischen Reaktionen verstanden werden. Vielmehr werden zu ihrer Beschreibung Begriffe wie »Identität« und »Interpretation« nötig, die mehr dem Bereich der Geisteswissenschaft entstammen, deren Rat ohnehin willkommen sein müsste, wenn man verstehen will, wie Formen gebildet werden.

Diesem Rat würde Watson misstrauen, da er wenig Neigung verspürt, seine Wissenschaft dem philosophischen Diskurs zu öffnen. Er würde auch nie glauben, dass diese Disziplin Ideen beisteuern könnte, wodurch etwa die Stagnation in der Krebsforschung beendet werden könnte, was aber nicht völlig unwahrscheinlich wäre, weil Krebs die Unterbrechung des normalen Bildungsprozesses bzw. eine Abweichung davon ist. Dabei könnte man gerade von dieser Seite eine zutreffende Information darüber bekommen, welche weit tragende Bedeutung es hat, wenn es heißt, Krebs sei eine genetische Krankheit. Diese Auskunft bleibt jedoch oberflächlich, da sie zwar besagt, dass Gene beteiligt sind, wenn Krebs entsteht, aber nicht erkennen lässt, was die Gene dazu tun müssen.

Das Attribut »genetisch« und das Hauptwort »Genese« finden sich schon Ende des 18. Jahrhunderts bei Goethe, der von einer Wissenschaft namens Morphogenese träumte und damit die Lehre von der Gestalt, der Bildung und Umbildung der organischen Körper meinte. Goethe war überzeugt, dass die Bildung aller Gestalten und Formen der Natur aus einem Grundplan heraus zu verstehen war, also »durch die mannigfaltigste Wiederholung des ursprünglichen Bildungstypus«. Diese Vorgabe begründete für ihn »die Notwendigkeit der genetischen Methode für alle Naturwissenschaft«. Entscheidend für uns heute ist, dass die Entdeckungen zu homeotischen Genen bzw. die Einsichten in die Homeose genau diesen Grundplan zu fas-

Krebs

Jim Watson, der Präsident des Cold Spring Harbor Laboratory, firmiert auf dem Briefpapier seiner Institution auch als »Oliver R. Grace Professor of Cancer Research«. Nach Oliver Grace und seiner Frau Lorraine ist auch das imposante Vorlesungsgebäude (mit seinem großen Auditorium) benannt, das man heute als Erstes erblickt, wenn man mit dem Auto aus New York kommend in das Cold Spring Harbor Laboratory einbiegt. Seit den achtziger Jahren fördert die in Oyster Bay auf Long Island lebende Familie Grace die Unternehmungen in Cold Spring Harbor, und unter anderem stellt sie umfangreiche Mittel für die Krebsforschung zur Verfügung.

Krebsforschung ist und bleibt Watsons Thema bzw. Sorge. Von drei Menschen, die in den so genannten entwickelten Ländern leben, wird einer Krebs bekommen, was bedeutet, dass wir diese Krankheit alle an uns selbst oder in unserer unmittelbaren Umgebung erfahren werden. Sie ist zwar seit über hundert Jahren im Visier der Genetiker, hat sich aber bislang immer noch ihrem Zugriff entzogen. Natürlich können die Biomediziner mit den immer genaueren Methoden immer tiefer in die Zelle hineinsehen, um nach Ursachen für Krebs zu forschen. Krebszellen – krebsartig wuchernde Zellen – weisen extrem viele sichtbare Veränderungen in den Chromosomen und noch mehr unsichtbare Abweichungen (Variationen) von der genetischen Normalform (Mutationen) auf, sodass die zuständigen Wissenschaftler kaum noch wissen, woher sie alle kommen und wann sie auftreten, um gefährlich zu werden und den sie beherbergenden Körper anzugreifen. Die derzeit am häufigsten verwendeten Begriffe in der Fachdebatte um Krebs sind »genetische Instabilität« bzw. »Integrität des Genoms«, wobei die Bewahrung bzw. Gefährdung der Gene gemeint ist. Das genetische Material einer Zelle liegt nicht automatisch stabil und fest vor, wie sich immer deutlicher zeigt. Vielmehr muss eine Zelle unentwegt aktiv sein, um die Unversehrtheit ihrer Erbanlagen permanent zu überprüfen und, falls nötig, wiederherzustellen.

So schön und makellos die Doppelhelix von 1953 ist, sie gibt vielleicht insofern ein eher falsches Bild vom Zustand der Gene, da ihre Form eine ungeheure Festigkeit des Moleküls suggeriert. Auf den ersten Blick hat ein Beobachter den Eindruck, das Treiben einer Zelle beginne mit einem stabilen Erbmolekül, und nun muss er erst mühsam lernen, dass es eher umgekehrt ist, dass die Stabilität der Doppelhelix bzw. ihre Stabilisierung zu den Hauptaufgaben einer Zelle gehört. Die DNA ist weniger eine unberührbare Schönheit und mehr eine belagerte Festung, die unentwegt angegriffen wird und verteidigt werden muss. Fast scheint es so, als ob eine Zelle mehr Energie und Enzyme für das Reparieren von DNA-Schäden einzusetzen habe als für den Stoffwechsel. Was die neuen Methoden der Genetik zur Zeit vor allem liefern, sind viele neue Einsichten in das Arsenal der Methoden, mit denen eine Zelle in der Lage ist, die Integrität ihres Genoms zu verteidigen. Die neue große Frage der Krebsforschung lautet, wie im Verlauf eines zellulären Lebens – nach vielen Teilungen – die genetische Instabilität zunimmt, die vorher sorgfältig unter Kontrolle war. Wer das Auftreten von Krebs verstehen will, so das derzeitige Credo, muss sich weniger um die stabile Doppelhelix kümmern und mehr mit dem instabilen Genom befassen. Die Gefährdung kann von außen (durch Viren oder Stoffe aus der Umwelt) oder von innen (durch variationsfreudige genetische Elemente) kommen. Ideen gibt es genug, zu tun auch. Und niemand weiß das besser als Jim Watson und sein Team in Cold Spring Harbor.

sen bekommen. Und es scheint, das Watsons große Herausforderung zur Jahrtausendwende, »es gibt nichts Wichtigeres als das Leben zu verstehen«, erst dann annehmbar und erfüllbar wird, wenn wir über die Grenzen des naturwissenschaftlichen Zauns schauen und im Vorgang der Bildung mehr sehen als ein Netzwerk von biochemischen Reaktionen, so verwickelt die Wechselwirkungen auch sein mögen.

Die Biologie nach Jim Watson

Wie wenig wir über die Frage nach dem Leben wissen, zeigt sich, wenn wir die Antworten auf die thematisch eingeschränktere Frage »Was ist Krebs?« ins Auge fassen. Auch hier findet sich offenbar – trotz all der imponierenden Detailkenntnisse – nicht die klare Antwort, die dem jugendlichen Erbauer der modernen Biologie einmal vorgeschwebt hatte. Und so sieht Watson am Ende seiner fünf Karrieren, dass seine Nachfolger in der Krebsforschung immer noch einen langen Weg vor sich haben, und er fordert sie immer wieder auf, ihre Bemühungen fortzusetzen.

»But I have promises to keep and miles to go before I sleep« (»Was ich versprochen, muss ich tun, und Meilen gehn, dann kann ich ruhn«): So könnte man Watsons Grundeinstellung mit den leicht abgewandelten Worten des amerikanischen Dichters Robert Frost ausdrücken. »Schlafen können wir später«, pflegte auch Al Hershey zu sagen, um seine Mitarbeiter anzuspornen, Viren und ihren Einfluss etwa auf Krebs zu verstehen, und um ihnen anzudeuten, dass man Wissenschaft nicht nebenbei betreiben könne.

Natürlich gibt sich Watson bis heute keinen Illusionen hin. Trotz der Milliarden Dollar, die jedes Jahr in die Laboratorien fließen, haben die Wissenschaftler noch einen langen, steilen Weg vor sich, bis sie in der Lage sein werden, den sich tödlich auswirkenden Wandel von normal wachsenden zu krebsartig wuchernden Zellen zu verstehen und zu hemmen. Aber sie dürfen nie die Hoffung aufgeben, und sie können wenigstens sagen: »Wir haben einen guten Anfang gemacht.«

Watson hat von der Krebsforschung schon früh einen langen Atem verlangt und immer davor gewarnt, die aktuellen Aufregungen um kleine Entdeckungen mit einem gründlichen Verständnis der Natur der Krankheit zu verwechseln. Außerdem schien ihm immer wichtiger, erst zu versuchen, den Krebs zu verstehen, bevor man sich daran macht, ihn heilen zu wollen. Krebs verstehen heißt für ihn, mit der DNA bzw. mit den Genen anzufangen, um von da zu den Proteinen und den Zellfunktionen aufzusteigen. Niemand wird Watson mehr davon überzeugen können, dass dies nicht unbedingt der einzig gangbare Weg ist. Aber es wird auch eine Zeit nach ihm geben. Die spannende Frage lautet, wie und wann es für die Genetiker möglich wird, aus seinem Schatten zu treten und eigenständiger zu agieren. Erste Wechsel der Orientierung sind in letzter Zeit nicht zu übersehen, und zwar im Zentrum des biologischen Wirbelsturms selbst. Kaum nämlich fühlen sich die Genetiker ihrem großes Ziel, dem Humanen Genom und seiner Sequenz, nahe genug, schon verkünden sie, dass die eigentlichen Probleme und mit ihnen die zukünftigen Arbeitsfelder ganz woanders liegen, nämlich auf der Ebene der Proteine und ihren verwobenen Wechselwirkungen. Proteomik lautet das Zauberwort, das jetzt vielfach zu hören ist, ohne dass auch nur halbwegs klar ist, was denn die kaum begonnene Genomik – außer gefüllten Datenbanken – gebracht hat. Man versteht zwar immer noch nicht viel von den Genen, ist aber schon sicher, das Glück des Forschens künftig bei den Proteinen zu finden (wobei die genetische Idee des Bildens und Umbildens hier gut passt, da die Natur nicht nur Gene für Proteine, sondern auch Proteine für Gene entwickelt hat).

Die Tendenz zu den Proteinen erfreut Historiker, die gerne den Blick in die Vergangenheit richten, um das Werden der Molekularbiologie ins Auge zu fassen, und dabei feststellen, dass es schon einmal vor dem Aufsehen erregenden Jahr 1953 eine blühende Forschung mit Proteinen gab. Die Biochemie war damals schon mehr als ein halbes Jahrhundert alt, und es ist unbestreitbar, dass sie erfolgreich war. Sie hatte zum Beispiel sehr gute Ideen über den Ursprung des Lebens entwickelt – bessere jedenfalls als die heutigen Vertreter der Molekularbiologie, die uns an dieser Stelle eine RNA-Welt vorstellen –, nur dass all das in Vergessenheit geriet, weil nach der Entdeckung der Doppelhelix nur noch das zählte, was Watson und Crick sagten und taten.

So erstaunlich die Leistung der beiden Wissenschaftler auch

ist, so sehr verwundert es, wie rasch die Proteine aus dem Blickfeld verschwanden und sich alles Denken auf die Gene und ihre DNA-Basis konzentrierte. Biologie wurde zur Molekularbiologie, die Biochemie verlor ihre Autonomie, und das Denken erstrahlte und erstarrte in seinem neuen Paradigma: Finde das Molekül, das dein Problem durch seine Struktur löst. Wenn die Doppelhelix die Vermehrung des Lebendigen erklärt – jedenfalls deutet dies der berühmte Satz aus dem Originalartikel von 1953 an – »It has not escaped our notice that the specific Pairing we have postulated immediately suggests a possible copying mechanism for the genetic material« (»Es ist unserer Aufmerksamkeit nicht entgangen, dass die spezifische Paarbildung, die wir postuliert haben, unmittelbar einen möglichen Kopiermechanismus für das genetische Material nahe legt«) –, dann wird es doch auch Moleküle geben, die andere Erscheinungen erklären – das Gedächtnis zum Beispiel oder Krankheiten wie Krebs. Nahezu alle Biowissenschaftler sprangen begeistert mit auf den Zug, den Watson und Crick ins Rollen gebracht hatten, ohne zu merken, dass das Neue doch nur das Alte war. Denn was hier stattfand, hatten schon die Forscher der Renaissance vorgeschlagen, nämlich das Kleine zu verstehen, indem man dort das wiederfindet, was man im Großen kennt.

Die Biologie will allerdings nicht die Teile, sondern das Ganze verstehen, also das Leben, und dazu reicht der molekulare Ansatz nicht aus. Er hat ja nicht einmal erklärt, was Jim und Francis so verführerisch behauptet haben, nämlich die Verdopplung der Gene. Unser Blick auf das Leben ist zu einseitig, und wir müssen uns endlich umwenden. Wenn dies geschieht, sehen wir zwar die Proteine, aber wenn wir dabei nichts anderes denken, wird das Neue so wie das Alte. Proteine können den Blick auf das Leben ebenso versperren wie die DNA. Sie sind nicht das Ziel, sondern der Weg, und er führt an den großen Alten vorbei – also an Watson und Crick.

Natürlich kann der Aufbruch erst 2003 richtig beginnen – nach Watsons 75. Geburtstag und nach dem 50. Jahrestag der gemeinsamen Entdeckung mit Crick. Aber es lohnt schon jetzt, das Feld für die Zeit danach zu bestellen. Wir müssen einsehen, wie eintönig die massive Molekularisierung das wissenschaftliche Denken gemacht hat und wie wenig Gene weiterhelfen, wenn wir mehr als sie verstehen wollen. Noch leuchten die bekannten Sterne am biologischen Himmel, und sie ergeben dabei ein elegantes und überzeugendes Bild. Aber Astronomen wissen, dass sie trotzdem schon untergegangen sein können. Das neue Ziel müssen wir selbst setzen. Es darf nicht so wie das alte aussehen, das Jim Watson anvisiert und erreicht hat.

Anhang

Anmerkungen

Doppelfest mit Doppelhelix

1 Das Porträt beruht auf meiner Darstellung von Cricks Leben in dem Band *Leonardo, Heisenberg & Co.* München 2000.

Annäherung an Watson und Aufwachsen in Amerika

1 In Watsons Erinnerungen spielt neben den Eltern auch seine Großmutter Elizabeth Mitchell – genannt Nana – eine große Rolle. Es gibt ein Bild von ihr, auf dem sie stehend dieselbe Haltung einnimmt, die man von Watson kennt: Das linke Handgelenk auf die Hüfte gestützt – mit der Hand rechtwinklig nach hinten weisend – und den linken Fuß weit nach außen gedreht. Zwar verlockt es den Betrachter, hier von genetischen Einflüssen zu sprechen, aber vielleicht hat der Enkel seine Großmutter nur nachgeahmt.

Der Wissenschaftler und sein Modell

1 1993 – zum 40. Jahrestag der Doppelhelix – hat Watson in einem Vortrag über »Succeeding in Science« (»Wie man in der Wissenschaft Erfolg hat«) einige Faustregeln (»Some Rules of Thumb«) aufgezählt, an denen er sich orientiert hat und die er zur Nachahmung empfiehlt. Jedem der fünf Hauptkapitel dieses Buches wird eine seiner Regeln vorangestellt.

Der Harvard-Professor und sein Lehrbuch

1 Zur Abrundung des Jahres 1953, in dem endlich der Koreakrieg zu Ende ging und in den USA die Kommunistenjagd von Senator McCarthy ihren Höhepunkt erreicht, sei noch auf den Tod Stalins und das Zünden der ersten sowjetischen Wasserstoffbombe hingewiesen (der amerikanische Gegenangriff auf dem Bikini-Atoll kam ein Jahr später).

2 Die magischen Zwanzig, wie die Watson-Crick-Liste der Aminosäuren auch gerne genannt wurde, hat in dieser reinen Form nur

vier Jahrzehnte Bestand gehabt. Anfang der 1990er Jahre wurde eine 21. natürliche Aminosäure namens Pyrrolysin gefunden, die ebenso selten in Proteine eingebaut wird wie die 22. Aminosäure, deren Nachweis in so genannten Archaebakterien im Frühjahr 2002 gemeldet wird (siehe *Science* 296, S. 1462). Der neu entdeckte Baustein der Proteine heißt Selenocystein und kann – wie das Pyrrolysin – dadurch codiert werden, dass ein Stopp-Codon zweckentfremdet wird. Die Natur bleibt also voller Überraschungen.

3 Hier sei eine etwas kleinliche Kritik erlaubt. Zumindest in meiner Ausgabe der vierten Auflage des Lehrbuchs stimmt die Inhaltsangabe des speziellen Teils nicht mit dem Inhalt selbst überein. Bis Seite 1094 ist die Welt noch in Ordnung, doch dann beginnt die Schieflage, denn es folgt nun nicht mehr das, was angekündigt worden ist. Nun ist es eigentlich erfreulich, wenn mehr geliefert als erwartet wird, aber eines ist doch schade. In der zwar gedruckten, aber dann nicht eingehaltenen Inhaltsangabe für das letzte Kapitel findet sich als letzte Überschrift »Will we ever understand ourselves in complete molecular detail?« (»Werden wir uns selbst jemals in jedem molekularen Detail verstehen?«). Leider fehlt diese Überschrift im Textteil, und so bleibt die Frage offen. Was hätte Jim dazu gesagt? In seiner Antwort hätte er den ersten Satz der ersten Auflage aufgreifen können, der die Einzigartigkeit des Menschen betont.

Der Schriftsteller und sein Longseller

1 Es gibt zwar Bücher über physikalische Themen, die höhere Verkaufszahlen aufweisen, aber offenbar, *ohne gelesen* zu werden.

2 In gewisser Weise spielt Richard Lewontin in den USA die Rolle, die Jürgen Habermas in Deutschland übernommen hat. Ein linker Intellektueller, der sich zu aktuellen Fragen in den Zeitungen äußert, die man oft als Intelligenzblätter bezeichnet. Der Unterschied ist übrigens charakteristisch: Während die Amerikaner sich bei einem Naturwissenschaftler erkundigen, wendet man sich in Mitteleuropa an einen Sozialwissenschaftler. Amerika ist uns in dieser Hinsicht überlegen.

3 Der große Gatsby stammt übrigens – wie Watson – aus Chicago (Illinois), er war – wie Watson – eine Zeitlang in England (in Ox-

ford) – und er lebte zuletzt – wie Watson – auf Long Island, und zwar in einem Traumhaus am Meer.

4 Genauer gesagt, könnte man noch ein drittes Basispaar entdecken, nämlich Max Perutz und John Kendrew, die beide zusammen für die Qualität der Röntgenstrukturanalyse verantwortlich waren.

Der Direktor und sein Laboratorium

1 Ohne auf Details eingehen zu wollen, soll kurz erwähnt werden, dass Rufus als Teenager Probleme durch eine bislang undiagnostizierte psychiatrische Erkrankung bekommen hat, die ihn bis heute in der Nähe seiner Eltern wohnen lässt. Duncan arbeitet zur Zeit für ein Software-Unternehmen in Kalifornien.

2 Dieser Passus findet sich in ähnlicher Weise in meinem Buch *Die andere Bildung*, München 2001.

Der Manager und das Genomprojekt

1 Berühmt geworden ist auch Jim Watsons Antwort auf den überzogenen Vorwurf, dass die Genetiker nun anfingen, Gott zu spielen. Er sah den Reporter an und fragte: »Wer soll denn Gott spielen, wenn wir es nicht tun?«

2 Das Humane Genomprojekt wird manchmal mit HUGO abgekürzt, was leicht behalten werden kann, weil mit den vier Buchstaben ein männlicher Vorname zustande kommt. ELSI ist dann das weibliche Gegenstück.

3 Dafür wurde ihm der Nobelpreis für Physiologie und Medizin des Jahres 2002 verliehen.

4 Er wurde wie Brenner mit dem Nobelpreis für Physiologie und Medizin des Jahres 2002 ausgezeichnet.

5 Die seltsame und immer wieder verwunderlich Tatsache, dass Menschen kaum mehr Gene zu haben scheinen als Fliegen oder Würmer, hat Watson einmal zu dem Vorschlag veranlasst, das es eine Korrelation zwischen hoher Intelligenz und niedriger Genzahl gibt. Klug sein – so Watson –, heißt eben, mit wenig viel machen.

Literaturverzeichnis

Annäherung an Watson und Aufwachsen in Amerika

Fischer, Ernst Peter: *Licht und Leben – Ein Bericht über Max Delbrück, den Wegbereiter der Molekularbiologie.* Konstanz 1985

Fischer, Ernst Peter/Mainzer, Klaus (Hg.): *Was ist Leben? – Vierzig Jahre später.* München 1987

Kilmister, C. W. (Hg.): *Schrödinger – Centenary celebration of a polymath.* Cambridge/UK 1987

Portugal, Franklin H./Cohen, Jack S.: *A Century of DNA – A History of the Discovery of the Structure and Function of the Genetic Substance.* Cambridge/Mass. 1977

Schrödinger, Erwin: *Was ist Leben?* München 1997

Wright, Sewall: »Physiological aspects of genetics«, in: *Annual Review of Physiology* 7: 75–106 (1945)

Watson, James D.: *A passion for DNA.* New York 2000

Der Wissenschaftler und sein Modell

Astbury, W. T./Bell, F. O.: »X-Ray Study of Thymonucleic Acid«, in: *Nature* 171: 747 (1938)

Bawden, F. C./Pirie, N. W.: »The Varieties of Macromolecules in Extracts of Virus-Infected Plants«, in: *Viruses,* hg. von Max Delbrück. Pasadena 1950, S. 37

Crick, Francis H. C./Watson, James D.: »General Implications of the Structure of Deoxyribonucleic Acid«, in: *Nature* 171: 964 (1953)

Fischer, Ernst Peter: *Die aufschimmernde Nachtseite der Wissenschaft.* Lengwil 1995

–: *An den Grenzen des Denkens – Wolfgang Pauli und die Nachtseite der* Wissenschaft. Freiburg 2000

Hershey, A. D./Chase, M.: »Independent Functions of Viral Protein and Nucleic Acid in Growth of Bacteriophage«, in: *Journal of General Physiology* 36: 39 (1952)

Holmes, F. L.: *Meselson, Stahl, and the Replication of DNA – A History of »The Most Beautiful Experiment in Biology«.* Yale 2001

Jacob, François: *Die innere Statue.* Zürich 1988, S. 327, 367

Maaløe, O./Watson, James D.: »The Transfer of Radioactive Phosphorus from Parental to Progeny Phage«, in: *Proceedings of the National Academy of Science* 37: 507 (1951)

Maaløe, O./Watson, James D.: »Nucleic Acid Transfer from Parental to Progeny Phage«, in: *Biochimica et Biophysica Acta* 10: 432 (1953)

Pauling. L./Corey, R. B.: »Two Hydrogen Bonded Spiral Configurations of the Polypeptide Chain«, in: *Journal of the American Chemical Society* 72: 5349 (1950)

–: »A Proposed Structure for the Nucleic Acids«, in: *Proceedings of the National Academy of Science USA* 39: 84 (1953)

Perutz, Max: »Lebende Atomstruktur«, in: *Mannheimer Forum* 91/92, hg. von Ernst Peter Fischer. München 1991, S. 11–68

Portugal, Franklin H./Cohen, Jack S.: *A Century of DNA – A History of the Discovery of the Structure and Function of the Genetic Substance.* Cambridge/Mass. 1977

Watson, James D.: »The Properties of X-Ray-Inactivated Bacteriophage. I. Inactivation by Direct Effect«, in: *Journal of Bacteriology* 60: 679 (1950)

–: »The Properties of X-Ray-Inactivated Bacteriophage. II. Inactivation by Indirect Effects«, in: *Journal of Bacteriology* 63: 473 (1952)

Watson, James D./Crick, Francis H. C.: »Molecular Structure of Deoxyribonucleic Acid«, in: *Nature* 171: 737 (1953)

Watson, James D.: *A passion for DNA.* New York 2000

Der Harvard-Professor und sein Lehrbuch

Brenner, S./Jacob, F./Meselson, M.: »An unstable intermediate carrying information from genes to ribosomes for protein synthesis«, in: *Nature* 190: 576–581 (1961)

Brenner, Sydney: *My Life in Science.* London 2001

Franklin, R. E./Gosling, R. G.: »Molecular Configuration in Sodium Thymonucleate«, in: *Nature* 171: 740 (1953)

Gros, F./Hiatt, H./Gilbert, W./Kurland, C. G./Risebrough, R. W.:

»JDW, Unstable Ribonucleic acid revealed by pulse labelling of E. coli«, in: *Nature* 190: 581 (1961)

Jacob, François: *Die Logik des Lebendigen,* Frankfurt a. M. 1972

Judson, Horace Freeland: *The Eight Day of Creation – Makers of the Revolution in Biology.* Cold Spring Harbor 1996 (erweiterte Ausgabe)

Sanger, F./Tuppy, H.: »The Amino-acid Sequence in the Phenylalanin Chain of Insulin«, in: *Biochemical Journal* 49 (1951): 463–480 und 481–490

Sanger, F./Thompson, E. O. P.: »The Amino-acid Sequence in the Glycyl Chain of Insulin«, in: *Biochemical Journal* 53 (1953): 353–365 und 366–374

Stent, Gunther S.: *The Coming of the Golden Age.* New York 1969

Volkin, E./Astrachan, L.: »Intracellular distribution of labeled ribonucleic acid after phage infection of E. coli cells«, in: *Virology* 2: 433–437 (1956)

Watson, James D./Crick, Francis H. C.: »Molecular Structure of Deoxyribonucleic Acid«, in: *Nature* 171: 737 (1953)

–: »Genetic Implications of the Structure of Deoxyribonucleic Acid«, in: *Nature* 171: 946 (1953)

–: »Structure of small viruses«, in: *Nature* 177: 473 (1956)

Watson, James D.: *The Molecular Biology of the Gene.* New York [1]1965; [2]1970, [3]1976, [4]1987 (zwei Bände und viele Koautoren)

James D. Watson: *Genes, Girls, and Gamow.* Oxford 2002

Wilkins, M. H. F./Stolkes, A. R./Wilson, H. R.: »Molecular Structure of Deoxypentose Nucleic Acids«, in: *Nature* 171: 738 (1953)

Zur RNA:

»RNA: Nature Insight – RNA«, in: *Nature* 418 (2002), 213–258

»The Other RNA World«, in: *Science* 296 (2002), 1259–1273

Der Schriftsteller und sein Longseller

Crick, Francis: *Ein irres Unternehmen.* München 1988

Maddox, Brenda: *Rosalind Franklin: The Dark Lady of DNA.* London 2002

Sayre, Anne: *Rosalind Franklin and DNA*. New York 1975

Watson, James D.: *The Double Helix*. New York 1968

–: *Die Doppelhelix*. Deutsch von Wilma Fritsch. Reinbek 1969

–: *The Double Helix* – A Norton Critical Edition, hg. von G. S. Stent. New York 1980. Dieser Band enthält den Text von Watsons Buch, zahlreiche Rezensionen, Anmerkungen von Crick und anderen, eine ausführliche Zusammenfassung von Stent und die Originalpublikationen des Jahres 1953

Der Direktor und sein Laboratorium

Berg, Paul u. a.: »Potential Biohazards of Recombinant DNA Molecules«, in: *Science* 185 (1974), 303

Cairns, J. D./Stent, G. S./Watson, J. D. (Hg.): *Phage and the Origin of Molecular Biology*. Cold Spring Harbor 1966

Fischer, Ernst Peter: *Licht und Leben – Ein Bericht über Max Delbrück, den Wegbereiter der Molekularbiologie*. Konstanz 1986

Fox-Keller, Evelyn: *A Feeling for the Organism – The Life and Work of Barbara McClintock*. San Francisco 1983

Watson, Elizabeth L.: *Houses for Science*. Cold Spring Harbor 1991

Watson, J. D./Tooze, J./Kurtz, D. T.: *Rekombinierte DNA – Eine Einführung*. Heidelberg 1983

Watson, James D.: *A passion for DNA*. New York 2000

Die »Annual Reports« des Cold Spring Harbor Laboratory, die jährlich erscheinen und als Einleitung einen zusammenfassenden Bericht des Direktors und anderer führender Manager des Laboratoriums enthalten

Der Manager und das Genomprojekt

Bishop, Jerry E./Waldholz, Michael: *Landkarte der Gene*. München 1991

Botstein, David/White, Raymond L./Sklonick, Mark/Davies, Ronald W.: »Construction of a Genetic Linkage Map in Man using Restriction Fragment Polymorphisms«, in: *American Journal of Human Genetics* 32 (1980), 314–331

Davies, Kevin: *Die Sequenz*. München 2001

Dennis, Carina/Gallagher, Richard: *The Human Genom*. New York 2001

Dulbecco, Renato: »The Genome Project – Origins and Development«, in: Fischer, E. P./Klose, S.: *The Human Genom*. München 1995, S. 17–60

Juengst, Eric T.: »Genetic Diagnostics – Ethical and Social Policy Challenges«, in: Fischer, E. P./Klose, S.: *The Human Genom*. München 1995, S. 193–222

Kay, Lily: *The Molecular Vision of Life*. Oxford 1993

Sulston, John/Ferry, Georgina: *The Common Thread*. London 2002

Watson, James D.: »The Human Genom Project«, in: *Science* 248, 6. 4. 1990, S. 44–49; auf Deutsch in: Fischer, E. P./Schleuning, W.-D. (Hg.): *Vom richtigen Umgang mit Genen*. München 1991, S. 142–159

Watson, James D.: *A passion for DNA*. New York 2000

Der alte Mann und noch mehr

Coen, Enrico: *The Art of Genes*. Oxford 1999

Fischer, Ernst Peter: *Die andere Bildung*. München 2001

Gehring, Walter J.: *Wie Gene unsere Entwicklung steuern*. Basel 2001

Henry, John: *Knowledge is Power – How Magic, the Government and an Apocalyptic Vision Inspired Francis Bacon to Create Modern Science*. London 2002

»Genomic Instability: The Unstable Path to Cancer«, in: *Science* 297 (2002), 543–569

James D. Watson (geb. 6. April 1928)

.

Chronik 1

Jahr	Alter		Biowissenschaft
1928		Geboren in Chicago	Entdeckung von Penicillin
1948	20	Lektüre Was ist Leben?	Informationstheorie und Kybernetik
1950	22	Erster Aufenthalt in Europa	Lysogenie mit Prophagen
1953	25	DNA als Doppelhelix	Insulin-Struktur (F. Sanger)
1955	27	Erste Stelle in Harvard	Polio-Impfstoff (Jonas Salk)
1959	31	Full Professor in Harvard	Das molekulare Dogma
1961	33	Nachweis der Rolle von RNA	Entdeckung der Boten-RNA
1962	34	Nobelpreis für Physiologie und Medizin	Entschlüsselung des genetischen Codes
1965	38	Die Molekularbiologie des Gens	Genregulation und Transfer-RNA
1968	40	Heirat, Die Doppelhelix, CSH	Die ersten Repressorgene
1971	43	Der »Krieg gegen den Krebs«	Erste Restriktionsenzyme
1973	45	Robertson Research Fund	Die Gentechnik wird publiziert
1975	47	Asilomar-Konferenz	Monoklonale Antikörper
1977	49	Die Freiheitsmedaille	Entdeckung der Mosaikgene
1981	53	The DNA Story	AIDS bekommt seinen Namen
1983	55	Recombinant DNA	Entdeckung der Homeobox
1988	60	Direktor des Genomprojektes	Patent für die Harvard-Maus
1994	66	Präsident des CSHL	Die ersten Genomsequenzen
2002	74	Genes, Girls, and Gamow	Die humane Genomsequenz

Chronik 2

Die Laufbahn

1947	Bachelor of Science, University of Chicago (Illinois)
1950	Dr. phil. in Zoologie, Indiana University in Bloomington (Indiana)
1950–51	An der Universität von Kopenhagen mit Herman Kalckar
1951–53	Im Cavendish Laboratory der Universität von Cambridge/UK
1953–55	Senior Research Fellow in Biologie am California Institute of Technology
1955–56	Im Cavendish Laboratory der Universität von Cambridge/UK
1956–58	Assistant Professor für Biologie, Universität Harvard
1958–61	Associate Professor für Biologie, Universität Harvard
1961–76	Professor für Biologie, Universität Harvard
1968–94	Direktor des Cold Spring Harbor Laboratoriums
1988–89	Associate Direktor am NIH für das Humane Genom-Programm
1989–92	Direktor des National Center for Human Genom Research am NIH
Seit 1994	Präsident des Cold Spring Harbor Laboratory

Auszeichnungen (Auswahl)

1959	The John Collins Prize of the Massachusetts General Hospital (mit F. Crick)
1960	The Eli Lilly Award in Biochemistry
1960	Albert Lasker Prize (verliehen durch die American Public Health Association)
1962	Research Corporation Prize (mit F. Crick)
1962	Nobelpreis für Physiologie oder Medizin (mit F. Crick und M. Wilkins)

1971	John J. Carty Gold Medal of the National Academy of Sciences
1977	The Presidential Medal of Freedom
1992	Kaul Foundation Award for Excellence
1993	Copley Medal of the Royal Society
1993	National Biotechnology Award
1994	Fellow of the New York Academy of Sciences
1995	Charles A. Dana Distinguished Achievement Award in Health

Ereignisse, Entdeckungen und Erfindungen zu Watsons Lebzeiten

Die Erfindung der Mickey Mouse (Walt Disney, 1928), die erste Verleihung der Oscars (1929), die Gründung des Princeton Institutes for Advanced Study (1930), der erste Non-Stop-Flug über den Pazifik (1931), August Picard erreicht die Stratosphäre (1932), die Machtübernahme durch Hitler und die Nazis in Deutschland (1933), Arnold O. Beckman führt das erste pH-Messgerät ein (1934), Präsident Roosevelt unterzeichnet den Social Security Act (1935), die Olympischen Spiele von Berlin (1936), die japanische Invasion in China (1937), die Patentierung des Kugelschreibers (1938), der Beginn des Zweiten Weltkriegs (1939), die Entdeckung der Möglichkeit, Radio auf UKW zu senden (1940), der japanische Angriff auf Pearl Harbor (1941), das Manhattan-Projekt zum Bau einer Atombombe (1942), Albert Hofman entdeckt LSD (1943), Franklin D. Roosevelt wird zum vierten Mal zum Präsidenten gewählt (1944), Abwurf der ersten beiden Atombomben auf Japan (1945), das erste Treffen der United Nations (1946), PanAm als erste Passagierlinie, die rund um die Welt fliegt (1947), Gamows Urknall-Theorie über den Ursprung der Welt (1948), die Gründnung zweier deutscher Staaten (BRD und DDR, 1949), Einführung der Kreditkarte (Diner's Club) (1950), die Einführung des Zebrastreifens (England, 1951), Eisenhower wird Präsident der USA und Stalin stirbt (1952), Ende des Koreakriegs (1953), Deutschland wird Fußballweltmeister und eine Wasserstoffbombe wird gezündet (1954), die Unterzeichnung des Warschauer Paktes (1955), der Aufstieg von

Elvis Presley beginnt (1956), in Europa etabliert sich ein Gemeinsamer Markt (EWG) (1957), nach dem Sputnik-Schock die Entdeckung des Van-Allen-Gürtels (1958), die Unterzeichnung eines Antarktis-Abkommens (1959), die Wahl von John F. Kennedy zum Präsidenten der USA (1960), Kennedys Amtsantritt und das Landungsunternehmen der Schweine-Bucht (1961), die Kuba-Krise (1962), der Freedom March auf Washington (Martin Luther King, 1963), Amerika schickt Truppen nach Vietnam, die Beatles kommen nach New York (1964), die erste massive Bombardierung (mit B 52-Bombern) von Vietnam (1965), die Entlaubung Vietnams beginnt (1966), St. Peppers Lone Hearts Club Band von den Beatles (1967), Attentate auf Martin Luther King und Robert Kennedy und das Ende des Prager Frühlings (1968), die Landung auf dem Mond und ein Zwischenfall mit einem Kennedy auf Chappaquiddick Island (1969), die erste Boing 747 im Einsatz (1970), die Zigarettenwerbung in den USA wird zum ersten Mal eingeschränkt; Nixon besucht China (1972), Gepäckkontrolle an Flughäfen aus Angst vor Terroranschlägen und Homosexualität wird nicht mehr als geistige Krankheit betrachtet (1973), Rücktritt von Präsident Nixon (1974), Ende des Vietnamkriegs (1975), Ausbruch der Legionärskrankheit (1976), Eröffnung der Trans-Alaska-Pipeline (1977), in den USA eröffnet das erste Kasino außerhalb von Las Vegas (1978), Rauchen wird zum gefährlichsten Faktor erklärt (1979), Synthese von Humaninterferon (1980), ein gentechnisch hergestellter Impfstoff gegen die Maul- und Klauenseuche (1981), Präsident Reagan erhöht das Militärbudget der USA um rund 20 Prozent und der erste Space Shuttle gelingt (1982), der erste kalifornische Kondor wird in einem Zoo geboren (1983), der erste Planet außerhalb unseres Sonnensystems wird entdeckt (1984), Coca Cola ändert sein 99 Jahre altes Rezept und in der UdSSR beginnt die Perestroika (1985), Tschernobyl und das Challenger Desaster (1986), »Sonnenblumen« von Van Gogh werden für 53 900 000 Dollar verkauft (1987), ein erstes Medikament (AZT) gegen AIDS (1988), Zusammenbruch des Kommunismus in Osteuropa und die deutsche Wiedervereinigung (1989/90), Nelson Mandela kommt in Südafrika frei (1990), Rücktritt von Präsident Gorbatschow (1991), der Vertrag von Maastricht und die Gründung der Nordamerikanischen Freihandelszone NAFTA (1992), Itzhak Rabin und Jassir

Arafat besiegeln Gaza-Jericho-Abkommen (1993), Bürgerkrieg zwischen Hutus und Tutsis in Ruanda und Burundi (1994), Christo verpackt den Reichstag in Berlin (1995), die Taliban-Milizen erobern Kabul (1996), die G-7-Staaten nehmen Russland auf und werden G-8 (1997), zum ersten Mal wird in der deutschen Geschichte eine Regierung abgewählt (1998), die NATO führt den Kosovokrieg (1999), Schweinepest und BSE (2000), ein terroristischer Angriff zerstört am 11. September das World Trade Center in New York (2001), die neue europäische Währung Euro tritt neben den Dollar (2002), die Doppelhelix wird fünfzig Jahre alt (2003).

Publikationen zu Watsons Lebzeiten (in Auswahl)
(Titel und Erscheinungsdaten der Originalausgaben)

Margaret Mead, Coming of Age in Samoa (1928), Ernest Hemingway, A Farewell to Arms (1929), John Dos Passos, The 42nd Parallel (1930), Robert Frost, Collected Poems (1931), William Faulkner, Light in August (1932), Gertrude Stein, The Autobiography of Alice B. Toklas (1933), N. Scott Fitzgerald, Tender is the Night (1934), John Steinbeck, Tortilla Flat (1935), Margaret Mitchell, Gone with the wind (1936), John Steinbeck, Of Mice and Men (1937), Ernest Hemingway, The Fifth Column (1938), C. S. Forester, Captain Horatio Hornblower (1939), Ernest Hemingway, To whom the bell tolls (1940), William L. Shirer, Berlin Diary (1941), William Faulkner, Go Down Moses (1942), William Saroyan, The Human Comedy (1943), Kathleen Winsor, Forever Amber (1944), Robert Frost, A Masque of Reason (1945), Ruth Benedict, The Chrysanthemum (1946), Malcolm Lowry, Under the Volcano (1947), Norman Mailer, The Naked and the Dead (1948), Nelson Algren, The Man with the Golden Arm (1949), Henry M. Robinson, The Cardinal (1950), William Faulkner, Requiem for a Nun (1951), Ernest Hemingway, The Old Man and the Sea und Samuel Beckett, En attendant Godot (1952), Saul Bellow, The Adventures of Augie March (1953), Wallace Stevens, Collected Poems (1954), Herman Wouk, Marjorie Morningstar (1955), Grace Metalious, Peyton Place (1956) Jack Kerouac, On the Road (1957), Vladimir Nabokov, Lolita (1958), Truman Capote, Breakfast at Tiffany's (1959), Harper Lee, To

Kill a Mockingbird (1960), Henry Miller, Tropic of Cancer (in den USA, zum ersten Mal 1934 in Frankreich publiziert) (1961), Rachel Carson, Silent spring (1962), Hannah Arendt, Eichmann in Jerusalem (1963), Saul Bellow, Herzog (1964), Arthur M. Schlesinger, A Thousand Days (1965), Truman Capote, In Cold Blood (1966), Marshall McLuhan, The Medium is the Message (1967), Desmond Morris, The Naked Ape und Alexander Solschenizyn, Rakovyj korpus (Krebsstation, 1968), Mario Puzo, The Godfather (1969), Kate Millet, Sexual Politics (1970), Dee Brown, Bury my Heart at Wounded Knee (1971), Alexander Solschenizyn, August 1914 (1972), Thomas Pynchon, Gravity's Rainbow (1973), Richard Adams, Watership Down (1974), James Clavell, Shogun (1975), Alex Haley, Roots (1976), John Kenneth Galbraith, The Age of Uncertainty (1977), John Irving, The World according to Garp (1978), Philip Roth, The Ghost Writer (1979), E. L. Doctorow, Loon Lake (1980), John Updike, Rabbit is Rich (1981), Paul Theroux, The Mosquito Coast (1982), Thomas J. Peters und Robert H. Waterman, In Search of Excellence (1983), Lea Iacocca, Iacocca (1984), Julian Symons, Dashiell Hammett (1985), Oliver Sacks, The Man Who Mistook His Wife For His Hat (1986), Tom Wolfe, The Bonfire of the Vanities (1987), Stephen Hawking, A short history of time (1988), Carl Djerassi, Cantor's Dilemma (1989), (1990), (1991), Edward O. Wilson, The Diversity of Life (1992), (1993), L. Luca Cavalli-Sforza, The History and Geography of Human Genes (1994), Gerald Geison, The Private Science of Louis Pasteur (1995), Randolph Nesse & George Williams, Evolution and Healing (1996), Richard Forty, Life – An Unauthorized Biography (1997), Michael Frayn, Copenhagen (1998), Brian Greene, The Elegant Universe (1999), Evelyn Fox-Keller, The Century of the Gene (2000), Mary Midgley, Science and Poetry (2001), Stephen J. Gould (2002), The Structure of Evolutionary Theory (2002), Victor K. McElheny, Watson and DNA (2003)

Glossar

Allel – die alternative Version einer DNA-Sequenz, meist eines Gens. In menschlichen Körperzellen finden sich zwei Exemplare jeder Gensequenz; die eine stammt von der Mutter, die andere vom Vater.

Aminosäure – der Baustein für ein Protein; von der Natur werden zwanzig verschiedene Aminosäuren eingesetzt, um Proteine zu bilden.

Autosomen – die Chromsomen einer Zelle, die nichts mit der Bestimmung des Geschlechts zu tun haben. Beim gesunden Menschen enthält jede Zelle 44 Autosomen. Eine Veränderung dieser Zahl führt zu schweren Krankheitsbildern.

Bakteriophagen – Viren, die in Bakterien eindringen, sich dort vermehren können und beim Austritt ihren Wirt zerstören (auflösen); molekular gesehen sind Bakteriophagen Gebilde aus DNA und Protein.

Basen – Molekületeile, durch die sich die Nukleotide der Nukleinsäuren voneinander unterscheiden. Insgesamt kommen fünf verschiedene Basen vor, die wie die zugehörigen Nukleotide mit ihren Anfangsbuchstaben abgekürzt werden: Adenin (A), Cytosin (C), Guanin (G), Thymin (T), und Uracil (U). In der DNA kommen nur A, C, G und T vor. Diese vier Buchstaben bezeichnet man auch als das »Alphabet des Lebens«, weil durch die Reihenfolge der zugehörigen Nukleotide die gesamte Erbinformation aller Organismen festgelegt ist.

Basenpaar – die Kombination der Basen Adenin (A) und Thymin (T) bzw. Guanin (G) und Cytosin (C), die das Zentrum der Erbsubstanz DNA bilden. Die Länge von Genen wird oft in Basenpaaren (Bp) angegeben.

Code – der genetische Code legt fest, wie in der Natur eine DNA-Sequenz in die Reihenfolge der Bausteine übersetzt wird, aus denen ein Protein besteht. Dabei codiert eine Folge von drei Basen (Triplett) eine Aminosäure.

diploid – Zellen oder Organismen, die zwei Exemplare von jedem Gen besitzen.

DNA – Desoxyribonukleinsäure, die Trägerin der genetischen Information aller Organismen (mit Ausnahme einiger Viren), Bezeichnung für den chemischen Aufbau des Genoms. Riesenmolekül im Zellkern, das die genetische Information liefert, mit deren Hilfe die Zellen und Organismen ihre Funktionen erfüllen. Die Molekülstruktur entspricht einer Doppelhelix und ist optimal geeignet für die beiden Aufgaben, die die DNA als Erbsubstanz erfüllen muss: sich bei jeder Zellteilung zu verdoppeln und die Information für die Struktur aller Zellbestandteile zu speichern.

Doppelhelix – die Form des DNA-Moleküls. Die beiden Stränge des Moleküls, zwei lange Ketten aus Nukleotiden, sind schraubenförmig umeinander gewunden; das Molekül sieht aus wie eine verdrehte Strickleiter. Dabei stehen sich die Basen im Inneren des Moleküls gegenüber (Basenpaarung).

Enzym – der Name für die Proteine, die sämtliche in Organismen ablaufende Stoffwechselprozesse bewirken und eine chemische Reaktion ermöglichen (katalysieren), die ohne das Wirken von Enzymen nicht stattfinden könnte.

Eukaryont – ein Organismus, dessen Zellen eine komplexe innere Struktur haben; Tiere, Pflanzen und Pilze zählen dazu (vgl. Prokaryont).

Exon – die informative, proteincodierende Sequenz eines Gens (vgl. Intron).

EST – eine kurze DNA-Sequenz von einer informativen (codierenden) Genregion, die zur Identifizierung eines Gens benutzt werden kann (»expressed sequence tag«).

Genexpression – die Ablesung und Umsetzung der Information, die in einem Gen gespeichert ist. Man spricht davon, dass ein Gen aktiviert oder exprimiert wird, wenn das Protein- oder RNA-Molekül, dessen »Bauplan« das Gen enthält, in den Zellen auch tatsächlich produziert wird.

genetischer Code – siehe Code.

Genom – die gesamte Erbsubstanz eines Organismus. Jede Zelle eines Organismus verfügt in ihrem Zellkern über die komplette Erbinformation.

Genotyp – die Gesamtheit der in den Genen gespeicherten Information eines Organismus, das genetische Material, das zum Erscheinungsbild (Phänotyp) seines Trägers beitragen kann.

Gentechnik – die Möglichkeit, DNA aus Zellen zu isolieren, in Reagenzgläsern zu zerlegen und neu zusammenzusetzen und anschließend die rekombinierte DNA so wieder in Zellen einzusetzen, dass es zur Genexpression kommt.

haploid – weist auf das Vorhandensein eines einfachen Satzes von Chromosomen hin; Ei- und Samenzelle des Menschen sind haploid (vgl. diploid).

Intron – eine DNA-Sequenz, deren Information nicht in eine Proteinstruktur eingeht und die zwischen den codierten Sequenzen (Exons) liegt; ein Intron wird transkribiert, später aus der RNA wieder ausgeschnitten, sodass sich ihre Information nicht im zugehörigen Protein wiederfindet. Der Vorgang des Herausschneidens von Introns wird Spleißen genannt.

Ion – elektrisch positiv oder negativ geladenes Teilchen von Atom- oder Molekülgröße. In Gasen entstehen Ionen dadurch, dass Atome oder Moleküle ein oder mehrere negativ geladene Elektronen aufnehmen oder abgeben. Die Abspaltung von Elektronen (Ionisation) erfordert die Zufuhr von Energie, z. B. durch Einstrahlung von Licht oder Röntgenstrahlen.

Klon – die genetische Kopie eines Organismus oder einer Zelle, die durch ungeschlechtliche Vermehrung in Bakterien oder Gewebekulturen entsteht, von einem einzigen Vorfahren abstammt und daher die gleiche Erbinformation besitzt. Wenn man Bakterien kloniert, kloniert man ihr Genom mit

klonieren – der Vorgang, mit dem vielfache Kopien von biologischen Materialien gemacht werden; die Gentechnik erlaubt das Klonieren von DNA-Fragmenten.

Kristallographie – Lehre vom Aubau, von den Eigenschaften und der Entstehung von Kristallen.

Kristallstrukturanalyse – Verfahren zur Bestimmung der Idealstruktur eines Kristalls, d. h. der räumlichen Anordnung der Kristallbausteine (Atome, Ionen) mit Hilfe der Beugung von Röntgen-, Elektronen- oder Neutronenstrahlen an den Kristallatomen.

mRNA – eine Art der Ribonukleinsäure (RNA), die an den Genen gebildet wird; das Molekül, dessen Sequenz nur noch die Information für die Reihenfolge der Aminosäuren in einem Protein enthält; dient als Schablone für dessen Synthese.

Mutation – eine Veränderung im Genom, bezogen auf einen Normalzustand (Wildtyp).

Nukleinsäuren – Sammelbezeichnung für DNA und RNA. Die DNA speichert die Erbinformation und gibt sie an nachfolgende Generationen weiter; die RNA ist an der Übertragung dieser Information und ihrer Umsetzung in Proteine beteiligt.

Nukleotide – die Bausteine, die sich in DNA und RNA finden und sich zu langen Molekülketten verbinden.

Peptidbindung – die chemische Verbindung zwischen zwei Aminosäuren in einem Protein.

Phänotyp – die beobachtbaren Merkmale und physischen Charakteristiken eines Organismus (sein Erscheinungsbild); vgl. Genotyp.

Photosynthese – der chemische Prozess, mit dem Grünpflanzen und manche Mikroorganismen aus Wasser und Kohlendioxid mithilfe der Sonnenenergie die Makromoleküle aufbauen, die alle Organismen zum Leben brauchen.

polymer – chemische Verbindung mit sehr großen Molekülen, die aus vielen kleinen, gleichen oder ähnlichen Untereinheiten aufgebaut ist.

Polymerase – Enzym, das DNA- oder RNA-Moleküle aufbaut; Bausteine sind die Nukleotide.

Polymerase-Kettenreaktion – eine Methode, um spezifisch markierte DNA-Stückchen im Reagenzglas beliebig anzureichern.

Polymorphismus – die Vielgestaltigkeit von individuellen DNA-Sequenzen in dem jeweiligen Genom, die genügend oft in einer Population vorhanden ist.

Polypeptid – eine Kette von Aminosäuren, die über Peptidbindungen verknüpft sind.

Prokaryont – Zellen ohne eigenständigen und abgetrennten Kern, zum Beispiel Bakterien. Das Erbmaterial liegt bei ihnen frei im Zytoplasma. Auch in vielen anderen Merkmalen ihrer Feinstruktur unterscheiden sie sich von den höher entwickelten Eukaryonten.

Proteine – große Moleküle, die aus vielen kettenartig verbundenen Aminosäuren bestehen; die Reihenfolge der Aminosäuren wird von einer DNA-Sequenz im Genom festgelegt, wobei die Übertragung mithilfe des genetischen Codes stattfindet.

Rekombination – der Vorgang, durch den DNA zwischen zwei Chromosomenpaaren während der Entstehung von Ei- und Samenzellen ausgetauscht wird. Ein wichtiger Faktor der Evolution, weil Gene immer wieder neu angeordnet werden.

rekombinierte DNA – DNA, die mit Hilfe der Gentechnik im Reagenzglas neu zusammengesetzt worden ist.

Restriktionsenzyme – Proteine, die in der DNA eine ganz spezielle Abfolge von vier oder sechs Nukleotiden erkennen und die DNA an dieser Stelle zerschneiden können. Meist liegen die Schnitte in den beiden Strängen der Doppelhelix etwas versetzt, sodass klebrige Enden entstehen. Eines der wichtigsten Hilfsmittel der Gentechnik.

Rezeptoren – Moleküle, die in der Lage sind, ein genau definiertes Molekül (Ligand) zu binden. Das Zusammentreffen von Ligand und Rezeptor kann eine Folge von Reaktionen innerhalb der Zelle auslösen.

Ribosomen – kleine Körperchen, die in allen Zellen vorkommen und aus verschiedenen Proteinen und RNA bestehen. Die von der DNA kommende Boten-RNA (mRNA) lagert sich an das Ribosom an, und dort findet das Zusammenfügen der Aminosäuren zum Protein statt.

RNA – Ribonukleinsäure; neben der DNA die zweite wichtige Substanz für die Umsetzung der Erbinformation. Vielseitiges Molekül, das bei vielen Aktivitäten der Zelle eine Rolle spielt, unter anderem bei der Herstellung von Proteinen. Normalerweise kommt die RNA nicht als Doppelhelix (wie die DNA), sondern in einzelsträngiger Form vor.

Röntgenstrukturanalyse – siehe Kristallstrukturanalyse.

Spleißen – Vorgang, der in höheren Zellen abläuft. Hier gibt es in den Genen Abschnitte (Introns), die sich im Protein nicht in Form von Aminosäuren wiederfinden. Bei der Informationsübertragung werden diese Abschnitte zunächst in der RNA transkribiert, dann aber durch den Vorgang des Spleißens entfernt: Nur die Exons bleiben übrig und werden an den Ribosomen in Protein umgesetzt.

Transkription – die Herstellung von RNA aus DNA (die Übertragung einer DNA-Sequenz in eine RNA-Sequenz).

Translation – die Verwendung von mRNA zur Herstellung eines Proteins.

Triplett – eine Folge von drei Basen in einer DNA-Sequenz, die eine Aminosäure codiert und ihren Einbau in ein Protein veranlasst.

Virus – Lebensform, die zu ihrer Vermehrung Wirtszellen benötigt, da sie nicht selbstständig in der Lage sind, Stoffwechsel zu betreiben. Ein Virus besitzt keinen eigenen Stoffwechsel, sondern besteht nur aus einer Nukleinsäure (DNA oder RNA), die seine Erbinformation trägt und in eine Hülle aus Protein verpackt ist.

Wildtyp -die »normale« Form eines Organismus, die sich in der Natur (in der Wildnis) findet und die »Normalform« seiner Gene; im Laboratorium der Stamm, von dem aus Abweichungen (Mutationen) definiert werden.

Zytoplasma – die Grundsubstanz, die in der Zelle meist den größten Teil der Masse ausmacht. Im Zytoplasma liegt bei höheren Zellen der Zellkern. In ihm finden sich verschiedene Strukturen, die u. a. für den Stofftransport, die Energieversorgung der Zelle oder für die Photosynthese verantwortlich sind.

Bildnachweis

AKG, Berlin: S. 133

Cold Spring Harbor Laboratory Archives, Photo Gallery James D. Watson: S. 178, 180 (Skulptur von Charles A. Jencks), 205, 230f., 235, 248

*Cold Spring Harbor Symposia on Quantitative Biology 31,*1 (1966): S. 74, 150

dpa Bilderdienst, Frankfurt a. M.: S. 142, 143, 145, 183, 187

R. Dickerson: »X-ray Analysis and Protein Structure«, in: *The Proteins*, hg. von H. Neurath. Academic Press, 1964, Bd. 2, S. 685

Nature 171 (1953, 740): S. 85, 92a, (737): S. 105; *Nature* 232 (1975, 834): S. 92d; *Nature* 227 (1970, 516): S. 119

W. W. Norton & Company, Inc., New York: S. 29

Namenregister

Die Namen der Institutionen sind kursiviert.

A

Alberts, Bruce 228
Arber, Werner 216
Astbury, William 74 f.
Astrachan, Lazarus 132
Avery, Oswald 54, 65
American Cancer Society
205

B

Bacon, Francis 281 ff., 286 f.
Baltimore, David 225
Banbury Center 214
Bateson, William 48 f.
Baur, Erwin 279
Bawden, F. C. 65, 78
Beadle, George 17, 135
Beckman Arnold 233
Beckman, Mabel 233
Bell, Florence 74
Berg, Paul 224 f.
Birbeck College 160
Blackford, Eugene 192
Blakeslee, A. F. 189
Boehringer Mannheim 236
Bohr, Niels 170, 234
Botstein, David 241
Boyer, Herbert W. 225
Bourke, Frederick 257 ff.
Bragg, William Henry 70

Bragg, Sir William Lawrence 67,
70 f., 73 f., 98, 104
Bray, Dennis 228
Brenner, Sydney 128 f., 132,
134 f., 156, 254
Bresch, Carsten 184
Bronowski, Jacob 179
*The Brooklyn Institute of Arts
and Science* 189, 192
Bush, George 259
Bush, Vannevar 203

C

Cairns, John 182, 184, 188 f.,
204 f., 215
*California Institute of Techno-
logy (Caltech,* Pasadena) 44 f.,
50, 83, 121 ff., 134–136
Cambridge University 10, 14,
16 f., 65 ff., 69 f., 76, 90 f., 95,
155, 194, 255
Carnegie Foundation 203 f.
*Carnegie Institution of
Washington* 182, 189, 193,
195
Carson, Rachel 144
*Cavendish Laboratory (Cam-
bridge University)* 10, 16 f.,
69, 71 ff., 97 f.
Cetus 243

Chargaff, Erwin 87 f., 94 f., 128,
    169, 170, 172
Chase, Martha 79
Chovnick, A. 189
Clinton, Bill 259
Cochran, Bill 89
Coen, Enrico 290
Cohen, Seymour 57, 65
Cohen, Stanley N. 225
Cold Spring Harbor Laboratory
    (CSHL, Long Island) 32, 34,
    56 f., 65, 110 ff., 137, 146, 151,
    180, 182, 184–188, 197–215,
    217 ff., 222, 229–234, 238,
    240, 245, 247 f., 256, 259, 265,
    267, 274, 277, 283, 285, 288,
    292
– *for Quantitative Biology*
    188–195, 204
– *DNA Learning Center* 232,
    267
– *Neuroscience Center* 232 f.
– *Station for Experimental*
    Evolution 189, 193, 195
– *Watson School of Biological*
    Sciences 234, 236 f., 283
Cold Spring Harbor Laboratory
    Press 194, 212, 275
Cohn-Bendit, Daniel 175
Collins, Francis 259 ff.
Columbia University
    (New York) 54, 184, 206
Conn, H. 189
Corey, R. B. 83
Crick, Francis 9 f., 15–20, 23, 25,
    28 f., 31, 70, 73, 75, 77, 80 ff.,

87 f., 90, 94 f., 98 ff., 103 ff.,
    108, 110, 115, 117–124, 127 ff.,
    140 ff., 145, 152, 156 ff., 166,
    168, 171, 173 f., 181 f., 205,
    295 ff., 301
Crick, Odile 104

D
Darwin, Charles 37, 96, 98,
    146, 148, 190, 197, 276
Davenport, Charles 189 f.,
    192 f., 274 f., 277
Davenport, John 209
Davies, Ronald W. 225, 241
Dean, B. 189
De Lisi, Charles 247
Delbrück, Max 31, 40, 52,
    54 ff., 65, 110, 121 ff., 128,
    185, 197 ff., 202 f., 277,
    283
Delbrück, Manny 59 f.
Demerec, Milislav 189, 195 f.,
    203 f.
Department of Energy 247
Descartes, René 281
Dewey, John 35 f., 42
Dewey School 35
Dulbecco, Renato 58, 244

E
Ehrlich, Paul 35
Einstein, Albert 30 f., 267
Eisenhower, Dwight 135, 143
Ellis, Emory 199

Engelhorn, Curt 236
Eugenics Record Office (ERO)
    189, 275, 277

F
*Federal Bureau of Investigations
(FBI)* 143
Feynman, Richard 122, 128,
    138, 139, 142
Fitzgerald, Scott 154, 161
Fleming, Sir Alexander 168
Fischer, Eugen 278 f.
Ford Foundation 162, 185
Fox Keller, Evelyn 196
Franklin, Rosalind 10, 80, 85 f.,
    94 f., 98, 125, 156 ff., 161

G
Galilei, Galileo 281
Galton, Francis 276
Gamow, George 109, 120,
    124 ff.
*The Genomic Research Institute
(TIGR)* 262
Gilbert, Walter (Wally) 163 f.,
    221, 245, 248
Gilman, Michael 227
Glass, Bentley 188
Goethe, Johann Wolfgang von
    49, 155, 291
Goldblum, Jeff 166
Gore, Al 251
Grace, Oliver 292
Grace, Lorraine 292

Greene, Graham 161
Guggenheim Foundation
    161

H
Habermas, Jürgen 302
Haldane, John Burdon
    Sanderson 175
Haldane, John Scott 175
Harris, Reginald 189, 194,
    196
Harvard University 44, 97, 112,
    131, 134, 136 f., 139 f., 146,
    151, 154, 157, 161, 163 f., 176,
    181 f., 184 f., 188, 207, 214,
    221, 245, 285
Harvard University Press
    166
Healy, Bernadette 256 ff.
Heisenberg, Werner 30 f.,
    96
Hershey, Alfred D. (Al) 79,
    93, 189, 197 ff., 283, 294
Hitler, Adolf 263, 274, 279
Hogness, David S. 225
Hookes, Robert 281
Hutchins, Robert 37
Huxley, Aldous 175
Huygens, Christian 281

I
Indiana University (Blooming-
    ton) 44 f., 52 f.
Isherwood, Christopher 161

J
Jacob, François 33, 79, 83 f.,
    134 f., 165
James, Walter B. 209
James Laboratory 209
Jeffreys, Alec 242
Jones, John D. 190

K
*Kaiser-Wilhelm-Institut für
    Anthropologie, menschliche
    Erblehre und Eugenik* 278
Kalckar, Herman 59
Kaufman, B. 189
Kendrew, John C. 16, 145, 172,
    302
Kennedy, Edward 210
Kennedy, John F. 135, 143 ff., 211
Kepler, Johannes 84, 281
Kieckhefer Foundation 19
*King's College (University of
    London)* 10, 80, 94, 160
Kirschstein, Ruth 249
Kruif, Paul de 35
Kurtz, David T. 222

L
Laue, Max von 66 f., 70
Lederberg, Joshua 106 f.
Leeuwenhoek, Antoni van 35
*Lehrstuhl für Rassenhygiene
    (Universität München)*
    278
Lenz, Fritz 278 f.

Levene, Phoebus 62
Lewis, Elizabeth *siehe* Watson,
    Elizabeth (Liz)
Lewis, Julian 228
Lewontin, Richard 154, 172, 302
Lichtenberg, Georg Christoph 76
*Long Island Biological Associa-
    tion (LIBA)* 189, 193 f., 204,
    209, 213
Loughlin, Harry P. 277
Luria, Salvador Edward 45,
    52–59, 65 f., 70, 78 ff., 152,
    197, 200, 203, 251, 285

M
Maaløe, Ole 57, 65
*Marine Biological Laboratory
    (Woods Hole)* 137
Massachusetts General Hospital
    141
*Massachusetts Institute of
    Technology (MIT)* 224
*Max-Delbrück-Centrum
    (MDC)* 232
Max-Planck-Gesellschaft 278
Maxwell, James Clerk 96
Mayr, Christa 112, 121, 137 ff.,
    176
Mayr, Ernst 112
McCarthy, Joseph Raymond 78
McClintock, Barbara 196 ff., 283
Mendel, Gregor 45–51, 146
Meselson, Matthew 101 f., 134
Micklos, David 232
Miescher, Friedrich 21

Miller, Jeffrey 212
Mitchell, Bonnie Jean *siehe*
    Watson, Bonnie Jean
Mitchinson, Naomi 175 f.
Morgan, Thomas Hunt 50 f.
Müller-Hill, Benno 164, 275
Muller, Hermann 45, 51, 276, 278
Mullis, Kary 243
Mullisch, Harry 167 ff.
Myers, Elizabeth (geb. Watson)
    98, 143

N
Nathans, Daniel 225
*National Center of Human
    Genome Research (NCHGR)*
    238, 250, 252, 259
*National Institue of General
    Medical Sciences* 249
*National Institute of Health
    (NIH)* 209 f., 238, 240, 257, 259
*National Science Foundation
    (NSF)* 140, 204
*New York School of Interior
    Design* 181
Newton, Isaac 96
Niels-Bohr-Institut 201
Nixon, Richard 210 f.

O
*Office of Science and Technology
    Policy* 256
*Office of Technology Assess-
    ment (OTA)* 248

Oppenheimer, J. Robert 201
Orgel, Leslie 127 ff., 138
Oxford University 78, 175, 182,
    229

P
Page, Walter 204
Pasteur, Louis 170
Pauli, Wolfgang 84, 93
Pauling, Linus 10, 71 f., 74,
    81 ff., 91, 93, 109, 122 f., 138,
    148, 156, 173
Pauling, Peter 109
Perutz, Max 16, 66, 68, 70, 72,
    95, 145, 172, 302
Pirie, N. W. 65, 78
Ploetz, Alfred 276
Pollack, Robert 267
Ponder, Eric 189
Popper, Karl 254, 280
Potter, Van Rensselaer 285
*President's Scientific Advisory
    Committee (PSCA)* 143 ff.
Princeton University 213

R
Radcliffe College 181
Raff, Martin 228
Redford, Robert 226 f.
Reed, Walter 35
Rich, Alexander 123 f., 127 f., 135
Risebrough, Bob 132
»*RNA Tie Club*« 127–132, 139
Roblin, Richard 225

Roberts, Keith 228
Roberts, Richard 217 f., 221
Robertson, Charles 213 f.
Robertson, Marie 213 f.
Robertson Research Fund 213 f.
Rockefeller Foundation 204, 276
Rockefeller University
   (New York) 54, 184, 206
Roosevelt, Franklin D. 135
Rous, Peyton 186, 206
Rutherford, Ernest 73, 162

S
Sainte-Beuve, Charles-Augustin
   200 f.
*Salk Institute for Biological
   Studies* (San Diego) 19, 176,
   207
Sambrook, Joseph (Joe) 207,
   209 f., 283
Sanger, Fred 115 f., 126
Schrödinger, Erwin 16, 39 ff.,
   49, 51 f., 54, 76, 116, 136
Seeds, Willy 157
Sharp, Phillip 221
Sinsheimer, Robert 247
Skolnick, Mark 241
Sommerfeld, Arnold 162 f.
Sonneborn, Tracy 45, 53
South Shore High School 36
Stahl, Franklin 101 f.
Steinbeck, John 145
Steinberg, Wallace 261
Stent, Gunther 29, 65 128, 155,
   165

Stillman, Bruce 229, 240
Szilard, Leo 111
Sulston, John 255
Swarthmore College 138

T
Tatum, Edward 17, 184
Teller, Edward 128
Tooze, John 222, 226
Trinity College 40, 122

U
Umbarger, H. Edwin 189
University of California
   (Berkeley) 127, 165
University of Chicago 35, 37,
   43, 45
University of Dallas 184
University of Leicester 242
University of London 10, 70, 73
University of Michigan 259

V
Venter, Craig 257 f., 260 ff.,
   264
Vinograd, Jerome 102
Volkin, Elliot 132
Vries, Hugo de 193

W
Wald, George 137
Waterston, Bob 255

Watson, Bonnie Jean (geb.
    Mitchell) 34
Watson, Elizabeth *siehe* Myers,
    Elizabeth
Watson, Elizabeth (Liz, geb.
    Lewis) 152, 176 ff., 181 f., 188,
    206, 235
Watson, Duncan 181
Watson, James 34 f., 143, 189
Watson, Rufus 181
Weigle, Jean 106
Weissman, Sherman 225
Wexler, Nancy 252

White, Raymond 241
Wilkins, Maurice 10, 80, 84 f.,
    98, 142, 145, 156–161, 166
Wilson, Thomas 166
Witkowski, Jan 227
Wright, Sewall 43, 196
Wyngaarden, James 238,
    249 f.

Z
Zinder, Norton D. 225
Zoller, Mark 227

Ullstein ist ein Verlag des Verlagshauses
Ullstein Heyne List GmbH & Co. KG
ISBN 3-550-07566-9
Lektorat: Annalisa Viviani
© 2003 by Ullstein Heyne List GmbH & Co. KG, München

Alle Rechte vorbehalten
Satz und Lithos: LVD GmbH, Berlin
Gesetzt aus der Aldus Roman
Druck und Bindung: GGP Media, Pößneck
Printed in Germany